图解配网不停电作业

主　编　陈德俊　胡建勋

副主编　张志锋　于小龙　马鹏飞

内 容 提 要

本书是依据 Q/GDW 10520《10kV 配网不停电作业规范》，结合国网配网不停电作业人员认证培训和岗位能力提升培训情况编写而成的作业项目图解一书。

全书共 6 章 37 节，主要内容包括带电作业技术应用类项目作业图解和旁路作业技术应用类项目作业图解。其中，断接引线类项目 12 个、更换元件类项目 4 个、更换电杆类项目 3 个、更换设备类项目 10 个、转供电类项目 4 个、临时取电类项目 4 个。

本书可作为配网不停电作业人员专业能力提升以及资质培训用书，还可供从事配网不停电作业的相关人员学习参考，还可作为职业技术培训院校师生在不停电作业方面的培训教材与学习参考资料。

图书在版编目（CIP）数据

图解配网不停电作业/陈德俊，胡建勋主编．—北京：中国电力出版社，2022.6
（2023.3 重印）
ISBN 978-7-5198-6710-2

Ⅰ.①图… Ⅱ.①陈…②胡… Ⅲ.①配电系统—带电作业—图解 Ⅳ.①TM727-64

中国版本图书馆 CIP 数据核字（2022）第 065194 号

出版发行：中国电力出版社
地　　址：北京市东城区北京站西街 19 号（邮政编码 100005）
网　　址：http：//www.cepp.sgcc.com.cn
责任编辑：周秋慧（010-63412627）
责任校对：黄　蓓　朱丽芳
装帧设计：赵丽媛
责任印制：石　雷

印　　刷：廊坊市文峰档案印务有限公司
版　　次：2022 年 6 月第一版
印　　次：2023 年 3 月北京第三次印刷
开　　本：710 毫米×1000 毫米　特 16 开本
印　　张：12.75
字　　数：232 千字
印　　数：1501—2500 册
定　　价：65.00 元

编写组

主　编　陈德俊　胡建勋

副主编　张志锋　于小龙　马鹏飞

参　编　高俊岭　孟　昊　徐　莹　叶　征
　　　　　张秋实　张召亮　楚明月　张　力
　　　　　张宏琦　李　华　李国龙　马金超
　　　　　朱　璐　黄　鑫　马　宁　魏　强
　　　　　刘鑫聪　薛　雨　王永健　李虎正

前言

标准化作业作为一种现代化安全生产管理的科学实用方法，国家电网公司早在2004年开始推进现场标准化作业工作。实践证明，规范和落实现场标准化作业是促进作业安全的重要保证。为此，针对10kV配网不停电作业技术的推广与应用，为指导作业人员安全、规范、高效地开展现场标准化作业，本书依据Q/GDW 10520《10kV配网不停电作业规范》，结合国网配网不停电作业人员认证培训和岗位能力提升培训情况编写而成的作业项目图解一书。

全书共6章37节，主要内容包括带电作业技术应用类项目作业图解和旁路作业技术应用类项目作业图解。其中，断接引线类项目12个、更换元件类项目4个、更换电杆类项目3个、更换设备类项目10个、转供电类项目4个、临时取电类项目4个。

本书由国网河南省电力公司技能培训中心、武汉科迪奥电力科技有限公司组织编写，国网河南省电力公司技能培训中心陈德俊、武汉科迪奥电力科技有限公司胡建勋主编，国网郑州供电公司张志锋、国网河南省电力公司技能培训中心于小龙、马鹏飞副主编。参编人员有：国网河南省电力公司技能培训中心高俊岭、孟昊，中国电力科学研究院有限公司徐莹，武汉科迪奥电力科技有限公司叶征、张秋实、张召亮，国网濮阳供电公司楚明月、张力、张宏琦、李华、李国龙，广东立胜电力技术有限公司马金超，内蒙古鄂尔多斯供电分公司朱璐，国网商丘供电公司黄鑫，国网开封供电公司马宁，国网周口供电公司魏强，国网遂平县供电公司刘鑫聪，国网洛阳供电公司薛雨，国网延津县供电公司王永健，国网辉县供电公司李虎正。全书由陈德俊统稿和定稿，全书插图由陈德俊主持开发，北京中友科技有限公司、大连弈虹科技有限公司、深圳赢诺科技有限公司设计制作，全书提供配网不停电作业工具装备支持者有：河南宏驰电力、河南启功建设、北京中诚立信、武汉里得电科、武汉乐电、武汉巨精、武汉华仪智能、上海凡扬、兴化佳辉、合保商贸（上海）、东莞纳百川、咸亨国际、昆明飞翔、浏阳金锋、东阳光明电建、桐乡恒力器材、广东立胜、广州电安、四川智库慧通、武汉奋进、陕西秦能、保定汇邦、青岛索尔、青岛海青、青岛青特、山东泰开、杭州爱知、特雷克斯（中国）、徐州徐工随车、徐州海伦哲、龙岩海德馨。

本书的编写得到了国网河南省电力公司技能培训中心、武汉科迪奥电力科技有限公司、国家电网公司配网不停电作业（河南）实训基地的大力协助，在此一并表示衷心的感谢。

由于编者水平有限，书中难免存在不足之处，恳请读者提出批评指正。

编　者

2022 年 3 月

目 录

第 1 章　断接引线类项目作业图解

1.1　带电断熔断器上引线（绝缘杆作业法，登杆作业）

以图 1-1 所示的直线分支杆（有熔断器，导线三角排列）为例，图解采用拆除线夹法带电断熔断器上引线工作，生产中务必结合现场实际工况参照适用，并积极推广绝缘手套作业法融合绝缘杆作业法（俗称短杆作业）在绝缘斗臂车的工作斗或其他绝缘平台如绝缘脚手架上的应用。

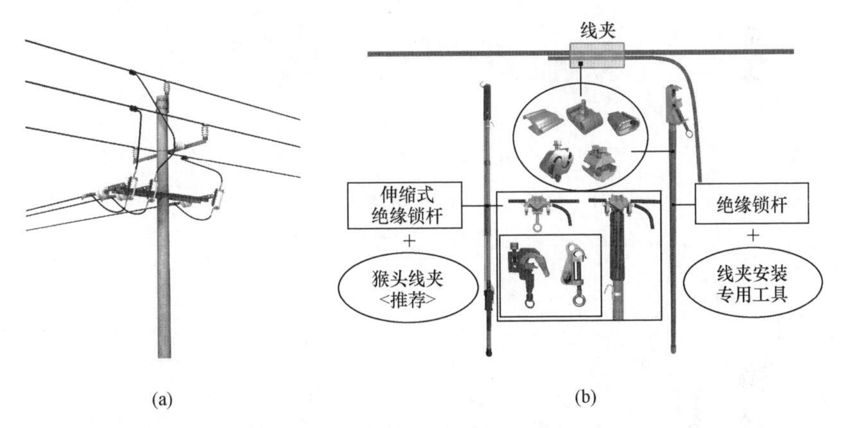

图 1-1　绝缘杆作业法（登杆作业）带电断熔断器上引线
（a）杆头外形图；（b）线夹与绝缘锁杆外形图

1.1.1　人员组成

本项目工作人员共计 4 人，如图 1-2 所示，人员分工为：工作负责人（兼工作监护人）1 人、杆上电工 2 人、地面电工 1 人。

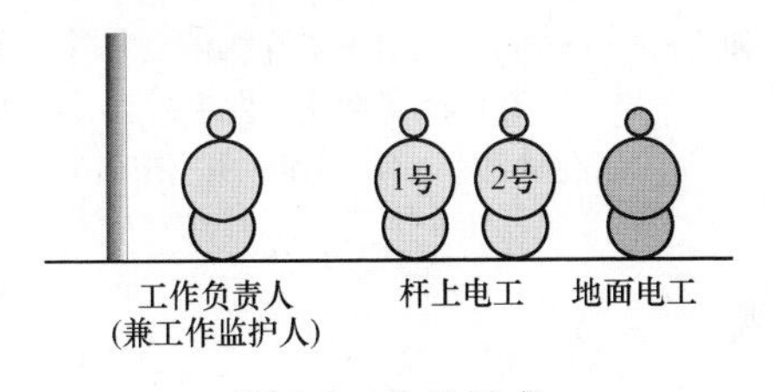

图 1-2　人员组成

1.1.2 主要工器具

绝缘防护用具如图 1-3 所示。

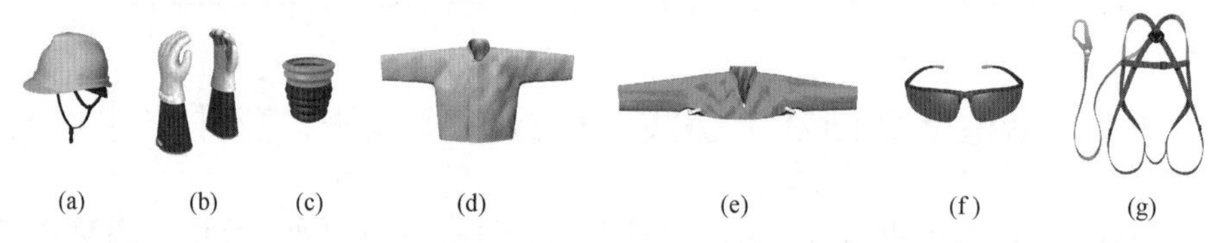

图 1-3 绝缘防护用具（根据实际工况选择）
（a）绝缘安全帽；（b）绝缘手套＋羊皮或仿羊皮保护手套；（c）绝缘手套充压气检测器；
（d）绝缘服；（e）绝缘披肩；（f）护目镜；（g）安全带

绝缘遮蔽用具如图 1-4 所示。

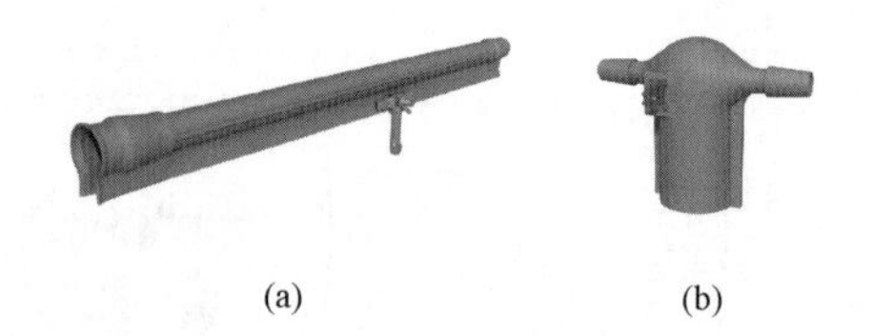

图 1-4 绝缘遮蔽用具（根据实际工况选择）
（a）绝缘杆式导线遮蔽罩；（b）绝缘杆式绝缘子遮蔽罩

绝缘工具如图 1-5 所示。

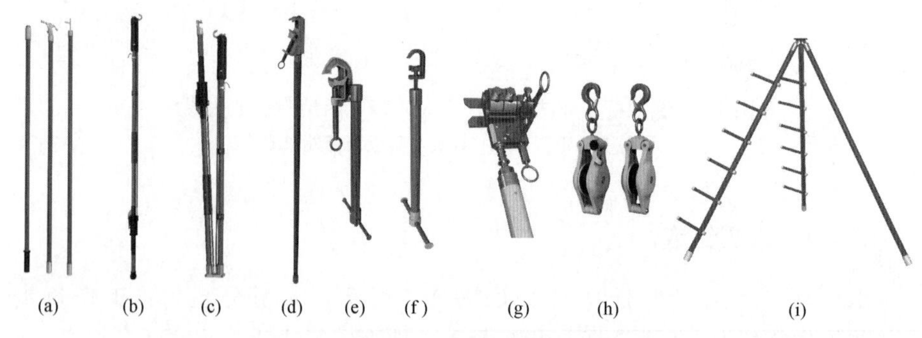

图 1-5 绝缘工具（根据实际工况选择）
（a）绝缘操作杆；（b）伸缩式绝缘锁杆；（c）伸缩式折叠绝缘锁杆；（d）绝缘（双头）锁杆；
（e）绝缘吊杆 1；（f）绝缘吊杆 2；（g）并购线夹装拆专用工具（根据线夹选择）；
（h）绝缘滑车；（i）绝缘工具支架

1.1.3 操作步骤

本项目操作前的准备工作已完成，工作负责人已检查确认熔断器确已断

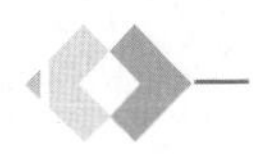

开，熔丝管已取下，作业装置和现场环境符合带电作业条件。

如图 1-6 所示，采用拆除线夹法带电断熔断器上引线工作，可分为以下步骤进行。

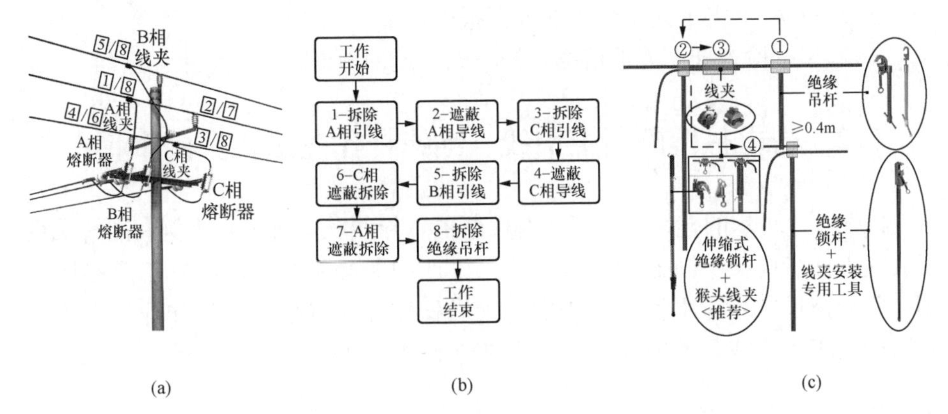

图 1-6　拆除线夹法带电断熔断器上引线工作示意图（推荐）
（a）作业步骤示意图；（b）作业流程图；（c）拆除线夹法示意图

步骤 1：杆上电工按照图 1-6（c）所示的方法拆除近边相 A 相引线。

（1）杆上电工使用绝缘锁杆将绝缘吊杆（推荐选用）固定在近边相 A 相线夹附近的主导线上。

（2）杆上电工使用绝缘锁杆将待断开的熔断器上引线临时固定在主导线上。

（3）杆上电工相互配合使用线夹装拆工具拆除熔断器上引线与主导线的连接。

（4）杆上电工使用绝缘锁杆将熔断器上引线缓缓放下，临时固定在绝缘吊杆的横向支杆上。

步骤 2：遮蔽近边相 A 相导线（B 相线夹侧），杆上电工使用绝缘锁杆将开口式遮蔽罩分别套在近边相 A 相主导线和绝缘子上。

步骤 3：杆上电工按照图 1-6（c）所示的方法拆除远边相 C 相引线。

步骤 4：遮蔽远远相 C 相导线（B 相线夹侧），杆上电工使用绝缘锁杆将开口式遮蔽罩套在远边相 C 相主导线和绝缘子上。

步骤 5：杆上电工按照图 1-6（c）所示的方法拆除中间相 B 相引线。

步骤 6：拆除远远相 C 相导线上的遮蔽用具，杆上电工使用绝缘锁杆拆除远边相 C 相主导线上的导线遮蔽罩和绝缘子遮蔽罩。

步骤 7：按照相同的方法拆除近远相 A 相导线上的遮蔽用具。

步骤 8：杆上电工使用绝缘锁杆拆除三相导线上的绝缘吊杆（推荐使用绝缘吊杆固定引线）。

【说明】生产中如引线与主导线由于安装方式和锈蚀等原因不易拆除，可直接在主导线搭接位置处剪断引线的方式进行，同时做好防止引线摆动的措施。

步骤9：杆上电工向工作负责人汇报确认本项工作已完成。

步骤10：检查杆上无遗留物，杆上电工返回地面，工作结束。

1.2 带电接熔断器上引线（绝缘杆作业法，登杆作业）

以图1-7所示的直线分支杆（有熔断器，导线三角排列）为例，图解采用安装线夹法带电接熔断器上引线工作，生产中务必结合现场实际工况参照适用，并积极推广绝缘手套作业法融合绝缘杆作业法（俗称短杆作业）在绝缘斗臂车的工作斗或其他绝缘平台如绝缘脚手架上的应用。

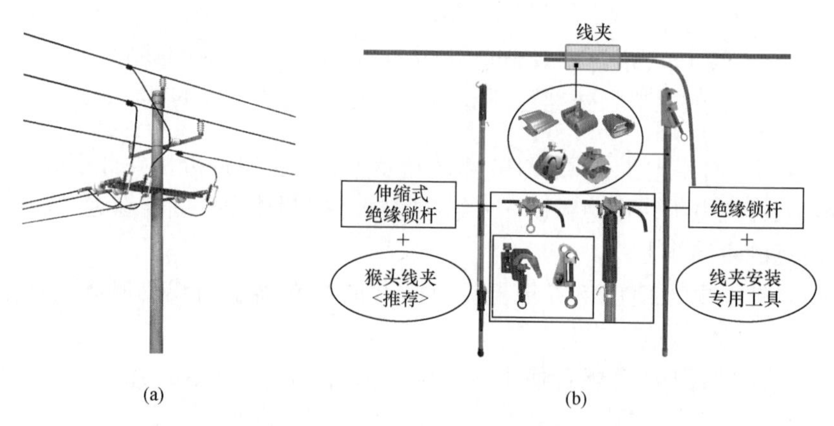

图1-7 绝缘杆作业法（登杆作业）带电接熔断器上引线
(a) 杆头外形图；(b) 线夹与绝缘锁杆外形图

1.2.1 人员组成

本项目工作人员共计4人，如图1-8所示，人员分工为：工作负责人（兼工作监护人）1人、杆上电工2人、地面电工1人。

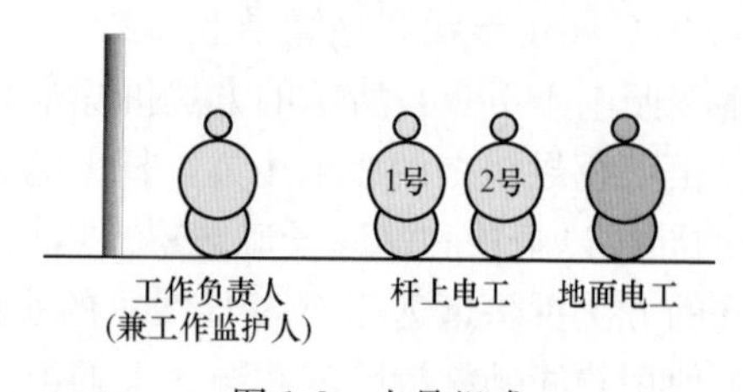

图1-8 人员组成

1.2.2　主要工器具

绝缘防护用具如图 1-9 所示。

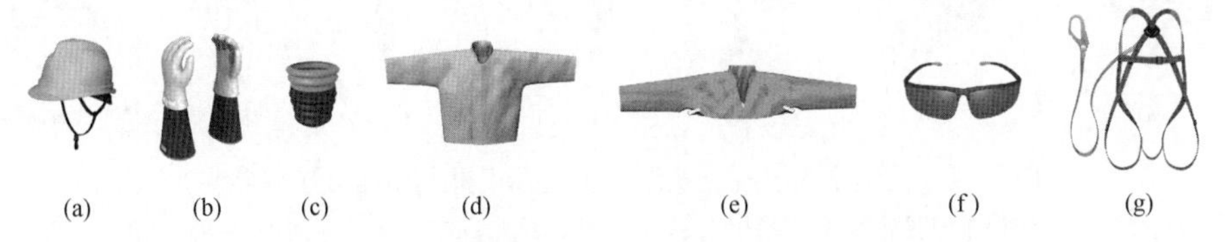

(a)　(b)　(c)　(d)　(e)　(f)　(g)

图 1-9　绝缘防护用具（根据实际工况选择）

（a）绝缘安全帽；（b）绝缘手套＋羊皮或仿羊皮保护手套；（c）绝缘手套充压气检测器；（d）绝缘服；（e）绝缘披肩；（f）护目镜；（g）安全带

绝缘遮蔽用具如图 1-10 所示。

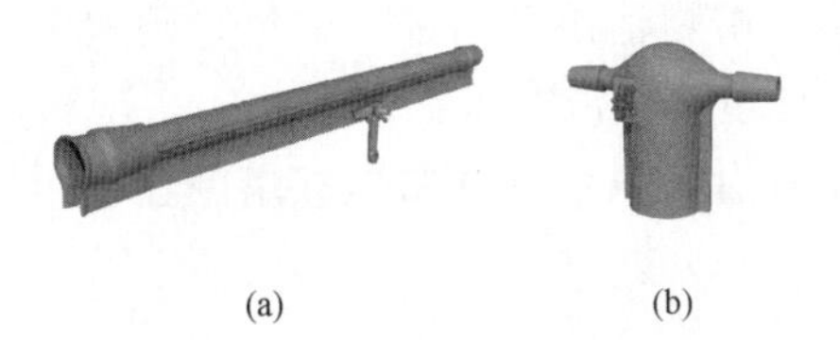

(a)　(b)

图 1-10　绝缘遮蔽用具（根据实际工况选择）

（a）绝缘杆式导线遮蔽罩；（b）绝缘杆式绝缘子遮蔽罩

绝缘工具如图 1-11 所示。

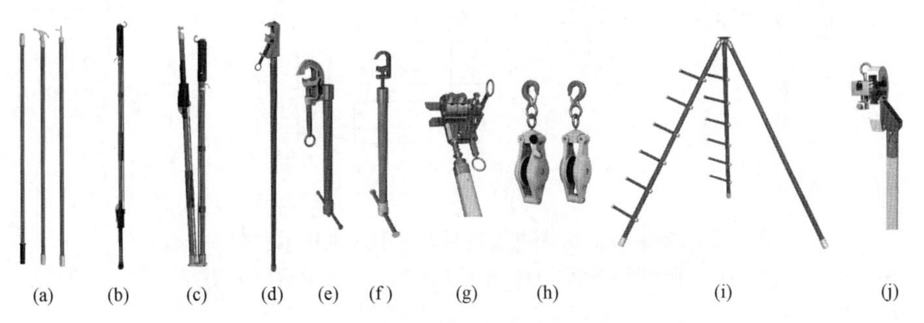

(a)　(b)　(c)　(d)　(e)　(f)　(g)　(h)　(i)　(j)

图 1-11　绝缘工具（根据实际工况选择）

（a）绝缘操作杆；（b）伸缩式绝缘锁杆 1；（c）伸缩式绝缘锁杆 2（折叠）；（d）绝缘（双头）锁杆；（e）绝缘吊杆 1；（f）绝缘吊杆 2；（g）并购线夹安装专用工具（根据线夹选择）；（h）绝缘滑车；（i）绝缘工具支架；（j）绝缘导线剥皮器（推荐使用电动式）

接续金具如图 1-12 所示。

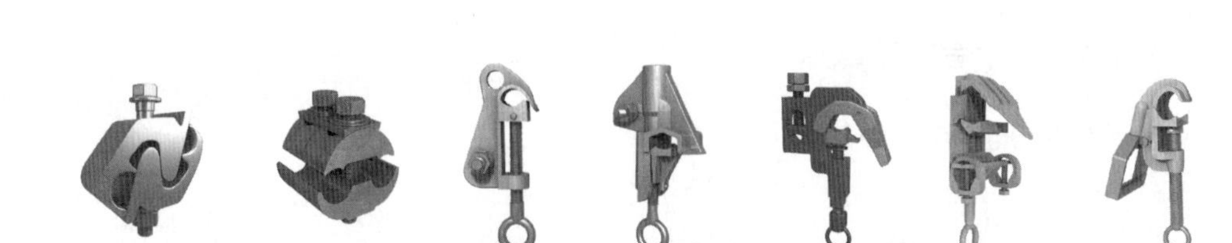

图 1-12 接续金具（根据实际工况选择，推荐使用猴头式线夹）
（a）螺栓 J 型线夹；（b）并沟线夹；（c）猴头线夹型式 1；（d）猴头线夹型式 2；
（e）猴头线夹型式 3；（f）猴头线夹型式 4；（g）马镫线夹型式 1

1.2.3 操作步骤

本项目操作前的准备工作已完成，工作负责人已检查确认负荷侧变压器、电压互感器确已退出，熔断器确已断开，熔丝管已取下，待接引流线确已空载，作业装置和现场环境符合带电作业条件。

如图 1-13 所示，采用安装线夹法带电接熔断器上引线工作，可分为以下步骤进行。

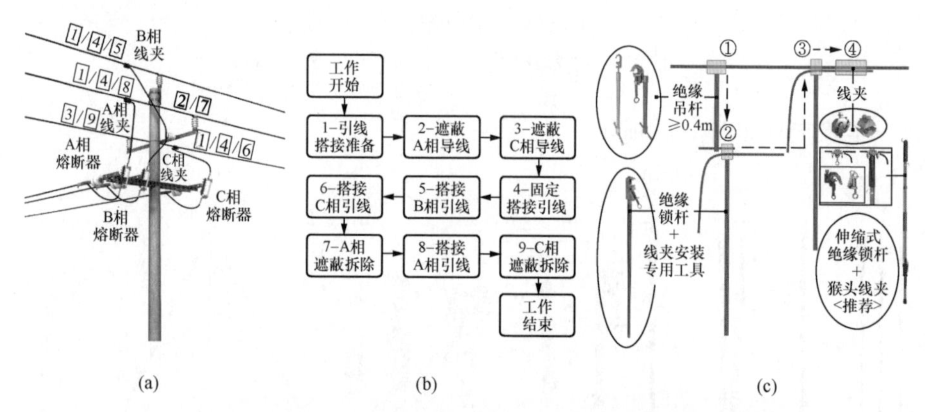

图 1-13 安装线夹法带电接熔断器上引线工作示意图（推荐）
（a）作业步骤示意图；（b）作业流程图；（c）安装线夹法示意图

步骤 1：杆上电工配合地面电工做好引线搭接前的准备工作。

（1）杆上电工使用绝缘测量杆测量三相引线长度，地面电工配合做好三相引线，包括剥除引线搭接处的绝缘层、清除氧化层和压接设备线夹等。

（2）杆上电工使用绝缘导线剥皮器依次剥除三相导线搭接处（距离横担不小于 0.6～0.7m）的绝缘层并清除导线上的氧化层。

步骤 2：遮蔽近边相 A 相导线，杆上电工使用绝缘锁杆将开口式遮蔽罩套在熔断器上方的近边相 A 相绝缘子及两侧主导线上。

步骤 3：杆上电工使用绝缘锁杆将开口式遮蔽罩套在中间相 B 相引线搭接侧的远边相 C 相主导线和绝缘子上。

步骤 4：固定搭接引线的方法如图 1-13（c）所示。

（1）杆上电工使用绝缘锁杆将绝缘吊杆固定在待安装线夹附近的主导线上。

（2）杆上电工使用安装工具将搭接引线的下端与熔断器上的接线柱可靠连接。

（3）杆上电工将绝缘锁杆（连同引线、线夹以及安装工具）固定在绝缘吊杆的横向支杆上。

步骤 5：杆上电工按照图 1-13（c）所示的方法搭接中间相 B 相引线。

（1）杆上电工使用绝缘锁杆锁住中间相 B 相引线待搭接的一端，提升至引线搭接处的主导线上可靠固定。

（2）杆上电工配合使用线夹安装工具安装线夹，引线与导线可靠连接后撤除绝缘锁杆和绝缘吊杆。

【说明】推荐使用猴头线夹＋绝缘锁杆的安装方式，如图 1-13（c）所示。

步骤 6：杆上电工按照搭接中间相 B 相引线的方法，搭接远边相 C 相引线。

步骤 7：拆除近边相 A 相导线上的遮蔽用具，杆上电工使用绝缘锁杆拆除近边相 A 相主导线上的导线遮蔽罩和绝缘子遮蔽罩。

步骤 8：杆上电工按照搭接中间相 B 相引线的方法，搭接近边相 A 相引线。

步骤 9：拆除远边相 C 相导线上的遮蔽用具，杆上电工使用绝缘锁杆拆除远边相 C 相主导线上的导线遮蔽罩和绝缘子遮蔽罩。

步骤 10：杆上电工向工作负责人汇报确认本项工作已完成。

步骤 11：检查杆上无遗留物，杆上电工返回地面，工作结束。

1.3　带电断分支线路引线（绝缘杆作业法，登杆作业）

以图 1-14 所示的直线分支杆（无熔断器，导线三角排列）为例，图解采用拆除线夹法带电断分支线路引线工作，生产中务必结合现场实际工况参照适用，并积极推广绝缘手套作业法融合绝缘杆作业法（俗称短杆作业）在绝缘斗臂车的工作斗或其他绝缘平台如绝缘脚手架上的应用。

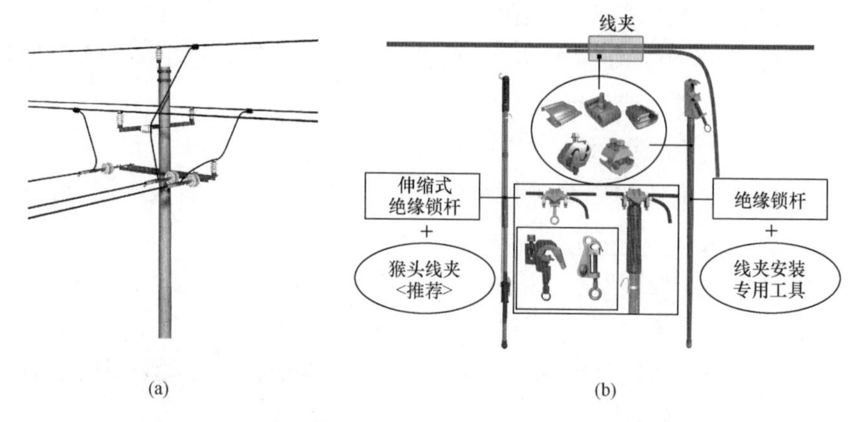

图 1-14 绝缘杆作业法（登杆作业）带电断分支线路引线

（a）杆头外形图；（b）线夹与绝缘锁杆外形图

1.3.1 人员组成

本项目工作人员共计 4 人，如图 1-15 所示，人员分工为：工作负责人（兼工作监护人）1 人、杆上电工 2 人、地面电工 1 人。

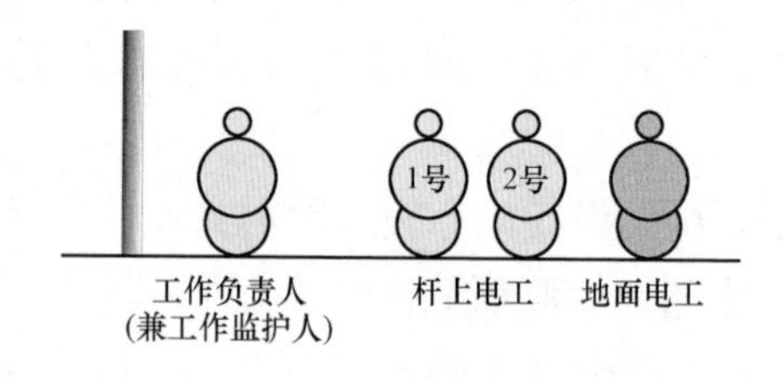

图 1-15 人员组成

1.3.2 主要工器具

绝缘防护用具如图 1-16 所示。

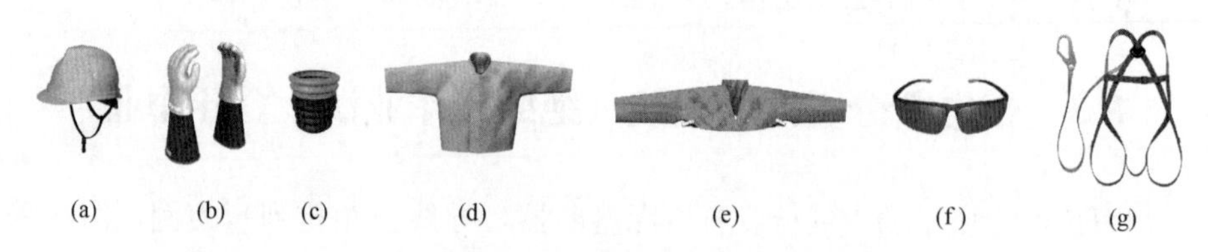

图 1-16 绝缘防护用具（根据实际工况选择）

（a）绝缘安全帽；（b）绝缘手套+羊皮或仿羊皮保护手套；（c）绝缘手套充压气检测器；（d）绝缘服；（e）绝缘披肩；（f）护目镜；（g）安全带

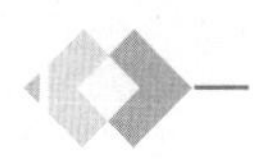

绝缘遮蔽用具如图 1-17 所示。

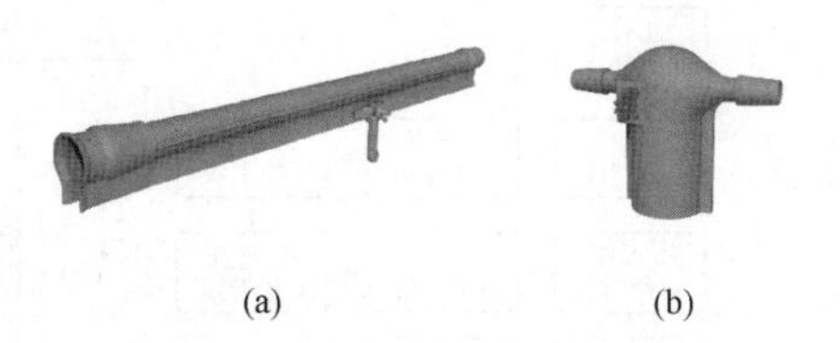

(a)　(b)

图 1-17　绝缘遮蔽用具（根据实际工况选择）

（a）绝缘杆式导线遮蔽罩；（b）绝缘杆式绝缘子遮蔽罩

绝缘工具如图 1-18 所示。

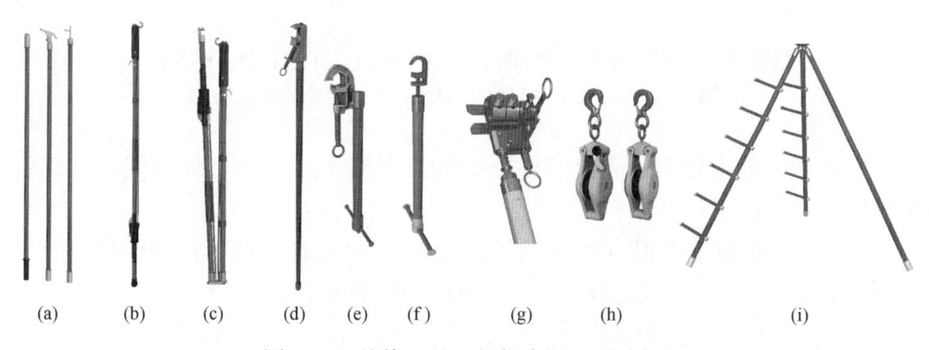

(a)　(b)　(c)　(d)　(e)　(f)　(g)　(h)　(i)

图 1-18　绝缘工具（根据实际工况选择）

（a）绝缘操作杆；（b）伸缩式绝缘锁杆；（c）伸缩式折叠绝缘锁杆；（d）绝缘（双头）锁杆；
（e）绝缘吊杆 1；（f）绝缘吊杆 2；（g）并购线夹装拆专用工具（根据线夹选择）；
（h）绝缘滑车；（i）绝缘工具支架

1.3.3　操作步骤

本项目操作前的准备工作已完成，工作负责人已检查确认待断引流线已空载，负荷侧变压器、电压互感器已退出，作业装置和现场环境符合带电作业条件。

如图 1-19 所示，采用拆除线夹法断分支线路引线工作，可分为以下步骤进行。

步骤 1：杆上电工按照图 1-19（c）所示的方法拆除近边相 A 相引线。

（1）杆上电工使用绝缘锁杆将绝缘吊杆（推荐选用）固定在近边相 A 相线夹附近的主导线上。

（2）杆上电工使用绝缘锁杆将待断开的分支线路引线临时固定在主导线上。

（3）杆上电工相互配合使用线夹装拆工具拆除分支线路引线与主导线的连接。

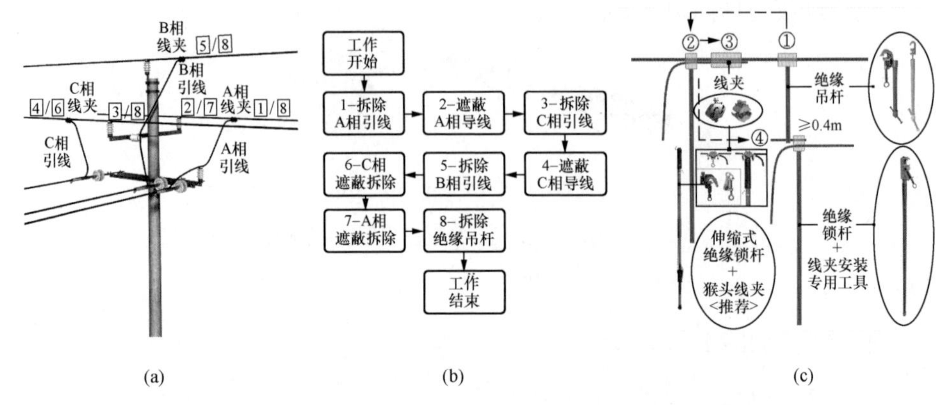

图 1-19 拆除线夹法带电断分支线路引线工作示意图（推荐）
（a）作业步骤示意图；（b）作业流程图；（c）拆除线夹法示意图

（4）杆上电工使用绝缘锁杆将分支线路引线缓缓放下，临时固定在绝缘吊杆的横向支杆上。

步骤 2：遮蔽近边相 A 相导线（B 相线夹侧），杆上电工使用绝缘锁杆将开口式遮蔽罩分别套在近边相 A 相主导线和绝缘子上。

步骤 3：杆上电工按照图 1-19（c）所示的方法拆除远边相 C 相引线。

步骤 4：遮蔽远远相 C 相导线（B 相线夹侧），杆上电工使用绝缘锁杆将开口式遮蔽罩套在远边相 C 相主导线和绝缘子上。

步骤 5：杆上电工按照图 1-19（c）所示的方法拆除中间相 B 相引线。

步骤 6：拆除远远相 C 相导线上的遮蔽用具，杆上电工使用绝缘锁杆拆除远边相 C 相主导线上的导线遮蔽罩和绝缘子遮蔽罩。

步骤 7：按照相同的方法拆除近边相 A 相导线上的遮蔽用具。

步骤 8：杆上电工使用绝缘锁杆拆除三相导线上的绝缘吊杆（推荐使用绝缘吊杆固定引线）。

【说明】生产中如引线与主导线由于安装方式和锈蚀等原因不易拆除，可直接在主导线搭接位置处剪断引线的方式进行，同时做好防止引线摆动的措施。

步骤 9：杆上电工向工作负责人汇报确认本项工作已完成。

步骤 10：检查杆上无遗留物，杆上电工返回地面，工作结束。

1.4 带电接分支线路引线（绝缘杆作业法，登杆作业）

以图 1-20 所示的直线分支杆（无熔断器，导线三角排列）为例，图解采用安装线夹法带电接分支线路工作，生产中务必结合现场实际工况参照适用，

并积极推广绝缘手套作业法融合绝缘杆作业法（俗称短杆作业）在绝缘斗臂车的工作斗或其他绝缘平台如绝缘脚手架上的应用。

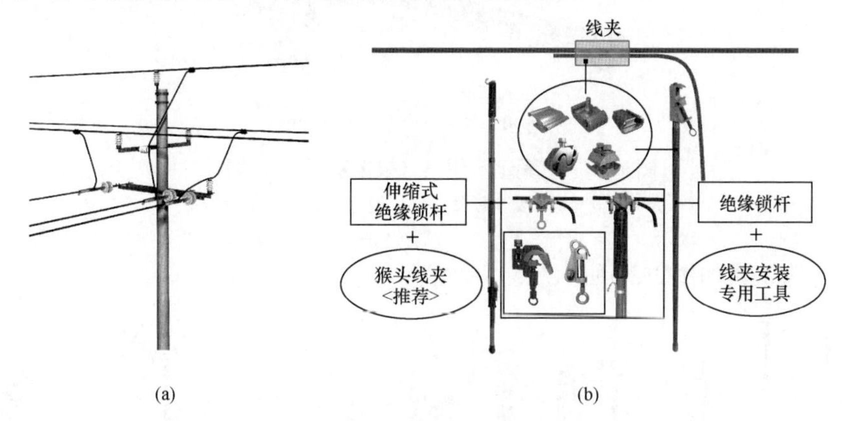

图 1-20　绝缘杆作业法（登杆作业）带电接分支线路引线
（a）杆头外形图；（b）线夹与绝缘锁杆外形图

1.4.1　人员组成

本项目工作人员共计 4 人，如图 1-21 所示，人员分工为：工作负责人（兼工作监护人）1 人、杆上电工 2 人、地面电工 1 人。

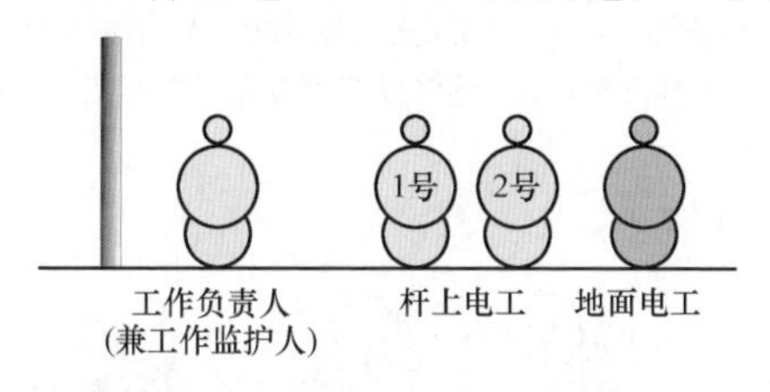

图 1-21　人员组成

1.4.2　主要工器具

绝缘防护用具如图 1-22 所示。

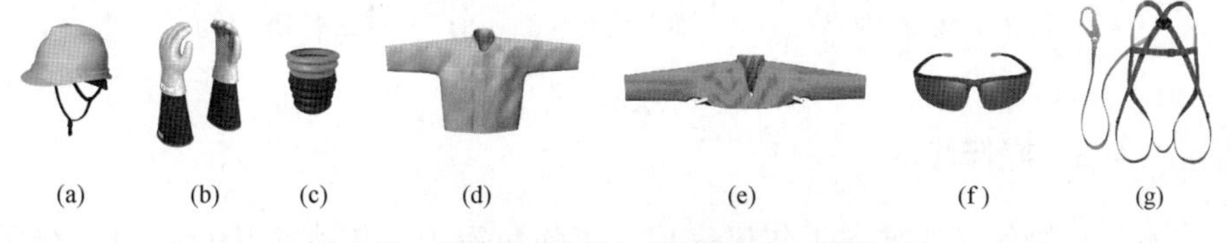

图 1-22　绝缘防护用具（根据实际工况选择）
（a）绝缘安全帽；（b）绝缘手套＋羊皮或仿羊皮保护手套；（c）绝缘手套充压气检测器；（d）绝缘服；（e）绝缘披肩；（f）护目镜；（g）安全带

绝缘遮蔽用具如图 1-23 所示。

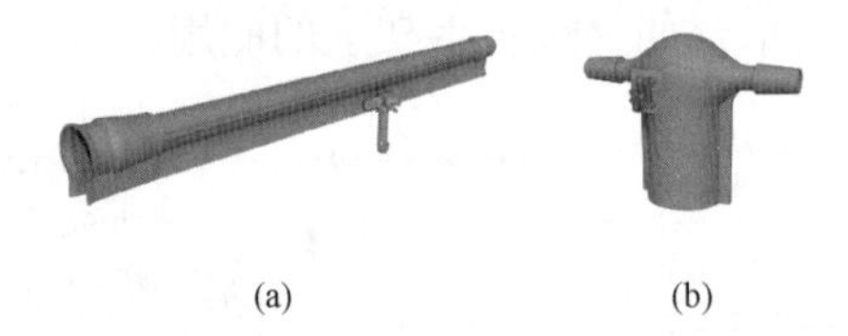

图 1-23 绝缘遮蔽用具（根据实际工况选择）
（a）绝缘杆式导线遮蔽罩；（b）绝缘杆式绝缘子遮蔽罩

绝缘工具如图 1-24 所示。

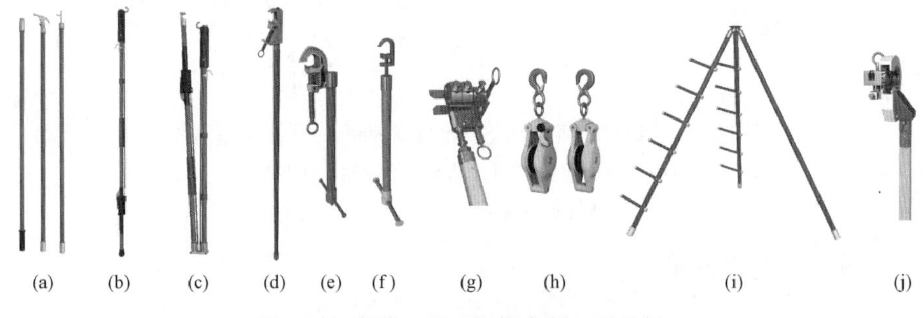

图 1-24 绝缘工具（根据实际工况选择）
（a）绝缘操作杆；（b）伸缩式绝缘锁杆 1；（c）伸缩式绝缘锁杆 2（折叠）；（d）绝缘（双头）锁杆；（e）绝缘吊杆 1；（f）绝缘吊杆 2；（g）并购线夹安装专用工具（根据线夹选择）；（h）绝缘滑车；（i）绝缘工具支架；（j）绝缘导线剥皮器（推荐使用电动式）

接续金具如图 1-25 所示。

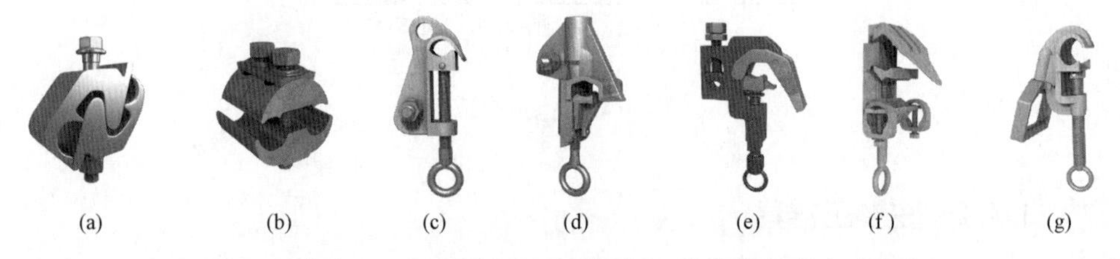

图 1-25 接续金具（根据实际工况选择，推荐使用猴头式线夹）
（a）螺栓 J 型线夹 ；（b）并沟线夹；（c）猴头线夹型式 1；（d）猴头线夹型式 2；（e）猴头线夹型式 3；（f）猴头线夹型式 4；（g）马镫线夹型式 1

1.4.3 操作步骤

本项目操作前的准备工作已完成，工作负责人已检查确认待接引流线已空载，负荷侧变压器、电压互感器已退出，作业装置和现场环境符合带电作业条件。

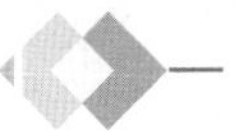

如图 1-26 所示，采用安装线夹法带电接分支线路引线工作，可分为以下步骤进行。

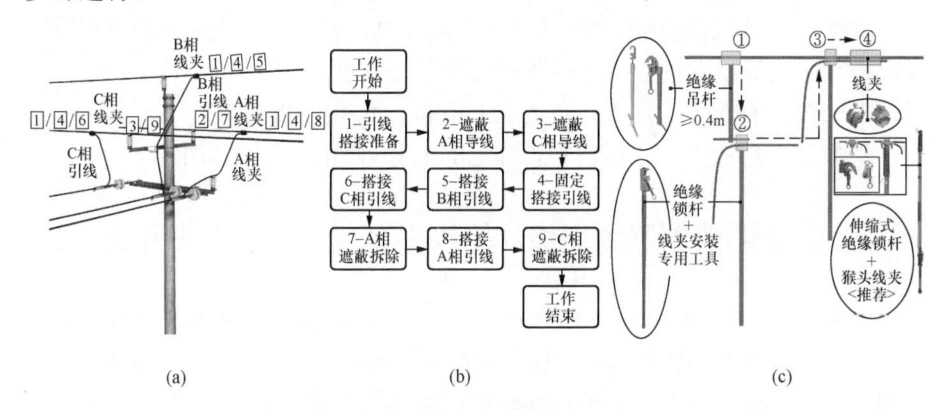

图 1-26　安装线夹法带电接分支线路引线工作示意图（推荐）

（a）作业步骤示意图；（b）作业流程图；（c）安装线夹法示意图

步骤 1：杆上电工配合地面电工做好引线搭接前的准备工作。

（1）杆上电工使用绝缘测量杆测量三相分支线路引线长度，按照测量长度切断三相引线、剥除三相引线搭接处的绝缘层和清除其上的氧化层。

（2）杆上电工使用绝缘导线剥皮器依次剥除三相导线搭接处（距离横担不小于 0.6～0.7m）的绝缘层并清除导线上的氧化层。

步骤 2：遮蔽近边相 A 相导线（B 相线夹侧），杆上电工使用绝缘锁杆将开口式遮蔽罩套在中间相 B 相引线侧的近边相 A 相主导线和绝缘子上。

步骤 3：遮蔽远边相 C 相导线（B 相线夹侧），杆上电工使用绝缘锁杆将开口式遮蔽罩套在中间相 B 相引线侧的远边相 C 相主导线和绝缘子上。

步骤 4：杆上电工参照图 1-26（c）所示的方法固定搭接引线。

（1）杆上电工使用绝缘锁杆将绝缘吊杆固定在待安装线夹附近的主导线上。

（2）杆上电工将绝缘锁杆（连同引线、线夹以及安装工具）固定在绝缘吊杆的横向支杆上。

步骤 5：杆上电工按照图 1-26（c）所示的方法搭接中间相 B 相引线。

（1）杆上电工使用绝缘锁杆锁住中间相 B 相引线待搭接的一端，提升至引线搭接处的主导线上可靠固定。

（2）杆上电工配合使用线夹安装工具安装线夹，引线与导线可靠连接后撤除绝缘锁杆和绝缘吊杆。

【说明】推荐使用猴头线夹＋绝缘锁杆的安装方式，如图 1-26（c）所示。

步骤 6：杆上电工按照搭接中间相 B 相引线的方法，搭接远边相 C 相引线。

步骤 7：拆除近边相 A 相导线上的遮蔽用具，杆上电工使用绝缘锁杆拆除近边相 A 相主导线上的导线遮蔽罩和绝缘子遮蔽罩。

步骤 8：杆上电工按照搭接中间相 B 相引线的方法，搭接近边相 A 相引线。

步骤 9：拆除远边相 C 相导线上的遮蔽用具，杆上电工使用绝缘锁杆拆除远边相 C 相主导线上的导线遮蔽罩和绝缘子遮蔽罩。

步骤 10：杆上电工向工作负责人汇报确认本项工作已完成。

步骤 11：检查杆上无遗留物，杆上电工返回地面，工作结束。

1.5 带电断熔断器上引线（绝缘手套作业法，斗臂车作业）

以图 1-27 所示的变台杆（有熔断器，导线三角排列）为例，图解采用拆除线夹法带电断熔断器上引线工作，生产中务必结合现场实际工况参照适用，并积极推广绝缘手套作业法融合绝缘杆作业法（俗称短杆作业）在绝缘斗臂车的工作斗或其他绝缘平台如绝缘脚手架上的应用。

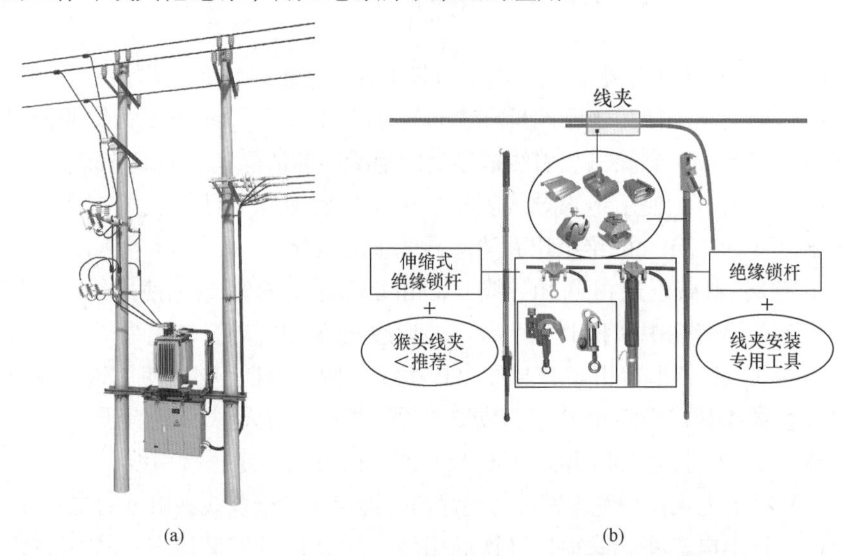

图 1-27 绝缘手套作业法（斗臂车作业）带电断熔断器上引线

(a) 变台杆外形图；(b) 线夹与绝缘锁杆外形图

1.5.1 人员组成

本项目工作人员共计 4 人，如图 1-28 所示，人员分工为：工作负责人（兼工作监护人）1 人、斗内电工 2 人、地面电工 1 人。

1.5.2 主要工器具

绝缘防护用具如图 1-29 所示。

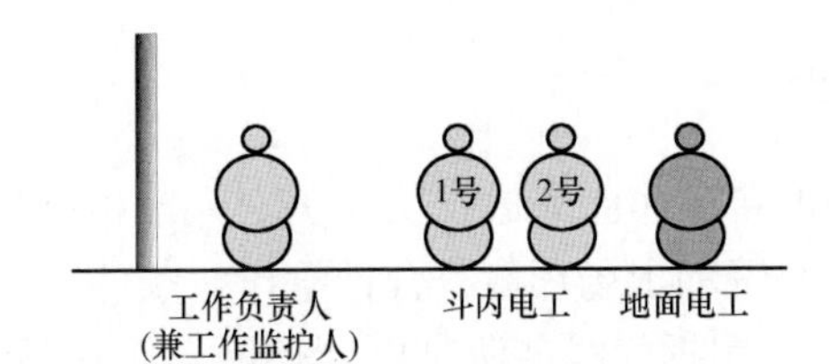

图 1-28　人员组成

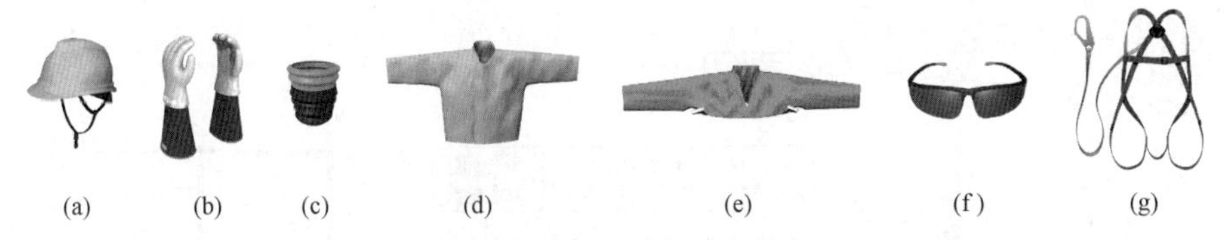

图 1-29　绝缘防护用具（根据实际工况选择）

（a）绝缘安全帽；（b）绝缘手套＋羊皮或仿羊皮保护手套；（c）绝缘手套充压气检测器；（d）绝缘服；（e）绝缘披肩；（f）护目镜；（g）安全带

绝缘遮蔽用具如图 1-30 所示。

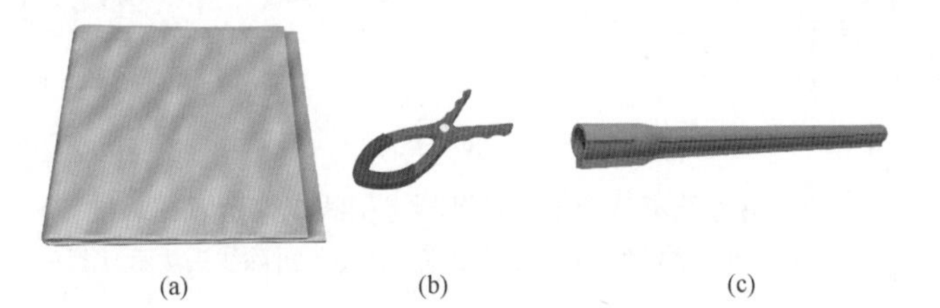

图 1-30　绝缘遮蔽用具（根据实际工况选择）

（a）绝缘毯；（b）绝缘毯夹；（c）导线遮蔽罩

绝缘工具如图 1-31 所示。

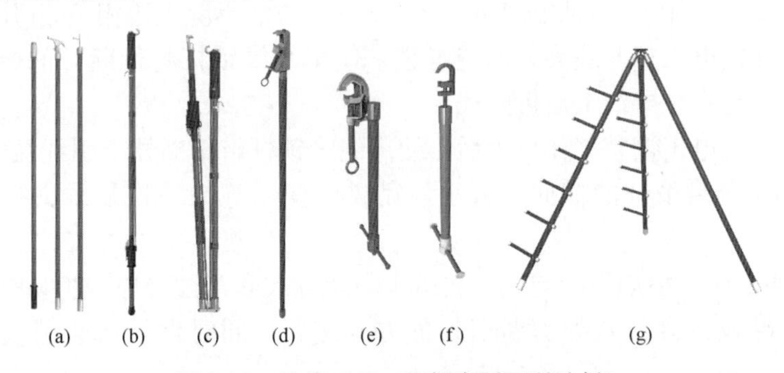

图 1-31　绝缘工具（根据实际工况选择）

（a）绝缘操作杆；（b）伸缩式绝缘锁杆；（c）伸缩式折叠绝缘锁杆；（d）绝缘（双头）锁杆；（e）绝缘吊杆 1；（f）绝缘吊杆 2；（g）绝缘工具支架

1.5.3 操作步骤

本项目操作前的准备工作已完成，工作负责人已检查确认熔断器已断开，熔丝管已取下，作业装置和现场环境符合带电作业条件。

如图 1-32 所示，采用拆除线夹法带电断熔断器上引线工作，可分为以下步骤进行。

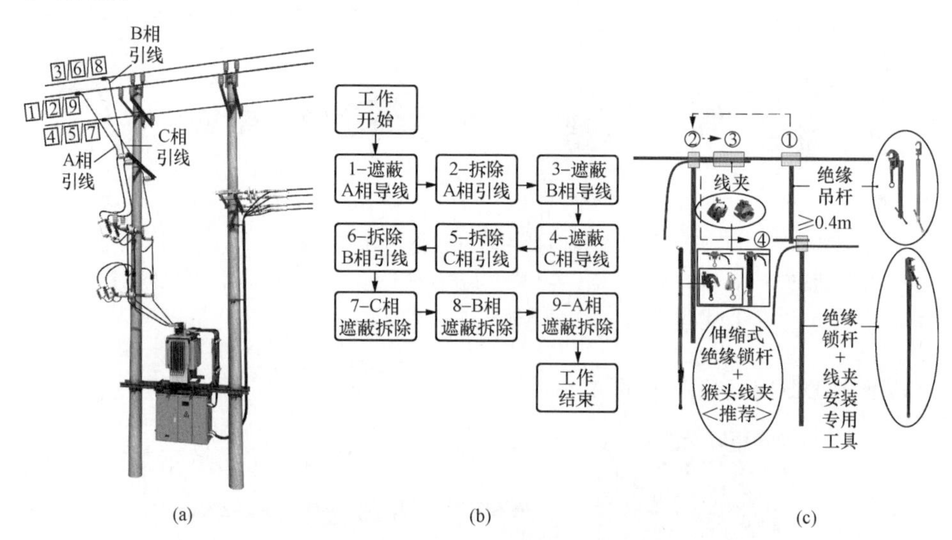

图 1-32 拆除线夹法带电断熔断器上引线工作示意图（推荐）

（a）作业步骤示意图；（b）作业流程图；（c）拆除线夹法示意图

步骤 1：遮蔽近边相 A 相导线，斗内电工调整绝缘斗至近边相 A 相导线外侧适当位置，对线夹侧的近边相 A 相导线进行绝缘遮蔽，绝缘遮蔽线夹前先将绝缘吊杆固定在线夹附近的主导线上。

步骤 2：斗内电工参照图 1-32（c）所示的方法拆除近边相 A 相引线。

（1）斗内电工打开线夹处的绝缘毯，使用绝缘锁杆将待断开的熔断器上引线临时固定在主导线上后拆除线夹。

（2）斗内电工调整工作位置后，使用绝缘锁杆将熔断器上引线缓缓放下，临时固定在绝缘吊杆的横向支杆上，完成后使用绝缘毯恢复线夹处的绝缘遮蔽。

【说明】生产中如引线与主导线由于安装方式和锈蚀等原因不易拆除，可直接在主导线搭接位置处剪断引线的方式进行，同时做好防止引线摆动的措施。

步骤 3：遮蔽中间相 B 相导线，斗内电工调整绝缘斗至中间相 B 相导线外侧适当位置，对线夹侧的中间相 B 相导线进行绝缘遮蔽，绝缘遮蔽线夹前

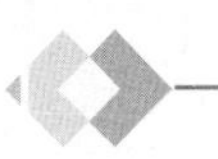

先将绝缘吊杆固定在线夹附近的主导线上。

步骤 4：遮蔽远边相 C 相导线，斗内电工调整绝缘斗至远边相 C 相导线外侧适当位置，对线夹侧的远边相 C 相导线进行绝缘遮蔽，绝缘遮蔽线夹前先将绝缘吊杆固定在线夹附近的主导线上。

步骤 5：斗内电工按照拆除近边相 A 相引线的方法拆除远边相 C 相引线。

步骤 6：斗内电工按照拆除近边相 A 相引线的方法拆除中间相 B 相引线。

步骤 7：斗内电工转移绝缘斗至合适作业位置，拆除远边相 C 相导线上的遮蔽用具及绝缘吊杆，引线拆除后统一盘圈后临时固定在同相引线上，已备后用。

步骤 8：斗内电工按照拆除远边相 C 相导线上的遮蔽用具的方法拆除中间相 B 相导线上的遮蔽用具及绝缘吊杆。

步骤 9：斗内电工按照拆除远边相 C 相导线上的遮蔽用具的方法拆除近变相 A 相导线上的遮蔽用具及绝缘吊杆。

步骤 10：斗内电工向工作负责人汇报确认本项工作已完成。

步骤 11：检查杆上无遗留物，绝缘斗退出带电作业区域，斗内电工返回地面，工作结束。

1.6　带电接熔断器上引线（绝缘手套作业法，斗臂车作业）

以图 1-33 所示的变台杆（有熔断器，导线三角排列）为例，图解采用安

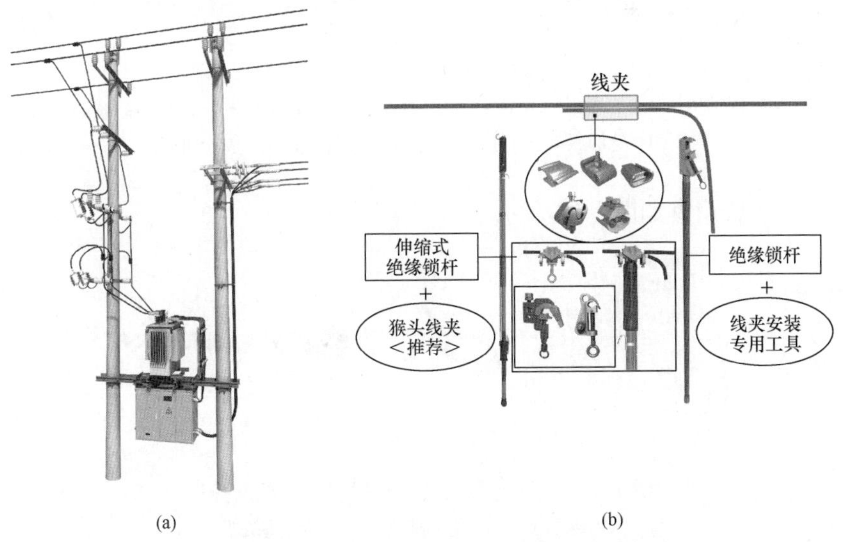

图 1-33　绝缘手套作业法（斗臂车作业）带电接熔断器上引线

（a）变台杆外形图；（b）线夹与绝缘锁杆外形图

装线夹法带电接熔断器上引线工作，生产中务必结合现场实际工况参照适用，并积极推广绝缘手套作业法融合绝缘杆作业法（俗称短杆作业）在绝缘斗臂车的工作斗或其他绝缘平台如绝缘脚手架上的应用。

1.6.1 人员组成

本项目工作人员共计 4 人，如图 1-34 所示，人员分工为：工作负责人（兼工作监护人）1 人、斗内电工 2 人、地面电工 1 人。

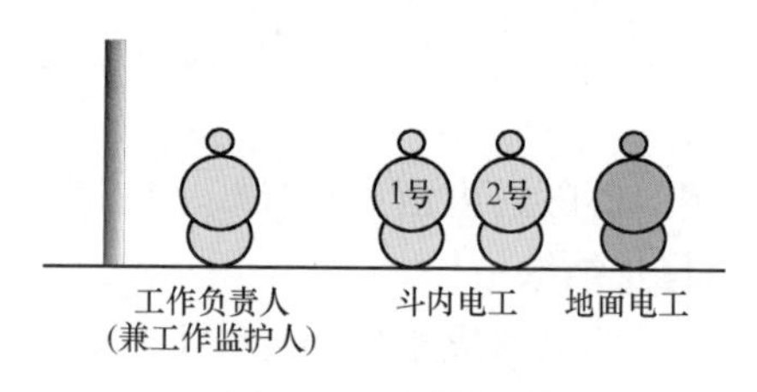

图 1-34 人员组成

1.6.2 主要工器具

绝缘防护用具如图 1-35 所示。

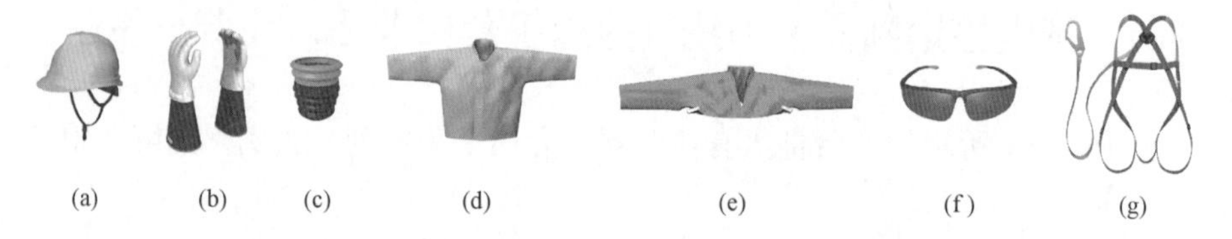

(a) (b) (c) (d) (e) (f) (g)

图 1-35 绝缘防护用具（根据实际工况选择）

（a）绝缘安全帽；（b）绝缘手套＋羊皮或仿羊皮保护手套；（c）绝缘手套充压气检测器；（d）绝缘服；（e）绝缘披肩；（f）护目镜；（g）安全带

绝缘遮蔽用具如图 1-36 所示。

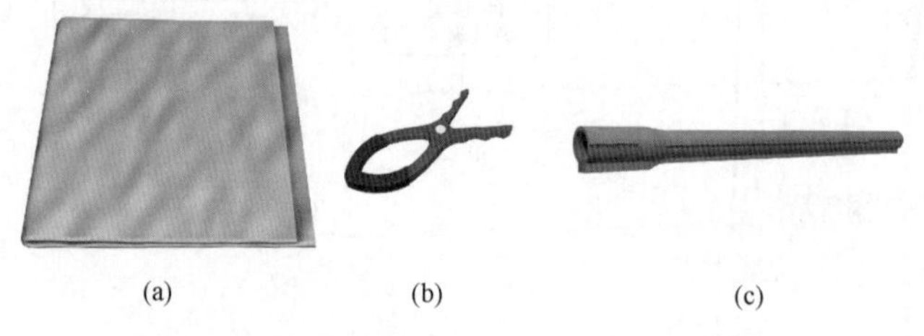

(a) (b) (c)

图 1-36 绝缘遮蔽用具（根据实际工况选择）

（a）绝缘毯；（b）绝缘毯夹；（c）导线遮蔽罩

绝缘工具如图 1-37 所示。

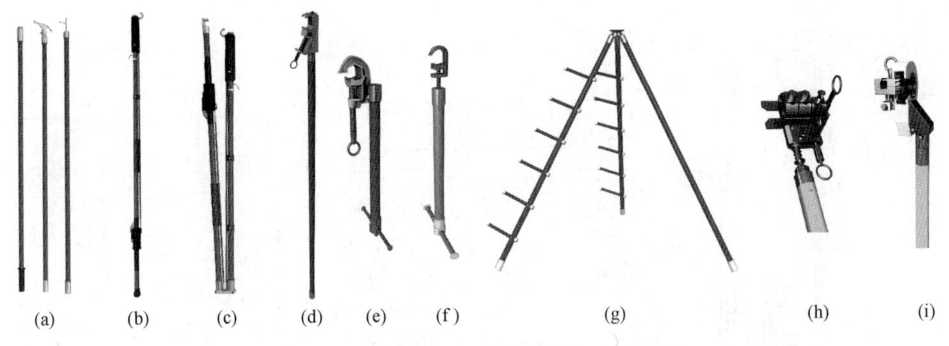

图 1-37　绝缘工具（根据实际工况选择）

(a) 绝缘操作杆；(b) 伸缩式绝缘锁杆；(c) 伸缩式折叠绝缘锁杆；(d) 绝缘（双头）锁杆；(e) 绝缘吊杆 1；(f) 绝缘吊杆 2；(g) 绝缘工具支架；(h) 并购线夹安装专用工具（根据线夹选择）；(i) 绝缘导线剥皮器（推荐使用电动式）

接续金具如图 1-38 所示。

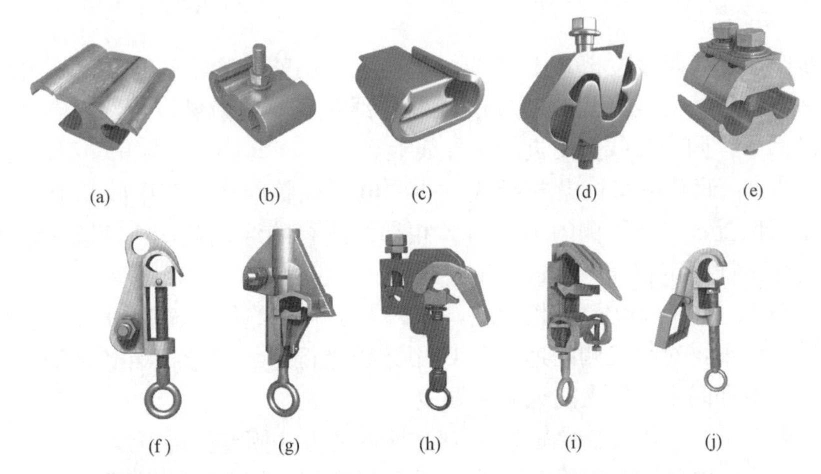

图 1-38　接续金具（根据实际工况选择，推荐使用猴头式线夹）

(a) H 形线夹；(b) C 形螺栓式线夹；(c) C 形楔型线夹；(d) 螺栓 J 型线夹；(e) 并沟线夹；(f) 猴头线夹型式 1；(g) 猴头线夹型式 2；(h) 猴头线夹型式 3；(i) 猴头线夹型式 4；(j) 马镫线夹型式 1

1.6.3　操作步骤

本项目操作前的准备工作已完成，工作负责人已检查确认熔断器已断开、熔丝管已取下，作业装置和现场环境符合带电作业条件。

如图 1-39 所示，安装拆除线夹法带电接熔断器上引线工作，可分为以下步骤进行。

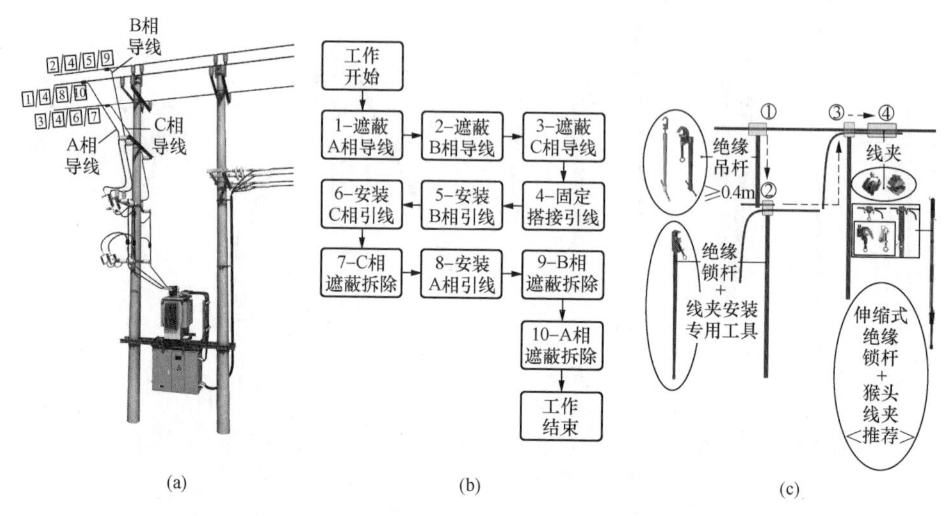

图 1-39 安装线夹法带电接熔断器上引线工作示意图（推荐）
（a）作业步骤示意图；（b）作业流程图；（c）安装线夹法示意图

步骤 1：遮蔽近边相 A 相导线，斗内电工调整绝缘斗至近边相 A 相导线外侧适当位置，对线夹侧的近边相 A 相导线进行绝缘遮蔽，绝缘遮蔽线夹前先将绝缘吊杆固定在线夹附近的主导线上。

步骤 2：遮蔽中间相 B 相导线，斗内电工调整绝缘斗至中间相 B 相导线外侧适当位置，对线夹侧的中间相 B 相导线进行绝缘遮蔽，绝缘遮蔽线夹前先将绝缘吊杆固定在线夹附近的主导线上。

步骤 3：遮蔽远边相 C 相导线，斗内电工调整绝缘斗至远边相 C 相导线外侧适当位置，对线夹侧的远边相 C 相导线进行绝缘遮蔽，绝缘遮蔽线夹前先将绝缘吊杆固定在线夹附近的主导线上。

步骤 4：斗内电工参照图 1-39（c）所示的方法固定搭接引线。

（1）斗内电工调整绝缘斗至熔断器横担外侧适当位置，使用绝缘测量杆测量三相引线长度，按照测量长度切断熔断器上引线、剥除引线搭接处的绝缘层和清除其上的氧化层。

（2）斗内电工使用绝缘锁杆将三相引线固定在绝缘吊杆的横向支杆上。

步骤 5：斗内电工参照图 1-39（c）所示的方法搭接中间相 B 相引线。

（1）斗内电工打开中间相 B 相引线搭接处的绝缘毯，使用绝缘导线剥皮器剥除搭接处的绝缘层并清除导线上的氧化层。

（2）斗内电工使用绝缘锁杆锁住 B 相引线待搭接的一端，提升至中间相熔断器上引线搭接处主导线上并可靠固定。

（3）斗内电工根据实际工况安装不同类型的接续线夹，引线与主导线可靠连接后撤除绝缘锁杆和绝缘吊杆，完成后恢复接续线夹处的绝缘、密封和绝缘遮蔽。

步骤 6：斗内电工按照安装中间相 B 相引线的方法搭接远边相 C 相引线。

步骤 7：斗内电工转移绝缘斗至合适作业位置，拆除远边相 C 相导线上的遮蔽用具。

步骤 8：斗内电工按照安装中间相 B 相引线的方法搭接近边相 A 相引线。

步骤 9：斗内电工转移绝缘斗至合适作业位置，拆除中间相 B 相导线上的遮蔽用具。

步骤 10：斗内电工转移绝缘斗至合适作业位置，拆除近边相 A 相导线上的遮蔽用具。

步骤 11：斗内电工向工作负责人汇报确认本项工作已完成。

步骤 12：检查杆上无遗留物，绝缘斗退出带电作业区域，斗内电工返回地面，工作结束。

1.7　带电断分支线路引线（绝缘手套作业法，斗臂车作业）

以图 1-40 所示的直线分支杆（无熔断器，导线三角排列）为例，图解采用拆除线夹法带电断分支线路引线工作，生产中务必结合现场实际工况参照适用，并积极推广绝缘手套作业法融合绝缘杆作业法（俗称短杆作业）在绝缘斗臂车的工作斗或其他绝缘平台如绝缘脚手架上的应用。

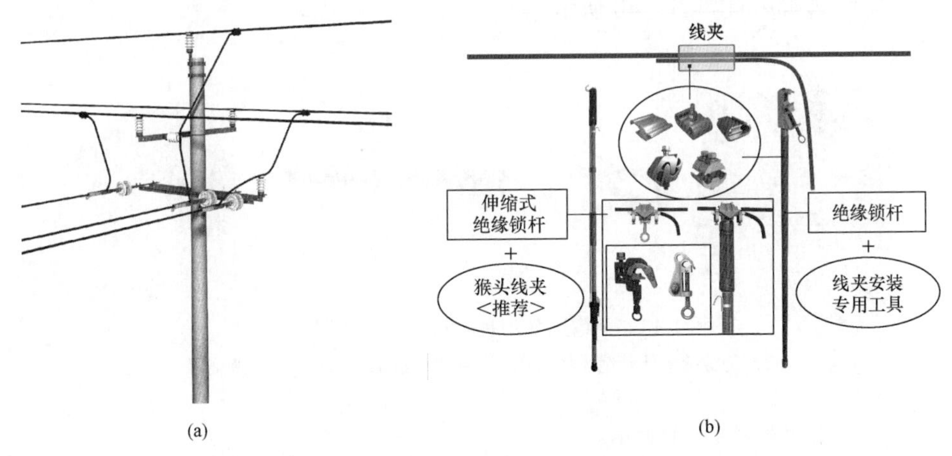

图 1-40　绝缘手套作业法（斗臂车作业）带电断分支线路引线
(a) 杆头外形图；(b) 线夹与绝缘锁杆外形图

1.7.1　人员组成

本项目工作人员共计 4 人，如图 1-41 所示，人员分工为：工作负责人（兼工作监护人）1 人、斗内电工 2 人、地面电工 1 人。

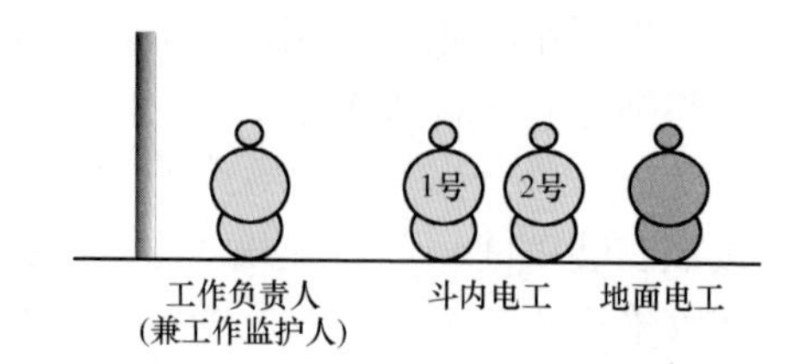

图 1-41 人员组成

1.7.2 主要工器具

绝缘防护用具如图 1-42 所示。

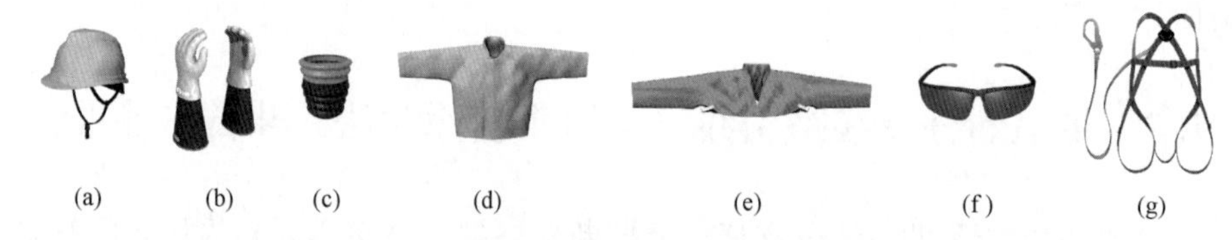

图 1-42 绝缘防护用具（根据实际工况选择）

（a）绝缘安全帽；（b）绝缘手套+羊皮或仿羊皮保护手套；（c）绝缘手套充压气检测器；（d）绝缘服；（e）绝缘披肩；（f）护目镜；（g）安全带

绝缘遮蔽用具如图 1-43 所示。

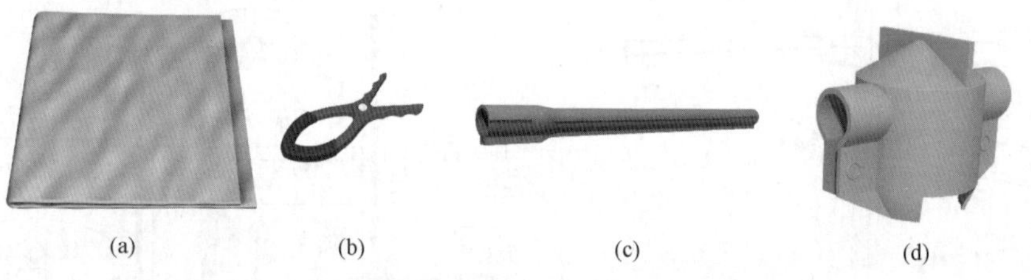

图 1-43 绝缘遮蔽用具（根据实际工况选择）

（a）绝缘毯；（b）绝缘毯夹；（c）导线遮蔽罩；（d）绝缘子遮蔽罩

绝缘工具如图 1-44 所示。

1.7.3 操作步骤

本项目操作前的准备工作已完成，工作负责人已检查确认待断引流线已空载，负荷侧变压器、电压互感器已退出，作业装置和现场环境符合带电作业条件。

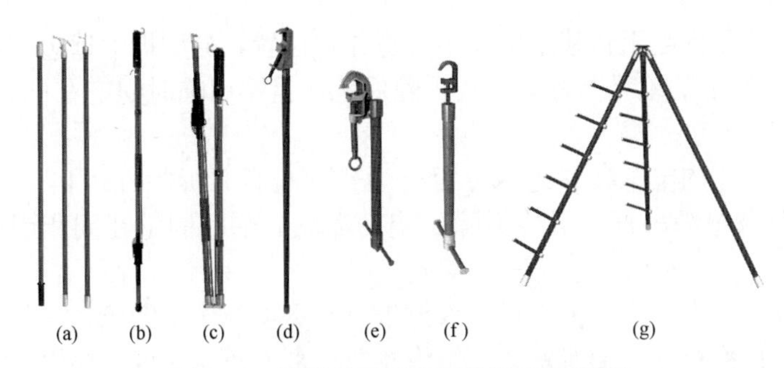

图 1-44　绝缘工具（根据实际工况选择）

（a）绝缘操作杆；（b）伸缩式绝缘锁杆；（c）伸缩式折叠绝缘锁杆；（d）绝缘（双头）锁杆；（e）绝缘吊杆 1；（f）绝缘吊杆 2；（g）绝缘工具支架

如图 1-45 所示，采用拆除线夹法带电断分支线路引线工作，可分为以下步骤进行。

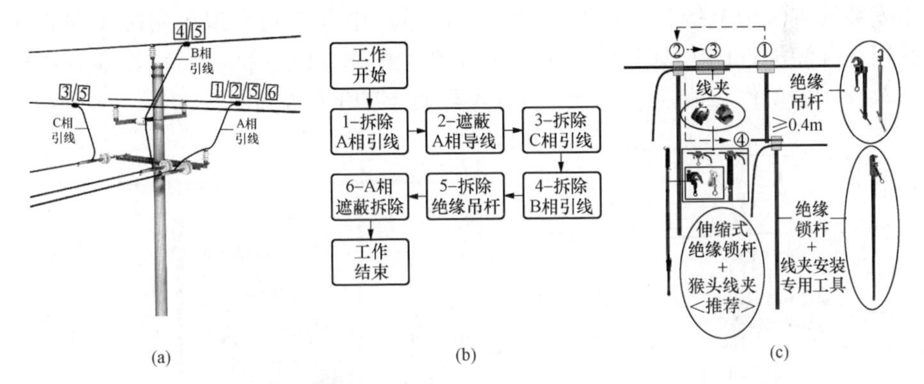

图 1-45　拆除线夹法带电断分支线路引线工作示意图（推荐）

（a）作业步骤示意图；（b）作业流程图；（c）拆除线夹法示意图

步骤 1：斗内电工参照图 1-45（c）所示的方法拆除近边相 A 相引线。

（1）斗内电工使用绝缘锁杆将待断开的熔断器上引线临时固定在主导线上后拆除线夹。

（2）斗内电工调整工作位置后，使用绝缘锁杆将熔断器上引线缓缓放下，临时固定在绝缘吊杆的横向支杆上。

【说明】生产中如引线与主导线由于安装方式和锈蚀等原因不易拆除，可直接在主导线搭接位置处剪断引线的方式进行，同时做好防止引线摆动的措施。

步骤 2：遮蔽近边相 A 相导线，斗内电工调整绝缘斗至近边相 A 相导线外侧适当位置，对近边相 A 相导线及绝缘子进行绝缘遮蔽。

步骤 3：斗内电工按照拆除近边相 A 相引线的方法拆除远边相 C 相引线。

步骤 4：斗内电工按照拆除近边相 A 相引线的方法拆除中间相 B 相引线。

步骤5：斗内电工转移绝缘斗至合适作业位置，分别拆除远边相C相和中间相B相导线上的绝缘吊杆，引线拆除后统一盘圈后临时固定在同相引线上，已备后用。

步骤6：斗内电工转移绝缘斗至合适作业位置，拆除近边相A相导线上的遮蔽用具及绝缘吊杆，引线拆除后统一盘圈后临时固定在同相引线上，已备后用。

步骤7：斗内电工向工作负责人汇报确认本项工作已完成。

步骤8：检查杆上无遗留物，绝缘斗退出带电作业区域，斗内电工返回地面，工作结束。

1.8 带电接分支线路引线（绝缘手套作业法，斗臂车作业）

以图1-46所示的直线分支杆（无熔断器，导线三角排列）为例，图解采用安装线夹法带电接分支线路引线工作，生产中务必结合现场实际工况参照适用，并积极推广绝缘手套作业法融合绝缘杆作业法（俗称短杆作业）在绝缘斗臂车的工作斗或其他绝缘平台如绝缘脚手架上的应用。

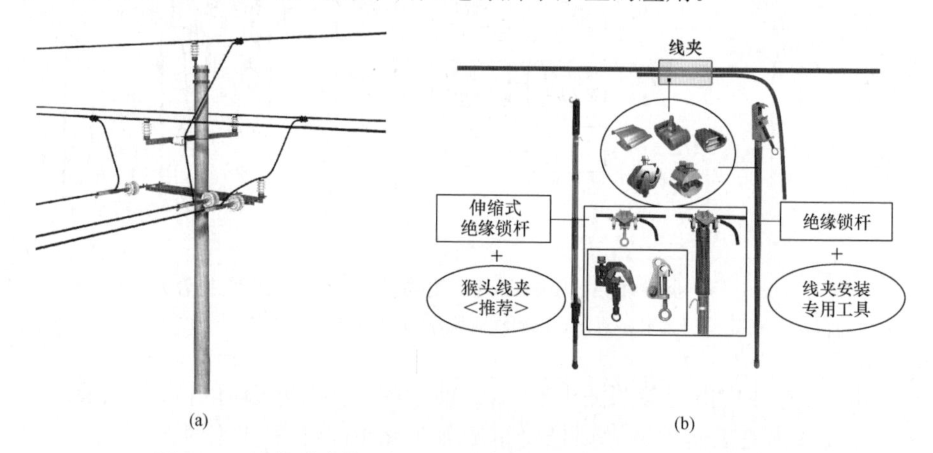

图1-46 绝缘手套作业法（斗臂车作业）带电接分支线路引线
(a) 杆头外形图；(b) 线夹与绝缘锁杆外形图

1.8.1 人员组成

本项目工作人员共计4人，如图1-47所示，人员分工为：工作负责人（兼工作监护人）1人、斗内电工2人、地面电工1人。

1.8.2 主要工器具

绝缘防护用具如图1-48所示。

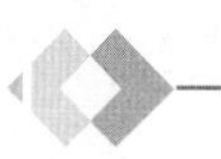

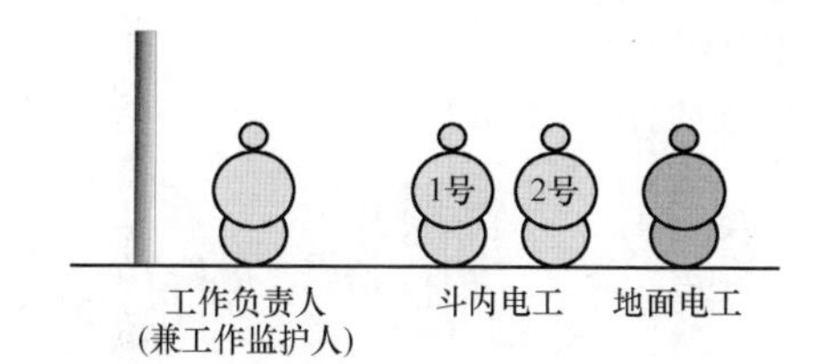

图 1-47　人员组成

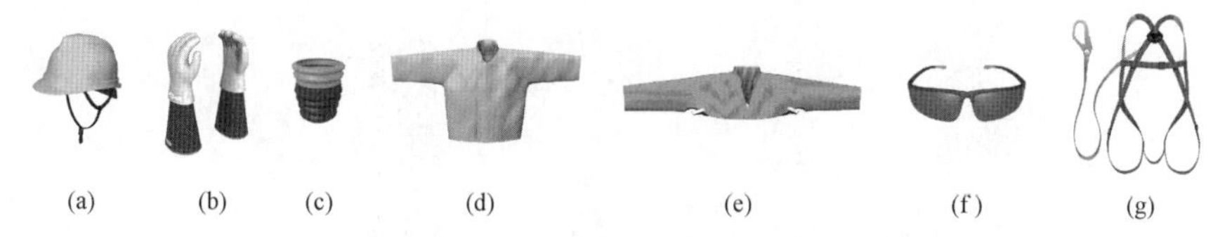

图 1-48　绝缘防护用具（根据实际工况选择）
（a）绝缘安全帽；（b）绝缘手套＋羊皮或仿羊皮保护手套；（c）绝缘手套充压气检测器；（d）绝缘服；（e）绝缘披肩；（f）护目镜；（g）安全带

绝缘遮蔽用具如图 1-49 所示。

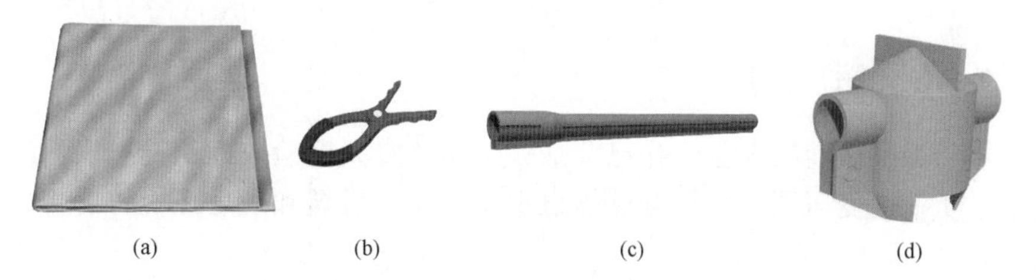

图 1-49　绝缘遮蔽用具（根据实际工况选择）
（a）绝缘毯；（b）绝缘毯夹；（c）导线遮蔽罩；（d）绝缘子遮蔽罩

绝缘工具如图 1-50 所示。

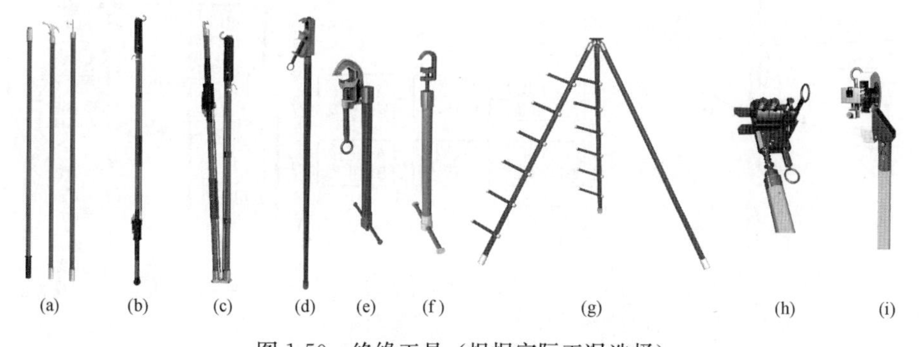

图 1-50　绝缘工具（根据实际工况选择）
（a）绝缘操作杆；（b）伸缩式绝缘锁杆；（c）伸缩式折叠绝缘锁杆；（d）绝缘（双头）锁杆；（e）绝缘吊杆 1；（f）绝缘吊杆 2；（g）绝缘工具支架；（h）并购线夹安装专用工具（根据线夹选择）；（i）绝缘导线剥皮器（推荐使用电动式）

接续金具如图 1-51 所示。

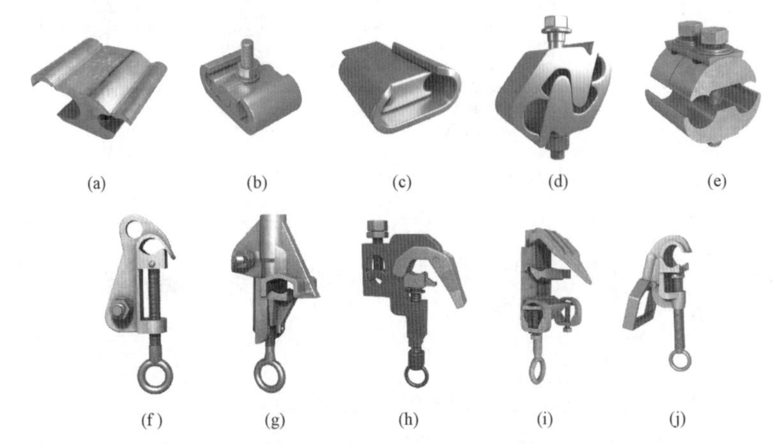

图 1-51　接续金具（根据实际工况选择，推荐使用猴头式线夹）

（a）H 形线夹；（b）C 形螺栓式线夹；（c）C 形楔型线夹；（d）螺栓 J 型线夹；（e）并沟线夹；（f）猴头线夹型式 1；（g）猴头线夹型式 2；（h）猴头线夹型式 3；（i）猴头线夹型式 4；（j）马镫线夹型式 1

1.8.3　操作步骤

本项目操作前的准备工作已完成，工作负责人已检查确认待接引流线已空载，负荷侧变压器、电压互感器已退出，作业装置和现场环境符合带电作业条件。

如图 1-52 所示，安装拆除线夹法带电接分支线路引线工作，可分为以下步骤进行。

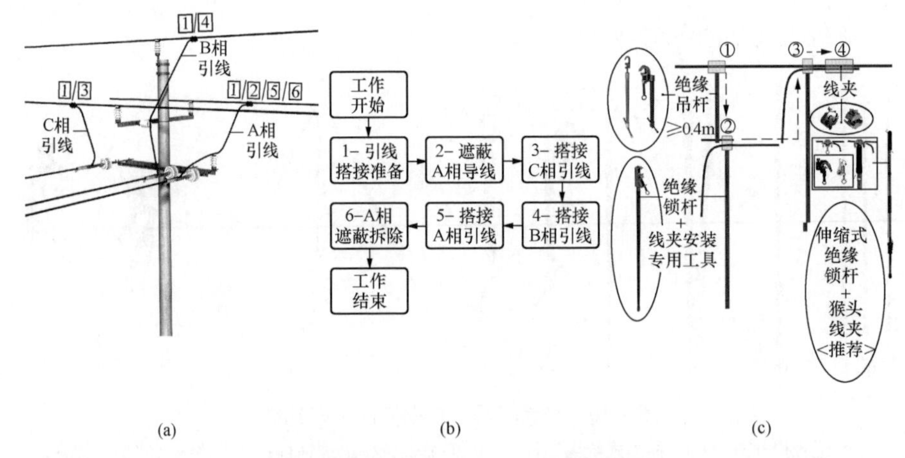

图 1-52　安装线夹法带电接分支线路引线工作示意图（推荐）

（a）作业步骤示意图；（b）作业流程图；（c）安装线夹法示意图

步骤 1：斗内电工参照图 1-52（c）所示的方法做好引线搭接前的准备工作。

（1）斗内电工调整绝缘斗至分支线路横担外侧适当位置，使用绝缘测量杆测量三相引线长度，按照测量长度切断分支线路引线、剥除引线搭接处的绝缘层和清除其上的氧化层。

（2）斗内电工使用绝缘锁杆将三相引线固定在绝缘吊杆的横向支杆上。

步骤 2：遮蔽近边相 A 相导线，斗内电工调整绝缘斗至近边相 A 相导线外侧适当位置，对近边相 A 相导线和绝缘子进行绝缘遮蔽。

步骤 3：斗内电工参照图 1-52（c）所示的方法搭接远边相 C 相引线。

（1）斗内电工使用绝缘导线剥皮器剥除搭接处的绝缘层并清除导线上的氧化层。

（2）斗内电工使用绝缘锁杆锁住远边相 C 相引线待搭接的一端，提升至引线搭接处主导线上可靠固定。

（3）斗内电工根据实际工况安装不同类型的接续线夹，引线与主导线可靠连接后撤除绝缘锁杆和绝缘吊杆，完成后恢复接续线夹处的绝缘和密封。

步骤 4：斗内电工按照搭接远边相 C 相引线的方法搭接中间相 B 相引线。

步骤 5：斗内电工按照搭接远边相 C 相引线的方法搭接近边相 A 相引线。

步骤 6：斗内电工转移绝缘斗至合适作业位置，拆除近边相 A 相导线上的遮蔽用具。

步骤 7：斗内电工向工作负责人汇报确认本项工作已完成。

步骤 8：检查杆上无遗留物，绝缘斗退出带电作业区域，斗内电工返回地面，工作结束。

1.9　带电断空载电缆线路引线（绝缘手套作业法，斗臂车作业）

以图 1-53 所示的电缆引下杆（经支柱型避雷器，导线三角排列，主线引线在线夹处搭接）为例，图解采用拆除线夹法＋带电作业用消弧开关带电断空载电缆线路引线工作，生产中务必结合现场实际工况参照适用，并积极推广绝缘手套作业法融合绝缘杆作业法（俗称短杆作业）在绝缘斗臂车的工作斗或其他绝缘平台如绝缘脚手架上的应用。

1.9.1　人员组成

本项目工作人员共计 4 人，如图 1-54 所示，人员分工为：工作负责人（兼工作监护人）1 人、斗内电工 2 人、地面电工 1 人。

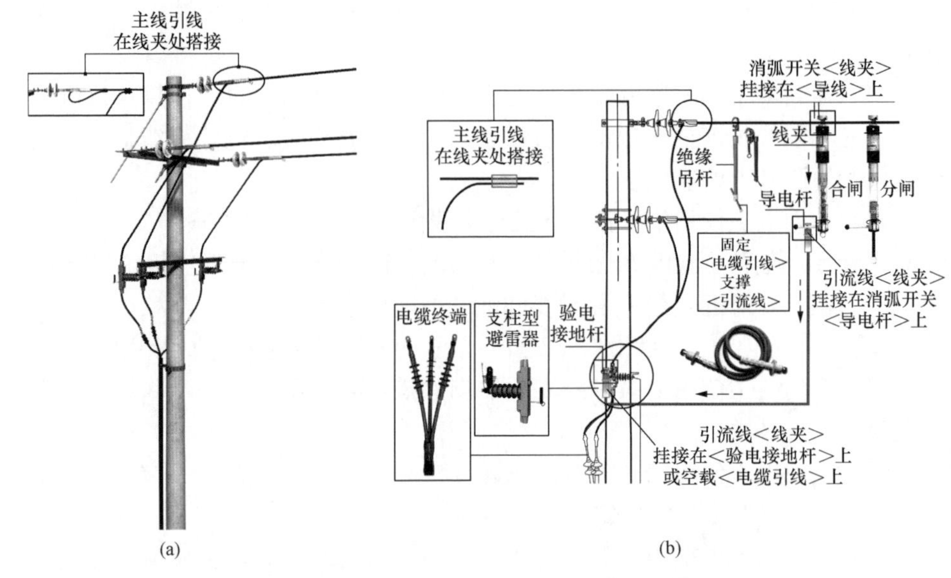

(a) (b)

图 1-53　绝缘手套作业法（斗臂车作业）带电断空载电缆线路引线

（a）杆头外形图；（b）断空载电缆线路引线示意图

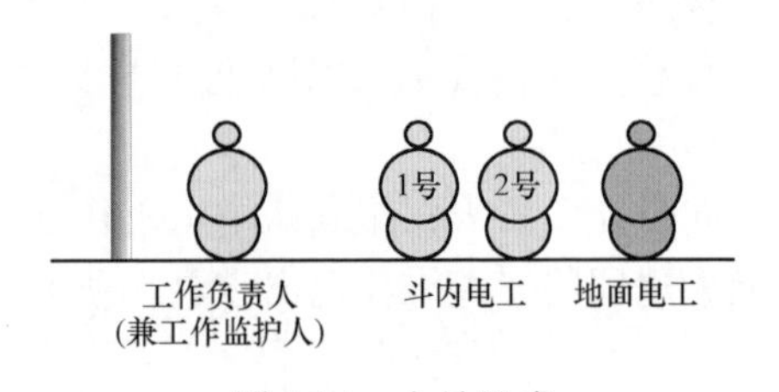

图 1-54　人员组成

1.9.2　主要工器具

绝缘防护用具如图 1-55 所示。

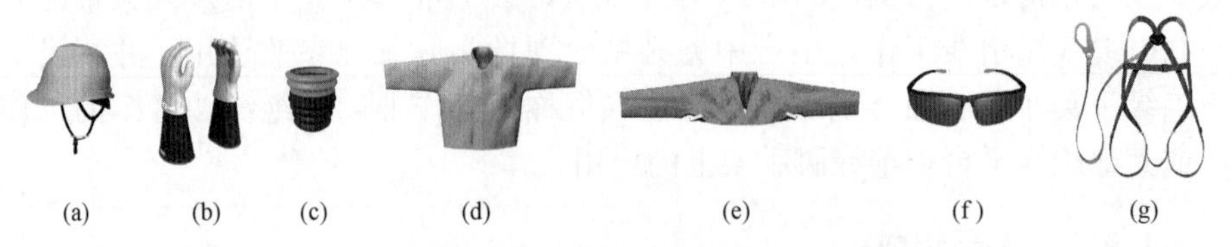

(a) (b) (c) (d) (e) (f) (g)

图 1-55　绝缘防护用具（根据实际工况选择）

（a）绝缘安全帽；（b）绝缘手套＋羊皮或仿羊皮保护手套；（c）绝缘手套充压气检测器；（d）绝缘服；（e）绝缘披肩；（f）护目镜；（g）安全带

绝缘遮蔽用具如图 1-56 所示。

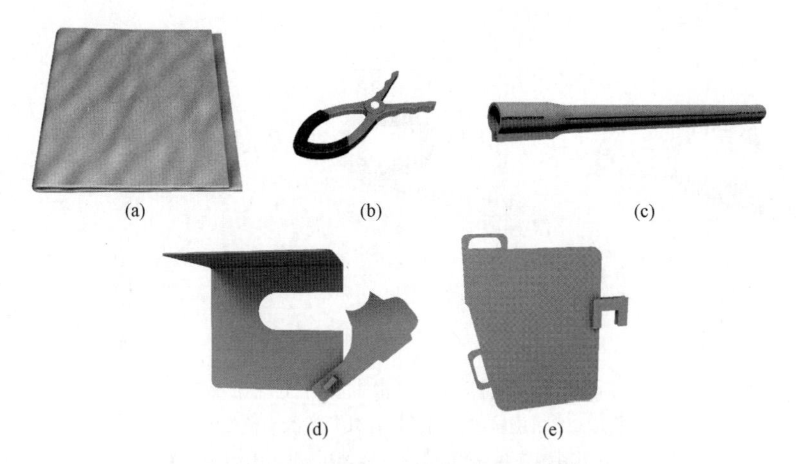

图 1-56　绝缘遮蔽用具（根据实际工况选择）

（a）绝缘毯；（b）绝缘毯夹；（c）导线遮蔽罩；（d）绝缘隔板 1；（e）绝缘隔板 2

绝缘工具如图 1-57 所示。

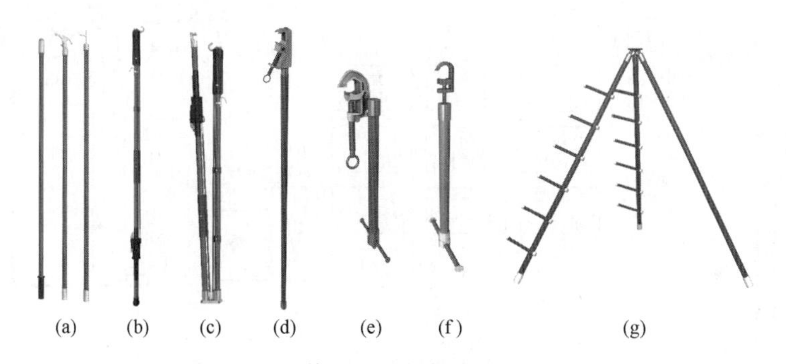

图 1-57　绝缘工具（根据实际工况选择）

（a）绝缘操作杆；（b）伸缩式绝缘锁杆；（c）伸缩式折叠绝缘锁杆；（d）绝缘（双头）锁杆；（e）绝缘吊杆 1；（f）绝缘吊杆 2；（g）绝缘工具支架

旁路设备如图 1-58 所示。

1.9.3　操作步骤

本项目操作前的准备工作已完成，工作负责人已检查作业装置和现场环境符合带电作业条件，与运行单位已共同确认电缆负荷侧的开关或隔离开关等已断开、电缆线路已空载且无接地。

如图 1-59 所示，采用拆除线夹法＋带电作业用消弧开关带电断空载电缆线路引线工作，可分为以下步骤进行。

步骤 1：遮蔽近边相 A 相导线，斗内电工调整绝缘斗至近边相 A 相导线外侧适当位置，对近边相 A 相导线进行绝缘遮蔽，选用绝缘吊杆法临时固定

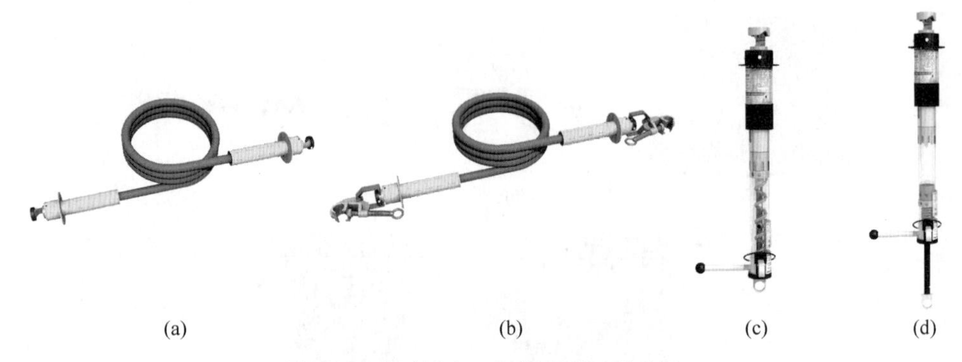

(a) (b) (c) (d)

图 1-58 旁路设备（根据实际工况选择）

(a) 绝缘引流线+旋转式紧固手柄；(b) 绝缘引流线+马镫线夹；

(c) 带电作业用消弧开关分闸位置；(d) 带电作业用消弧开关合闸位置

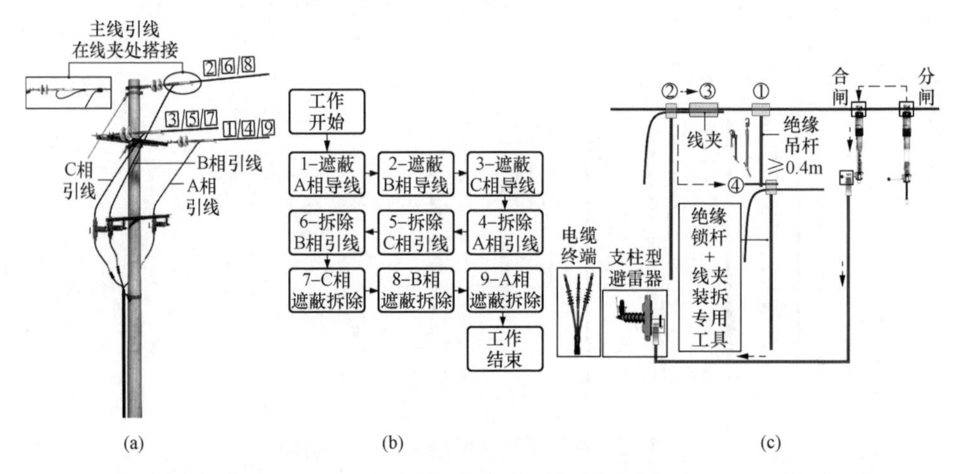

(a) (b) (c)

图 1-59 拆除线夹法+带电作业用消弧开关带电断空载电缆引线工作示意图（推荐）

(a) 作业步骤示意图；(b) 作业流程图；(c) 拆除线夹法+带电作业用消弧开关示意图

引线和支撑绝缘引流线，遮蔽前先将绝缘吊杆固定在搭接线夹附近的主导线上。

步骤 2：斗内电工按照遮蔽近边相 A 相导线的方法遮蔽中间相 B 相导线。

步骤 3：斗内电工按照遮蔽近边相 A 相导线的方法遮蔽远边相 C 相导线。

步骤 4：斗内电工参照图 1-59（c）所示的方法拆除近边相 A 相引线。

（1）斗内电工调整绝缘斗至近边相导线外侧合适位置，检查确认消弧开关在断开位置并闭锁后，将消弧开关挂接到近边相导线合适位置上，完成后恢复挂接处的绝缘遮蔽措施。如导线为绝缘线，应先剥除导线上消弧开关挂接处的绝缘层，消弧开关拆除后恢复导线的绝缘及密封。

（2）斗内电工转移绝缘斗至消弧开关外侧合适位置，先将绝缘引流线的一端线夹与消弧开关下端的横向导电杆连接可靠后，再将绝缘引流线的另一端线夹连接到同相电缆终端接线端子上，或直接连接到支柱型避雷器的验电接地杆上，完成后恢复绝缘遮蔽。对于支柱型避雷器也可采用图 1-56（c）所示的 L 型隔板的方法进行绝缘隔离。选用绝缘吊杆，绝缘引流线挂接前可先支撑在绝缘吊杆的横向支杆上。挂接绝缘引流线时，应先接消弧开关端（无电端）、再接电缆引线端（有电端）。

（3）斗内电工检查无误后取下安全销钉，用绝缘操作杆合上消弧开关并插入安全销钉，用电流检测仪测量引流线电流，确认分流正常（绝缘引流线每一相分流的负荷电流应不小于原线路负荷电流的 1/3），汇报给工作负责人并记录在工作票备注栏内。

（4）斗内电工调整绝缘斗至近边相外侧合适位置，打开线夹处的绝缘毯，使用绝缘锁杆将待断开的空载电缆引线临时固定在主导线上后拆除线夹。

（5）斗内电工调整工作位置后，使用绝缘锁杆将空载电缆引线缓缓放下，临时固定在绝缘吊杆的横向支杆上，完成后恢复绝缘遮蔽。

（6）斗内电工使用绝缘操作杆断开消弧开关，插入安全销钉并确认。

（7）斗内电工先将绝缘引流线从电缆过渡支架或支柱型避雷器的验电接地杆上取下，挂在消弧开关或绝缘吊杆的横向支杆上，再将消弧开关从近边相导线上取下（若导线为绝缘线应恢复导线的绝缘），完成后恢复绝缘遮蔽，本相工作结束。拆除绝缘引流线时，应先拆电缆引线端、再拆消弧开关端。

（8）斗内电工调整绝缘斗至近边相外侧合适位置，拆除支柱型避雷器上的绝缘遮蔽用具。

【说明】生产中如引线与主导线由于安装方式和锈蚀等原因不易拆除，可直接在主导线搭接位置处剪断引线的方式进行，同时做好防止引线摆动的措施。

步骤 5：斗内电工按照拆除近边相 A 相引线的方法拆除远边相 C 相引线，为了安全起见，在 B 相和 C 相支柱型避雷器之间应当加装如图 1-56（d）所示的相间绝缘隔板，本项工作完成后，斗内电工转移绝缘斗至合适作业位置拆除支柱型避雷器上的绝缘遮蔽用具。

步骤 6：斗内电工按照拆除近边相 A 相引线的方法拆除中间相 B 相引线，本项工作完成后拆除支柱型避雷器上的绝缘遮蔽用具以及相间绝缘隔板。

步骤 7：斗内电工转移绝缘斗至合适作业位置，拆除远边相 C 相导线上的遮蔽用具及绝缘吊杆，引线拆除后统一盘圈后临时固定在同相引线上，已备后用。

步骤 8：斗内电工转移绝缘斗至合适作业位置，拆除中间相 B 相导线上的遮蔽用具及绝缘吊杆，引线拆除后统一盘圈后临时固定在同相引线上，已备后用。

步骤 9：斗内电工转移绝缘斗至合适作业位置，拆除近边相 A 相导线上的遮蔽用具及绝缘吊杆，引线拆除后统一盘圈后临时固定在同相引线上，已备后用。

步骤 10：斗内电工向工作负责人汇报确认本项工作已完成。

步骤 11：检查杆上无遗留物，绝缘斗退出带电作业区域，斗内电工返回地面，工作结束。

1.10 带电接空载电缆线路引线（绝缘手套作业法，斗臂车作业）

以图 1-60 所示的电缆引下杆（经支柱型避雷器，导线三角排列，主线引线在线夹处搭接）为例，图解采用安装线夹法＋带电作业用消弧开关带电接空载电缆线路引线工作，生产中务必结合现场实际工况参照适用，并积极推广绝缘手套作业法融合绝缘杆作业法（俗称短杆作业）在绝缘斗臂车的工作斗或其他绝缘平台如绝缘脚手架上的应用。

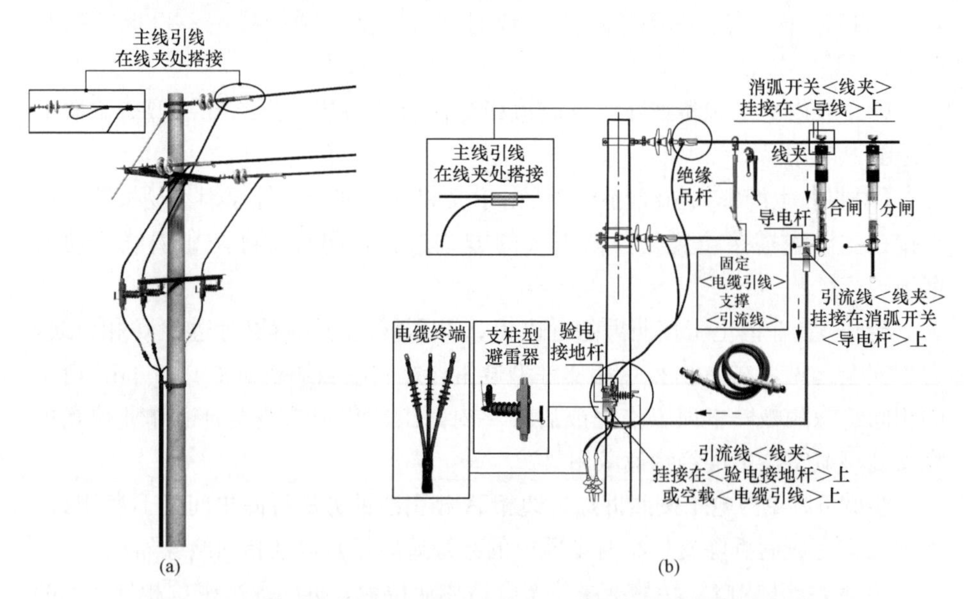

图 1-60 绝缘手套作业法（斗臂车作业）带电接空载电缆线路引线

（a）杆头外形图；（b）接空载电缆线路引线示意图

1.10.1　人员组成

本项目工作人员共计 4 人，如图 1-61 所示，人员分工为：工作负责人（兼工作监护人）1 人、斗内电工 2 人、地面电工 1 人。

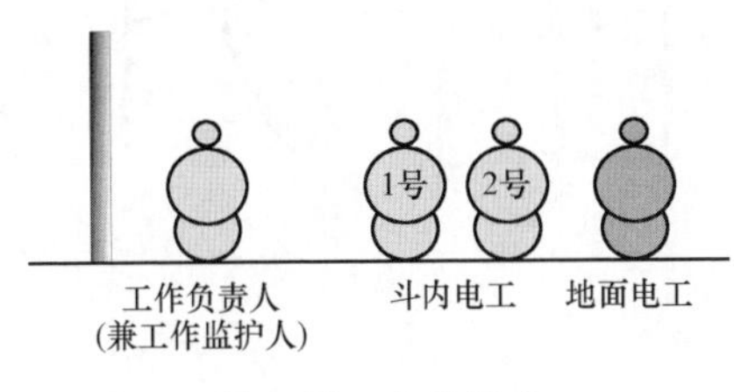

图 1-61　人员组成

1.10.2　主要工器具

绝缘防护用具如图 1-62 所示。

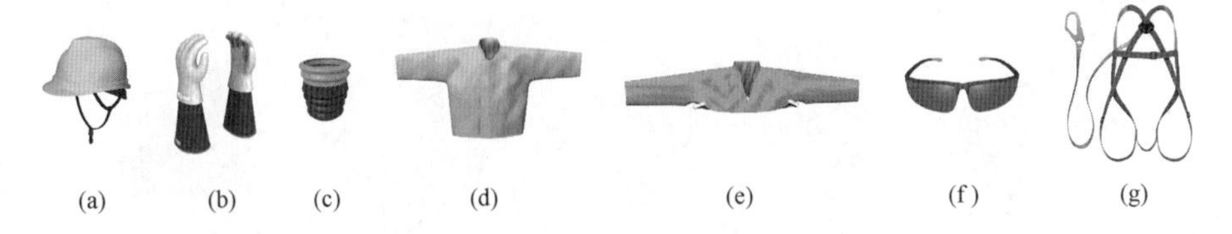

图 1-62　绝缘防护用具（根据实际工况选择）

（a）绝缘安全帽；（b）绝缘手套+羊皮或仿羊皮保护手套；（c）绝缘手套充压气检测器；（d）绝缘服；（e）绝缘披肩；（f）护目镜；（g）安全带

绝缘遮蔽用具如图 1-63 所示。

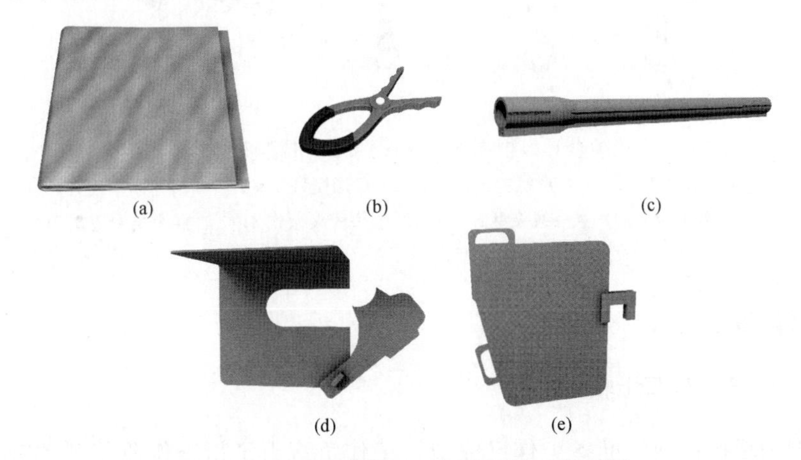

图 1-63　绝缘遮蔽用具（根据实际工况选择）

（a）绝缘毯；（b）绝缘毯夹；（c）导线遮蔽罩；（d）绝缘隔板 1；（e）绝缘隔板 2

绝缘工具如图 1-64 所示。

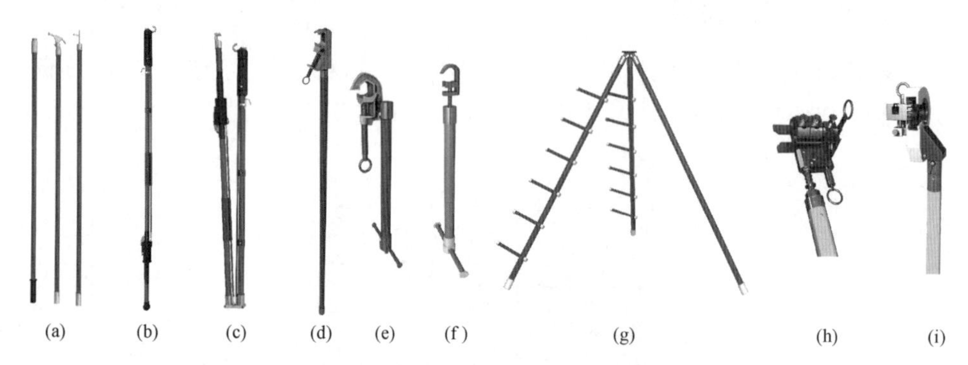

图 1-64 绝缘工具（根据实际工况选择）

（a）绝缘操作杆；（b）伸缩式绝缘锁杆；（c）伸缩式折叠绝缘锁杆；（d）绝缘（双头）锁杆；（e）绝缘吊杆 1；（f）绝缘吊杆 2；（g）绝缘工具支架；（h）并购线夹安装专用工具（根据线夹选择）；（i）绝缘导线剥皮器（推荐使用电动式）

接续金具如图 1-65 所示。

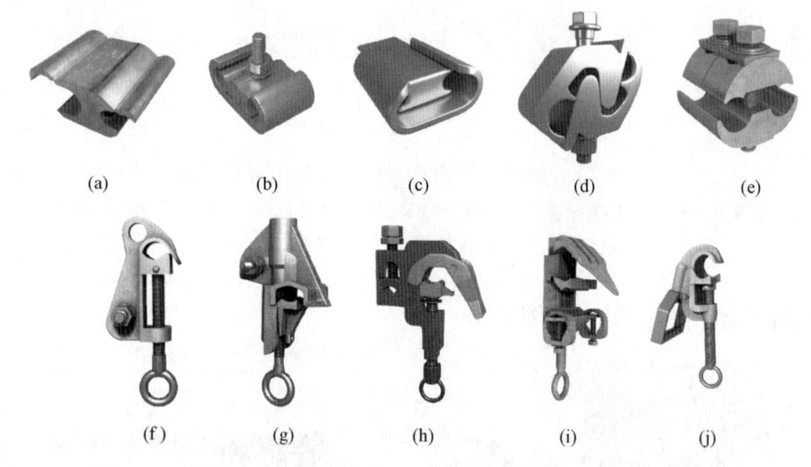

图 1-65 接续金具（根据实际工况选择，推荐使用猴头式线夹）

（a）H 形线夹；（b）C 形螺栓式线夹；（c）C 形楔型线夹；（d）螺栓 J 型线夹；（e）并沟线夹；（f）猴头线夹型式 1；（g）猴头线夹型式 2；（h）猴头线夹型式 3；（i）猴头线夹型式 4；（j）马镫线夹型式 1

旁路设备如图 1-66 所示。

1.10.3 操作步骤

本项目操作前的准备工作已完成，工作负责人已检查作业装置和现场环境符合带电作业条件，与运行部门已共同确认电缆负荷侧开关（断路器或隔

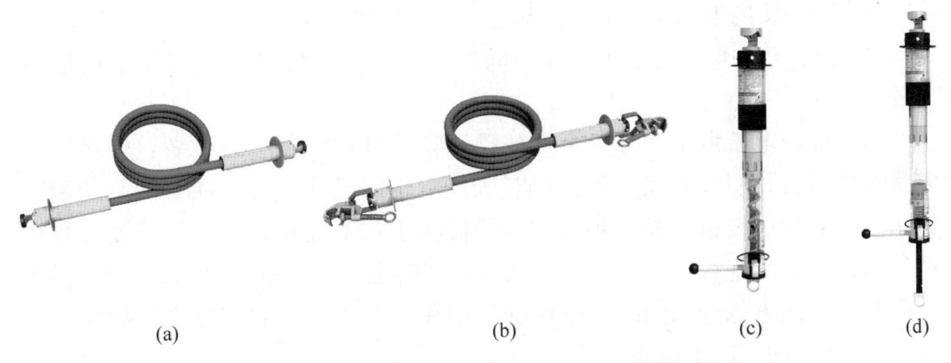

图 1-66　旁路设备（根据实际工况选择）

（a）绝缘引流线＋旋转式紧固手柄；（b）绝缘引流线＋马镫线夹；

（c）带电作业用消弧开关分闸位置；（d）带电作业用消弧开关合闸位置

离开关等）处于断开位置，电缆线路已空载、无接地，出线电缆符合送电要求。

如图 1-67 所示，采用拆除线夹法＋带电作业用消弧开关带电断空载电缆线路引线工作，可分为以下步骤进行。

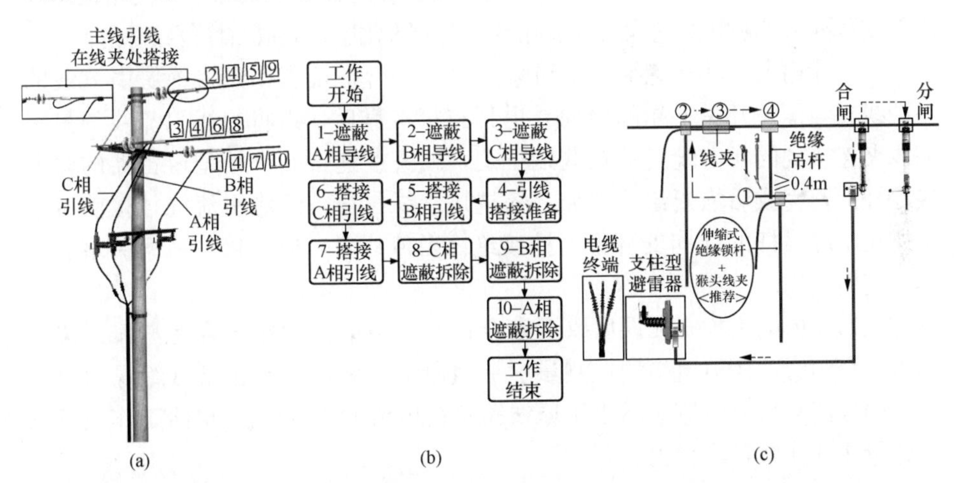

图 1-67　拆除线夹法＋带电作业用消弧开关带电接空载电缆引线工作示意图（推荐）

（a）作业步骤示意图；（b）作业流程图；（c）安装线夹法＋带电作业用消弧开关示意图

步骤 1：遮蔽近边相 A 相导线，斗内电工调整绝缘斗至近边相 A 相导线外侧适当位置，对近边相 A 相导线进行绝缘遮蔽，选用绝缘吊杆法临时固定引线和支撑绝缘引流线，遮蔽前先将绝缘吊杆固定在搭接线夹附近的主导线上。

步骤 2：斗内电工按照遮蔽近边相 A 相导线的方法遮蔽中间相 B 相导线。

步骤 3：斗内电工按照遮蔽近边相 A 相导线的方法遮蔽远边相 C 相导线。

步骤 4：斗内电工参照图 1-67（c）所示的方法做好引线搭接前的准备工作。

（1）斗内电工调整绝缘斗至支柱型避雷器横担外侧适当位置，使用绝缘测量杆测量三相引线长度，按照测量长度（引线已连接并盘圈备用）切断电缆引线、剥除引线搭接处的绝缘层和清除其上的氧化层，完成后恢复支柱型避雷器横担处的绝缘遮蔽。对于支柱型避雷器也可采用图 1-56（c）所示的 L 型隔板的方法进行绝缘隔离，以及在 B 相和 C 相支柱型避雷器之间加装图 1-56（d）所示的相间绝缘隔板等。

（2）斗内电工调整绝缘斗至中间相导线外侧合适位置，检查确认消弧开关在断开位置并闭锁后，将消弧开关挂接到近边相导线合适位置上，完成后恢复挂接处的绝缘遮蔽。如导线为绝缘线，应先剥除导线上消弧开关挂接处的绝缘层，消弧开关拆除后恢复导线的绝缘及密封。

（3）斗内电工使用绝缘锁杆将三相引线固定在绝缘吊杆的横向支杆上。

步骤 5：斗内电工参照图 1-67（c）所示的方法搭接中间相 B 相引线。

（1）斗内电工打开中间相 B 相电缆空载引线搭接处的绝缘毯，使用绝缘导线剥皮器剥除搭接处的绝缘层并清除导线上的氧化层，完成后恢复绝缘遮蔽。

（2）斗内电工转移绝缘斗至消弧开关外侧合适位置，先将绝缘引流线的一端线夹与消弧开关下端的横向导电杆连接可靠后，再将绝缘引流线的另一端线夹连接到同相电缆终端接线端子上，或直接连接到支柱型避雷器的验电接地杆上，完成后恢复绝缘遮蔽。若选用绝缘吊杆，绝缘引流线挂接前可先支撑在绝缘吊杆的横向支杆上。挂接绝缘引流线时，应先接消弧开关端、再接电缆引线端。

（3）斗内电工检查无误后取下安全销钉，用绝缘操作杆合上消弧开关并插入安全销钉，用电流检测仪测量引流线电流，确认分流正常（绝缘引流线每一相分流的负荷电流应不小于原线路负荷电流的 1/3），汇报给工作负责人并记录在工作票备注栏内。

（4）斗内电工使用绝缘锁杆锁住电缆空载引线待搭接的一端，提升至引线搭接处主导线上可靠固定。

（5）斗内电工根据实际工况安装不同类型的接续线夹，电缆空载引线与主导线可靠连接后撤除绝缘锁杆，完成后恢复接续线夹处的绝缘、密封和绝缘遮蔽。

（6）斗内电工使用绝缘操作杆断开消弧开关，插入安全销钉并确认。

（7）斗内电工先将绝缘引流线从电缆过渡支架或支柱型避雷器的验电接地杆上取下，挂在消弧开关或绝缘吊杆的横向支杆上，再将消弧开关从中间

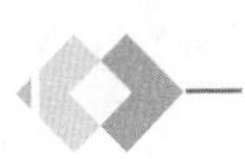

相 B 相导线上取下，完成后恢复绝缘遮蔽，本相工作结束。拆除绝缘引流线时，应先拆电缆引线端（有电端）、再拆消弧开关端（无电端）。

步骤 6：斗内电工按照搭接中间相 B 相引线的方法搭接远边相 C 相引线，本项工作完成后拆除支柱型避雷器上的绝缘遮蔽用具以及相间绝缘隔板。

步骤 7：斗内电工按照搭接中间相 B 相引线的方法搭接近边相 A 相引线，本项工作完成后拆除支柱型避雷器上的绝缘遮蔽用具。

步骤 8：斗内电工转移绝缘斗至合适作业位置，拆除远边相 C 相导线上的遮蔽用具及绝缘吊杆。

步骤 9：斗内电工转移绝缘斗至合适作业位置，拆除中间相 B 相导线上的遮蔽用具及绝缘吊杆。

步骤 10：斗内电工转移绝缘斗至合适作业位置，拆除近边相 A 相导线上的遮蔽用具及绝缘吊杆。

步骤 11：斗内电工向工作负责人汇报确认本项工作已完成。

步骤 12：检查杆上无遗留物，绝缘斗退出带电作业区域，斗内电工返回地面，工作结束。

1.11　带电断耐张杆引线（绝缘手套作业法，斗臂车作业）

以图 1-68 所示的直线耐张杆（导线三角排列）为例，图解采用拆除线夹法带电断耐张杆引线工作，生产中务必结合现场实际工况参照适用。

1.11.1　人员组成

本项目工作人员共计 4 人，如图 1-69 所示，人员分工为：工作负责人（兼工作监护人）1 人、斗内电工 2 人、地面电工 1 人。

图 1-68　绝缘手套作业法（斗臂车作业）带电断耐张杆引线

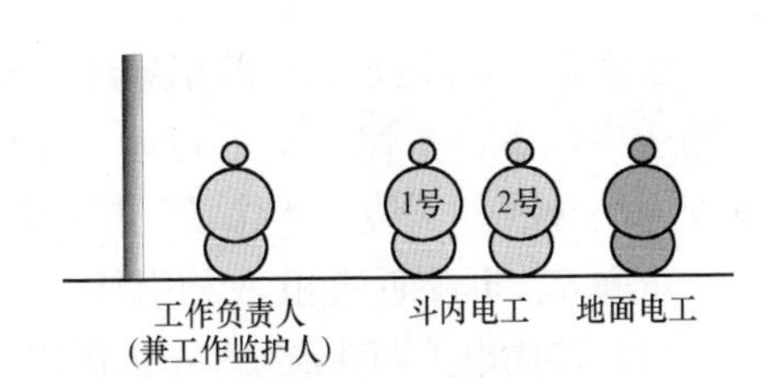

图 1-69　人员组成

1.11.2 主要工器具

绝缘防护用具如图 1-70 所示。

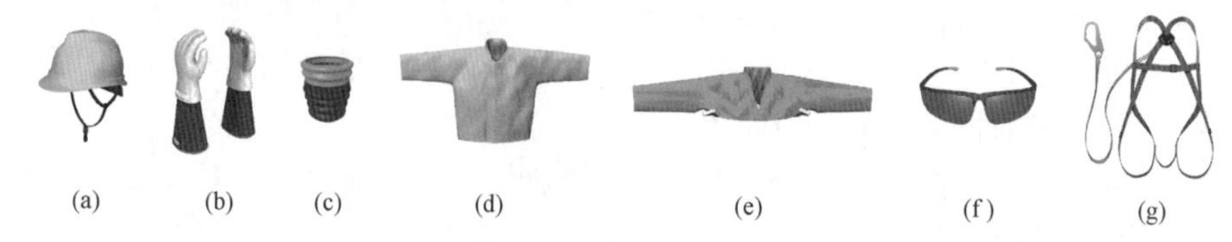

图 1-70 绝缘防护用具（根据实际工况选择）
（a）绝缘安全帽；（b）绝缘手套＋羊皮或仿羊皮保护手套；（c）绝缘手套充压气检测器；（d）绝缘服；（e）绝缘披肩；（f）护目镜；（g）安全带

绝缘遮蔽用具如图 1-71 所示。

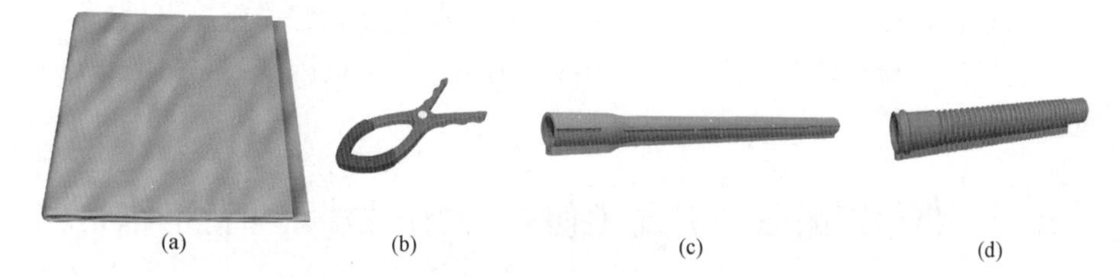

图 1-71 绝缘遮蔽用具（根据实际工况选择）
（a）绝缘毯；（b）绝缘毯夹；（c）导线遮蔽罩；（d）引流线遮蔽罩

1.11.3 操作步骤

本项目操作前的准备工作已完成，工作负责人已检查确认待断引流线已空载，负荷侧变压器、电压互感器已退出，作业装置和现场环境符合带电作业条件。

如图 1-72 所示，采用拆除线夹法带电断耐张杆引线工作，可分为以下步骤进行。

步骤 1：遮蔽近边相 A 相导线，斗内电工调整绝缘斗至近边相 A 相导线外侧适当位置，按照“从近到远、先带电体后接地体”的遮蔽原则，对作业范围内的导线、引线、绝缘子、横担进行绝缘遮蔽。

步骤 2：拆除近边相 A 相引线。

（1）斗内电工调整绝缘斗至近边相 A 相引线外侧合适位置，拆除接续线夹。

（2）斗内电工转移绝缘斗位置，将已断开的耐张杆引流线线头临时固定在同相电源侧、负荷侧导线上，完成后恢复绝缘遮蔽。如断开的引流线不需要恢复，可在耐张线夹外 200mm 处剪断。

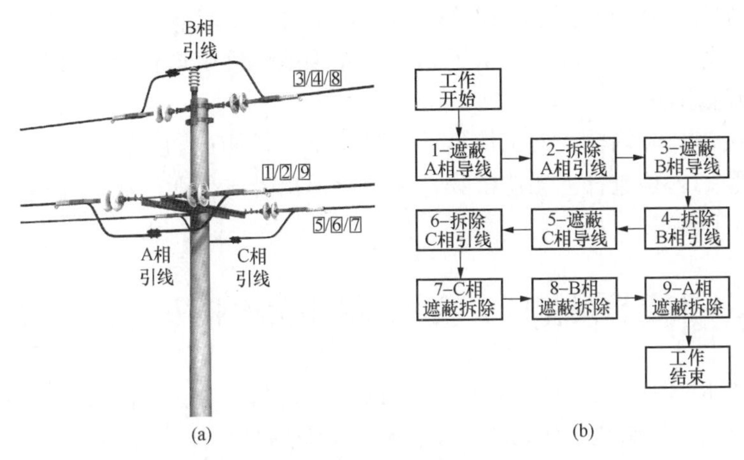

图 1-72　拆除线夹法带电断耐张杆引线工作示意图（推荐）

（a）作业步骤示意图；（b）作业流程图

步骤 3：遮蔽中间相 B 相导线，斗内电工调整绝缘斗至中间相 B 相导线外侧适当位置，按照“从近到远、先带电体后接地体”的遮蔽原则，对作业范围内的导线、引线、绝缘子、杆顶进行绝缘遮蔽。

步骤 4：拆除中间相 B 相引线。

（1）斗内电工调整绝缘斗至中间相 B 相引线外侧合适位置，拆除接续线夹。

（2）斗内电工转移绝缘斗位置，将已断开的耐张杆引流线线头临时固定在同相电源侧、负荷侧导线上，完成后恢复绝缘遮蔽。如断开的引流线不需要恢复，可在耐张线夹外 200mm 处剪断。

步骤 5：遮蔽远边相 C 相导线，斗内电工调整绝缘斗至远边相 C 相导线外侧适当位置，按照“从近到远、先带电体后接地体”的遮蔽原则，对作业范围内的导线、引线、绝缘子、横担进行绝缘遮蔽。

步骤 6：拆除远边相 C 相引线。

（1）斗内电工调整绝缘斗至远边相 C 相引线外侧合适位置，拆除接续线夹。

（2）斗内电工转移绝缘斗位置，将已断开的耐张杆引流线线头临时固定在同相电源侧、负荷侧导线上，完成后恢复绝缘遮蔽。如断开的引流线不需要恢复，可在耐张线夹外 200mm 处剪断。

步骤 7：拆除远边相 C 相遮蔽用具，斗内电工调整绝缘斗至远边相 C 相导线外侧适当位置，按照“从远到近、先接地体后带电体”的原则，依次拆除绝缘遮蔽用具。

步骤 8：拆除中间相 B 相遮蔽用具，斗内电工调整绝缘斗至中间相 B 相导线外侧适当位置，按照“从远到近、先接地体后带电体”的原则，依次拆除绝缘遮蔽用具。

步骤 9：拆除近边相 A 相遮蔽用具，斗内电工调整绝缘斗至近边相 A 相导线外侧适当位置，按照“从远到近、先接地体后带电体”的原则，依次拆除绝缘遮蔽用具。

步骤 10：斗内电工向工作负责人汇报确认本项工作已完成。

步骤 11：检查杆上无遗留物，绝缘斗退出带电作业区域，斗内电工返回地面，工作结束。

1.12 带电接耐张杆引线（绝缘手套作业法，斗臂车作业）

以图 1-73 所示的直线耐张杆（导线三角排列）为例，图解采用安装线夹法带电接耐张杆引线工作，生产中务必结合现场实际工况参照适用。

1.12.1 人员组成

本项目工作人员共计 4 人，如图 1-74 所示，人员分工为：工作负责人（兼工作监护人）1 人、斗内电工 2 人、地面电工 1 人。

图 1-73 绝缘手套作业法（斗臂车作业）带电接耐张杆引线

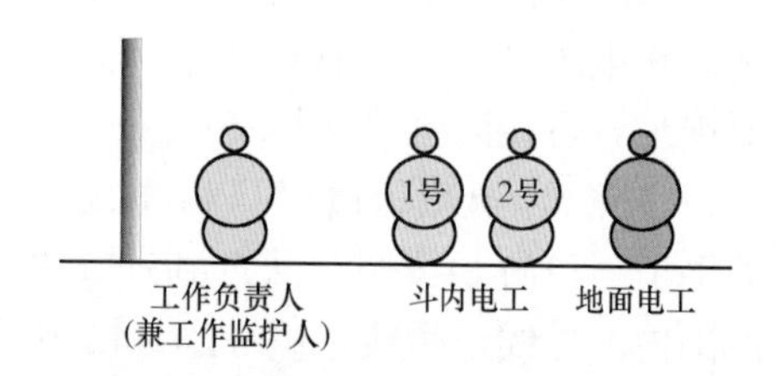

图 1-74 人员组成

1.12.2 主要工器具

绝缘防护用具如图 1-75 所示。

绝缘遮蔽用具如图 1-76 所示。

接续金具如图 1-77 所示。

1.12.3 操作步骤

本项目操作前的准备工作已完成，工作负责人已检查确认待接引流线已

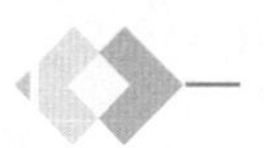

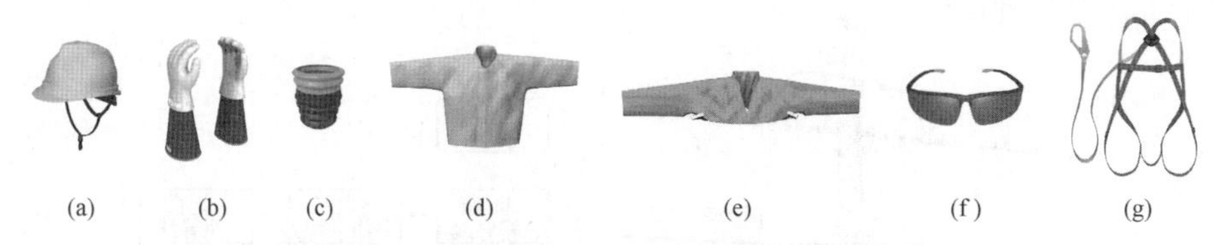

图 1-75　绝缘防护用具（根据实际工况选择）

(a) 绝缘安全帽；(b) 绝缘手套+羊皮或仿羊皮保护手套；(c) 绝缘手套充压气检测器；(d) 绝缘服；(e) 绝缘披肩；(f) 护目镜；(g) 安全带

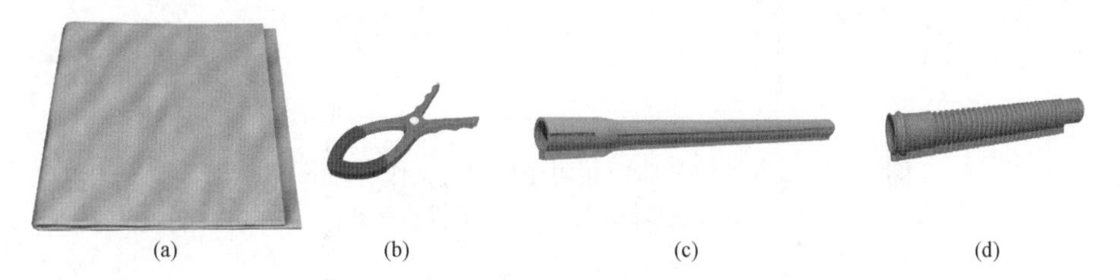

图 1-76　绝缘遮蔽用具（根据实际工况选择）

(a) 绝缘毯；(b) 绝缘毯夹；(c) 导线遮蔽罩；(d) 引流线遮蔽罩

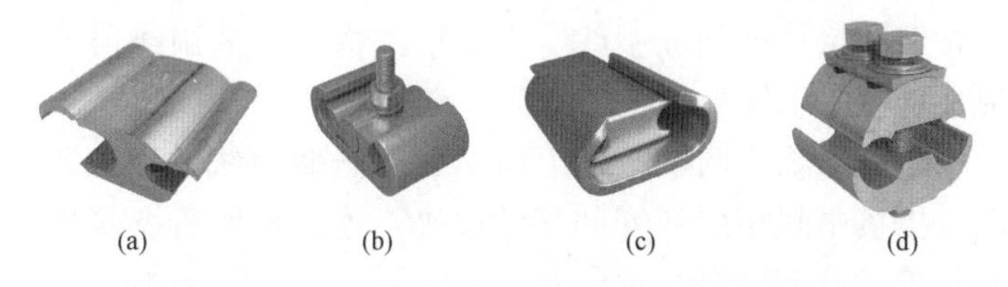

图 1-77　接续金具（根据实际工况选择）

(a) H 形线夹；(b) C 形螺栓式线夹；(c) C 形楔型线夹；(d) 并沟线夹

空载，负荷侧变压器、电压互感器已退出，作业装置和现场环境符合带电作业条件。

如图 1-78 所示，采用安装线夹法带电接耐张杆引线工作，可分为以下步骤进行。

步骤 1：遮蔽近边相 A 相导线，斗内电工调整绝缘斗至近边相 A 相导线外侧适当位置，按照“从近到远、先带电体后接地体”的遮蔽原则，对作业范围内的导线、引线、绝缘子、杆顶进行绝缘遮蔽。

步骤 2：遮蔽中间相 B 相导线，斗内电工调整绝缘斗至中间相 B 相导线外侧适当位置，按照“从近到远、先带电体后接地体”的遮蔽原则，对作业范围内的导线、引线、绝缘子、横担进行绝缘遮蔽。

步骤 3：遮蔽远边相 C 相导线，斗内电工调整绝缘斗至远边相 C 相导线外侧适当位置，按照“从近到远、先带电体后接地体”的遮蔽原则，对作业

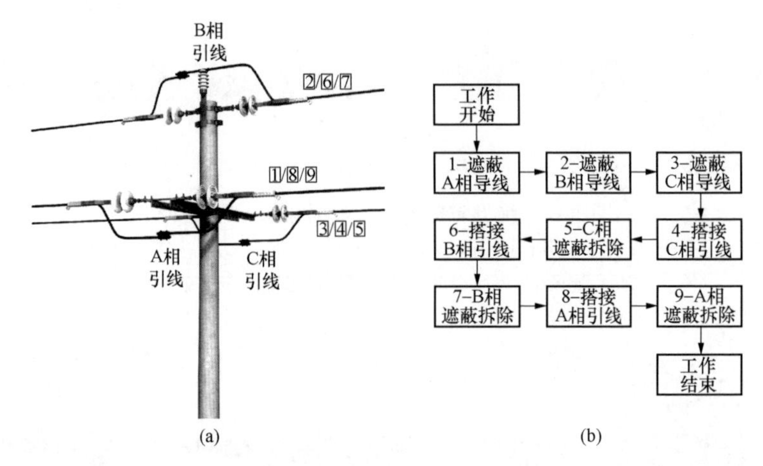

图 1-78　安装线夹法带电接耐张杆引线工作示意图（推荐）

（a）作业步骤示意图；（b）作业流程图

范围内的导线、引线、绝缘子、杆顶进行绝缘遮蔽。

步骤 4：搭接远边相 C 相引线。

（1）斗内电工调整绝缘斗至适当位置，使用绝缘测量杆测量远边相 C 相引线长度，按照测量长度切断引线、剥除引线搭接处的绝缘层和清除其上的氧化层，完成后恢复引线处的绝缘遮蔽。

（2）斗内电工绝缘斗调整至远边相 C 相带电侧引线适当位置，打开待接处绝缘遮蔽，搭接中间相引线安装接续线夹，连接牢固后恢复接续线夹处的绝缘、密封和绝缘遮蔽。

步骤 5：拆除远边相 C 相遮蔽用具，斗内电工调整绝缘斗至远边相 C 相导线外侧适当位置，按照“从远到近、先接地体后带电体”的原则，依次拆除绝缘遮蔽用具。

步骤 6：搭接中间相 B 相引线。

（1）斗内电工调整绝缘斗至适当位置，使用绝缘测量杆测量中间相 B 相引线长度，按照测量长度切断引线、剥除引线搭接处的绝缘层和清除其上的氧化层，完成后恢复引线处的绝缘遮蔽。

（2）斗内电工调整绝缘斗至中间相 B 相无电侧导线适当位置，将中间相 B 相无电侧引线固定在支持绝缘子上并恢复绝缘遮蔽。

（3）斗内电工绝缘斗调整至中间相 B 相带电侧导线适当位置，打开待接处绝缘遮蔽，搭接中间相引线安装接续线夹，连接牢固后恢复接续线夹处的绝缘、密封和绝缘遮蔽。

步骤 7：拆除中间相 B 相遮蔽用具，斗内电工调整绝缘斗至中间相 B 相导线外侧适当位置，按照“从远到近、先接地体后带电体”的原则，依次拆除绝缘遮蔽用具。

步骤 8：搭接近边相 A 相引线。

(1) 斗内电工调整绝缘斗至适当位置，使用绝缘测量杆测量近边相 A 相引线长度，按照测量长度切断引线、剥除引线搭接处的绝缘层和清除其上的氧化层，完成后恢复引线处的绝缘遮蔽。

(2) 斗内电工绝缘斗调整至近边相 A 相带电侧引线适当位置，打开待接处绝缘遮蔽，搭接中间相引线安装接续线夹，连接牢固后恢复接续线夹处的绝缘、密封和绝缘遮蔽。

步骤 9：拆除近边相 A 相遮蔽用具，斗内电工调整绝缘斗至近边相 A 相导线外侧适当位置，按照“从远到近、先接地体后带电体”的原则，依次拆除绝缘遮蔽用具。

步骤 10：斗内电工向工作负责人汇报确认本项工作已完成。

步骤 11：检查杆上无遗留物，绝缘斗退出带电作业区域，斗内电工返回地面，工作结束。

第 2 章　更换元件类项目作业图解

2.1　带电更换直线杆绝缘子（绝缘手套作业法，斗臂车作业）

以图 2-1 所示的直线杆（导线三角排列）为例，图解绝缘手套作业法＋绝缘小吊臂法提升导线（斗臂车作业）更换直线杆绝缘子工作，生产中务必结合现场实际工况参照适用。

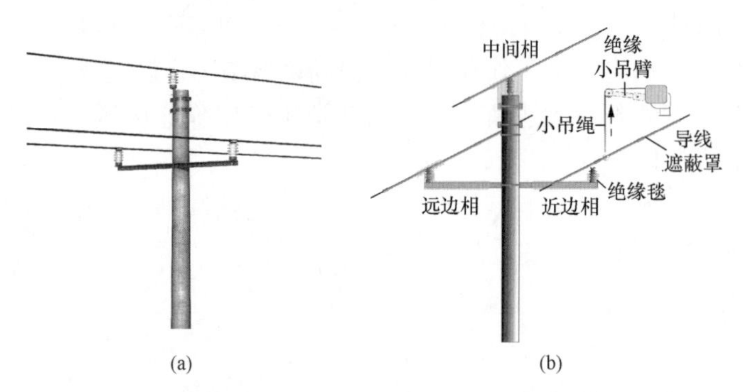

图 2-1　绝缘手套作业法（斗臂车作业）带电更换直线杆绝缘子
（a）杆头外形图；（b）绝缘小吊臂法提升近边相导线示意图

2.1.1　人员组成

本项目工作人员共计 4 人，如图 2-2 所示，人员分工为：工作负责人（兼工作监护人）1 人、斗内电工 2 人、地面电工 1 人。

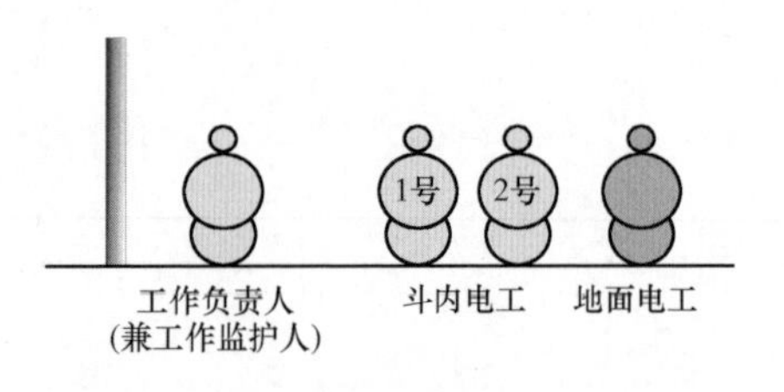

图 2-2　人员组成

2.1.2　主要工器具

绝缘防护用具如图 2-3 所示。

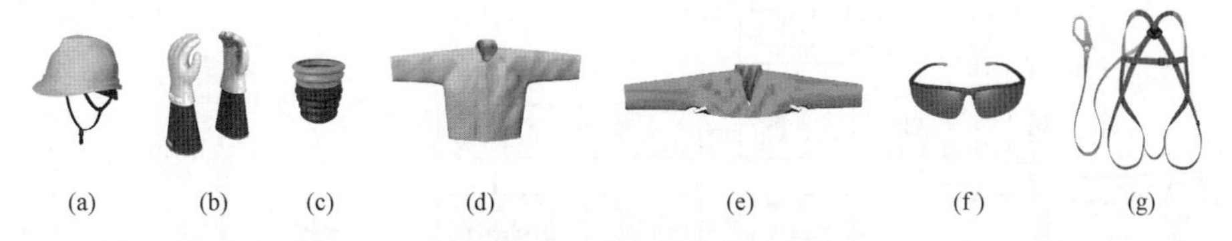

(a)　(b)　(c)　(d)　(e)　(f)　(g)

图 2-3　绝缘防护用具（根据实际工况选择）

（a）绝缘安全帽；（b）绝缘手套＋羊皮或仿羊皮保护手套；（c）绝缘手套充压气检测器；（d）绝缘服；（e）绝缘披肩；（f）护目镜；（g）安全带

绝缘遮蔽用具如图 2-4 所示。

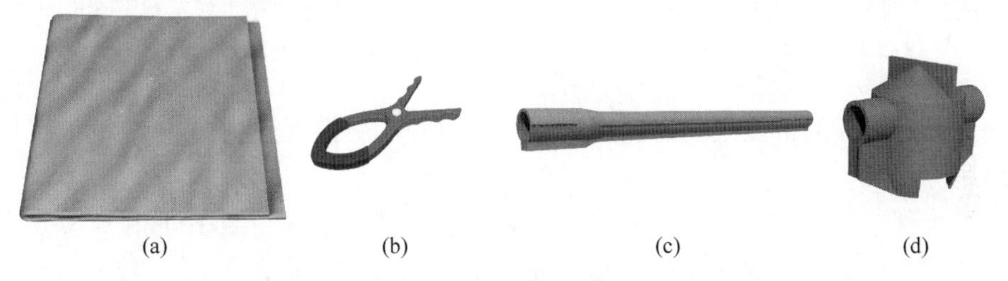

(a)　(b)　(c)　(d)

图 2-4　绝缘遮蔽用具（根据实际工况选择）

（a）绝缘毯；（b）绝缘毯夹；（c）导线遮蔽罩；（d）绝缘子遮蔽罩

2.1.3　操作步骤

本项目操作前的准备工作已完成，工作负责人已检查确认作业点两侧的电杆根部、基础牢固、导线绑扎牢固，作业装置和现场环境符合带电作业条件。

如图 2-5 所示，采用绝缘手套作业法＋绝缘小吊臂法提升导线（斗臂车作业）更换直线杆绝缘子工作，可分为以下步骤进行。

步骤 1：遮蔽近边相 A 相导线，斗内电工调整绝缘斗至近边相 A 相导线外侧适当位置，按照“从近到远、先带电体后接地体”的原则，对近边相 A 相导线、绝缘子、横担部分进行绝缘遮蔽。

步骤 2：斗内电工参照图 2-5（c）所示的方法更换近边相 A 相绝缘子。

（1）斗内电工调整绝缘斗至近边相 A 相导线外侧适当位置，使用绝缘小吊绳在铅垂线上固定导线。

（2）斗内电工拆除绝缘子绑扎线，提升近边相导线至横担不小于 0.4m 处。

（3）斗内电工拆除旧绝缘子，安装新绝缘子，并对新安装绝缘子和横担进行绝缘遮蔽。

（4）斗内电工使用绝缘小吊绳将近边相导线缓缓放入新绝缘子顶槽内，

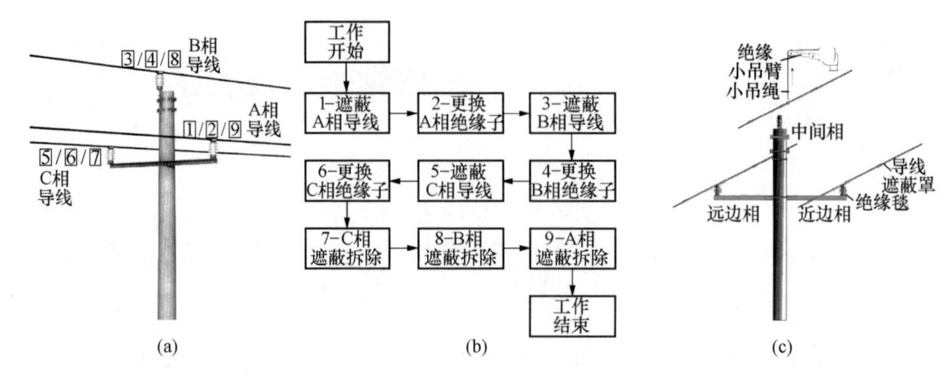

图 2-5 绝缘小吊臂法提升导线（斗臂车作业）更换直线杆绝缘子工作示意图（推荐）

（a）作业步骤示意图；（b）作业流程图；（c）绝缘小吊臂法提升中间相导线示意图

使用盘成小盘的帮扎线固定后，恢复绝缘遮蔽。更换近边相 A 相绝缘子工作结束。

步骤 3：遮蔽中间相 B 相导线，斗内电工调整绝缘斗至中间相 B 相导线外侧适当位置，按照“从近到远、先带电体后接地体”的原则，对中间相 B 相导线、绝缘子、杆顶部分进行绝缘遮蔽。

步骤 4：斗内电工参照图 2-5（c）所示的方法更换中间相 B 相绝缘子。

（1）斗内电工转移调整绝缘斗至中间相 B 相导线外侧适当位置，使用绝缘小吊绳在铅垂线上固定导线。

（2）斗内电工拆除绝缘子绑扎线，提升中间相导线至杆顶不小于 0.4m 处。

（3）斗内电工拆除旧绝缘子，安装新绝缘子，并对新安装绝缘子和杆顶部分进行绝缘遮蔽。

（4）斗内电工使用绝缘小吊绳将中间相 B 相导线缓缓放入新绝缘子顶槽内，使用盘成小盘的帮扎线固定后，恢复绝缘遮蔽，更换中间相 B 相绝缘子工作结束。

步骤 5：遮蔽远边相 C 相导线，斗内电工调整绝缘斗至远边相 C 相导线外侧适当位置，按照“从近到远、先带电体后接地体”的原则，对远边相 C 相导线、绝缘子、横担部分绝缘遮蔽。

步骤 6：斗内电工更换近边相 A 相绝缘子的方法更换远边相 C 相绝缘子。

步骤 7：斗内电工调整绝缘斗至远边相 C 相导线合适作业位置，按照“从远到近、先接地体后带电体”的原则，拆除远边相 C 相导线上的绝缘遮蔽用具。

步骤 8：斗内电工调整绝缘斗至中间相 B 相导线合适作业位置，按照“从远到近、先接地体后带电体”的原则，拆除中间相 B 相导线上的绝缘遮蔽用具。

步骤9：斗内电工调整绝缘斗至近边相A相导线合适作业位置，按照“从远到近、先接地体后带电体”的原则，拆除近边相A相导线上的绝缘遮蔽用具。

步骤10：斗内电工向工作负责人汇报确认本项工作已完成。

步骤11：检查杆上无遗留物，绝缘斗退出带电作业区域，斗内电工返回地面，工作结束。

2.2　带电更换直线杆绝缘子及横担（绝缘手套作业法，斗臂车作业）

以图2-6所示的直线杆（导线三角排列）为例，图解绝缘手套作业法+绝缘横担+绝缘小吊臂法提升导线（斗臂车作业）更换直线杆绝缘子及横担工作，生产中务必结合现场实际工况参照适用。

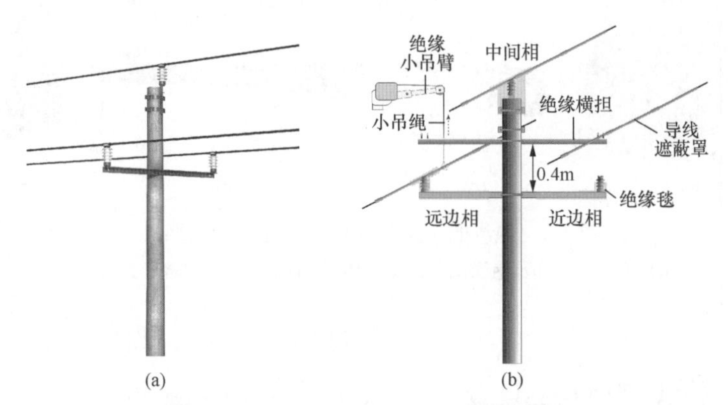

图2-6　绝缘手套作业法（斗臂车作业）带电更换直线杆绝缘子及横担

(a) 杆头外形图；(b) 绝缘横担+绝缘小吊臂法提升远边相导线示意图

2.2.1　人员组成

本项目工作人员共计4人，如图2-7所示，人员分工为：工作负责人（兼工作监护人）1人、斗内电工2人、地面电工1人。

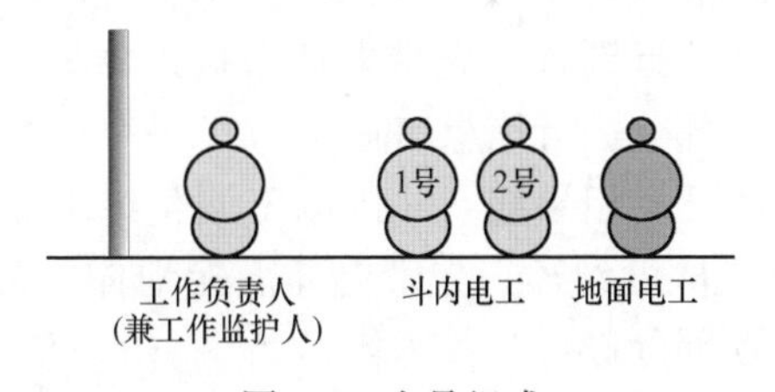

图2-7　人员组成

2.2.2 主要工器具

绝缘防护用具如图 2-8 所示。

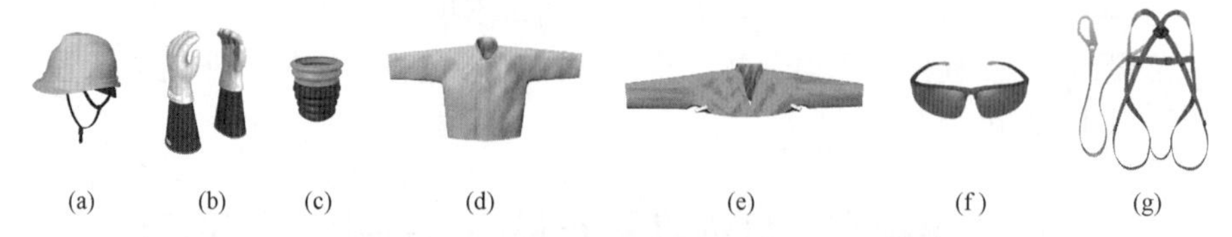

图 2-8 绝缘防护用具（根据实际工况选择）

（a）绝缘安全帽；（b）绝缘手套＋羊皮或仿羊皮保护手套；（c）绝缘手套充压气检测器；（d）绝缘服；（e）绝缘披肩；（f）护目镜；（g）安全带

绝缘遮蔽用具如图 2-9 所示。

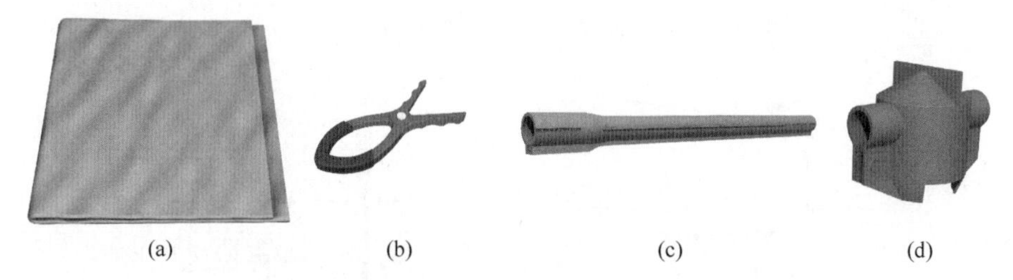

图 2-9 绝缘遮蔽用具（根据实际工况选择）

（a）绝缘毯；（b）绝缘毯夹；（c）导线遮蔽罩；（d）绝缘子遮蔽罩

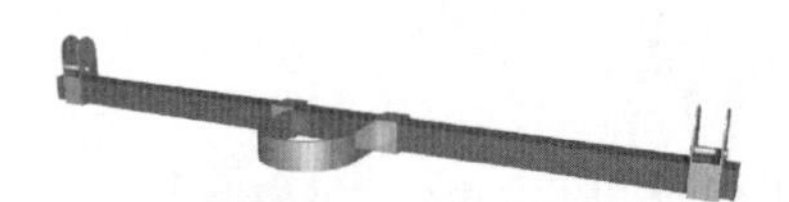

图 2-10 绝缘横担

绝缘横担如图 2-10 所示。

2.2.3 操作步骤

本项目操作前的准备工作已完成，工作负责人已检查确认作业点两侧的电杆根部、基础牢固、导线绑扎牢固，作业装置和现场环境符合带电作业条件。

如图 2-11 所示，采用绝缘手套作业法＋绝缘横担＋绝缘小吊臂法提升导线（斗臂车作业）更换直线杆绝缘子及横担工作，可分为以下步骤进行。

步骤 1：遮蔽近边相 A 相导线，斗内电工调整绝缘斗至近边相 A 相导线外侧适当位置，按照“从近到远、先带电体后接地体”的原则，对近边相 A 相导线、绝缘子、横担部分进行绝缘遮蔽。

步骤 2：遮蔽中间相 B 相导线，斗内电工调整绝缘斗至中间相 B 相导线外侧适当位置，按照“从近到远、先带电体后接地体”的原则，对中间相 B 相导线、绝缘子、杆顶部分进行绝缘遮蔽。

步骤 3：遮蔽远边相 C 相导线，斗内电工调整绝缘斗至远边相 C 相导线

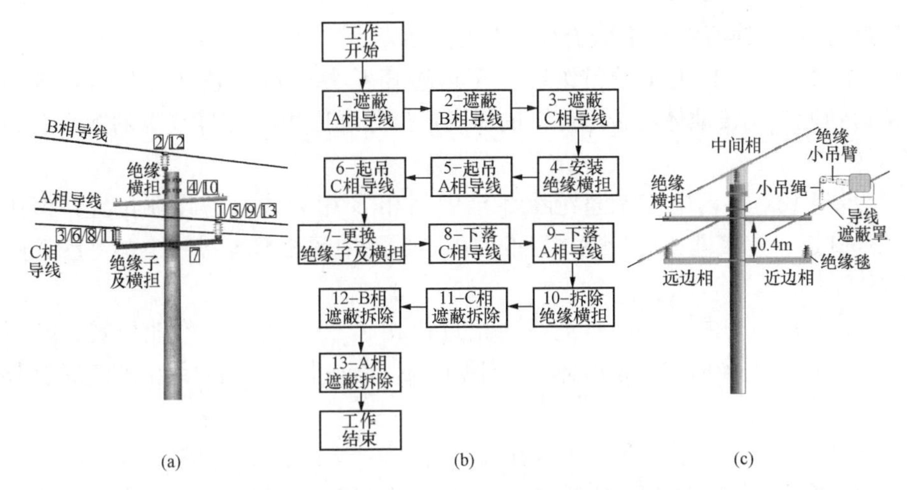

图 2-11 绝缘横担+绝缘小吊臂法提升导线（斗臂车作业）更换直线杆绝缘子及横担工作示意图（推荐）

(a) 作业步骤示意图；(b) 作业流程图；(c) 绝缘横担+绝缘小吊臂法提升近边相导线示意图

外侧适当位置，按照“从近到远、先带电体后接地体”的原则，对远边相C相导线、绝缘子、横担部分进行绝缘遮蔽。

步骤4：斗内电工调整绝缘斗至相间合适位置，在电杆上高出横担约0.4m的位置安装绝缘横担。

步骤5：斗内电工参照图2-11（c）所示的方法起吊近边相A相导线。

（1）斗内电工调整绝缘斗至近边相A相导线外侧适当位置，使用绝缘小吊绳在铅垂线上固定导线。

（2）斗内电工拆除绝缘子绑扎线，提升近边相A相导线置于绝缘横担上的固定槽内。

步骤6：斗内电工按照起吊近边相A相导线相同的方法，起吊远边相C相导线至绝缘横担上的固定槽内。

步骤7：更换直线杆绝缘子及横担，斗内电工转移绝缘斗至相间合适作业位置，拆除旧绝缘子及横担，安装新绝缘子及横担，并对新安装绝缘子及横担进行绝缘遮蔽。

步骤8：下落远边相C相导线，斗内电工调整绝缘斗至远边相C相导线外侧适当位置，使用绝缘小吊绳将远边相C相导线缓缓放入新绝缘子顶槽内，使用盘成小盘的帮扎线固定后，恢复绝缘遮蔽。

步骤9：下落近边相A相导线，斗内电工调整绝缘斗至近边相A相导线外侧适当位置，使用绝缘小吊绳将近边相A相导线缓缓放入新绝缘子顶槽内，使用盘成小盘的帮扎线固定后，恢复绝缘遮蔽。

步骤10：斗内电工转移绝缘斗至相间横担前方合适作业位置，拆除杆上绝缘横担，更换直线杆绝缘子及横担工作结束。

步骤 11：斗内电工调整绝缘斗至远边相 C 相导线合适作业位置，按照“从远到近、先接地体后带电体”的原则，拆除远边相 C 相导线上的绝缘遮蔽用具。

步骤 12：斗内电工调整绝缘斗至中间相 B 相导线合适作业位置，按照“从远到近、先接地体后带电体”的原则，拆除中间相 B 相导线上的绝缘遮蔽用具。

步骤 13：斗内电工调整绝缘斗至近边相 A 相导线合适作业位置，按照“从远到近、先接地体后带电体”的原则，拆除近边相 A 相导线上的绝缘遮蔽用具。

步骤 14：斗内电工向工作负责人汇报确认本项工作已完成。

步骤 15：检查杆上无遗留物，绝缘斗退出带电作业区域，斗内电工返回地面，工作结束。

2.3 带电更换耐张杆绝缘子串（绝缘手套作业法，斗臂车作业）

以图 2-12 所示的直线耐张杆（导线三角排列）为例，图解绝缘手套作业法（斗臂车作业）＋绝缘紧线器法更换耐张杆绝缘子串工作，生产中务必结合现场实际工况参照适用。

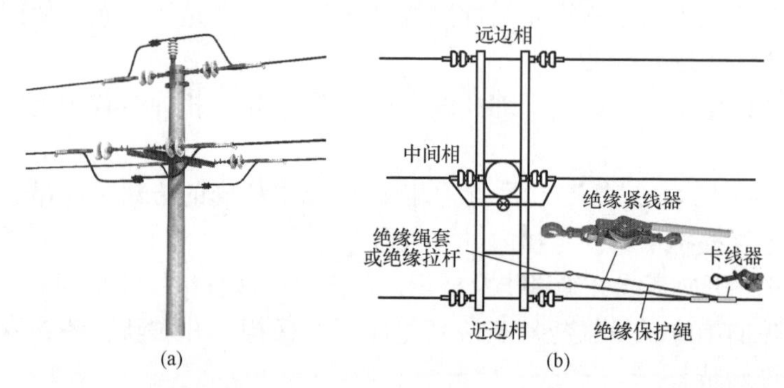

图 2-12　绝缘手套作业法（斗臂车作业）带电更换耐张杆绝缘子串
（a）杆头外形图；（b）绝缘紧线器法示意图

2.3.1　人员组成

本项目工作人员共计 4 人，如图 2-13 所示，人员分工为：工作负责人（兼工作监护人）1 人、斗内电工 2 人、地面电工 1 人。

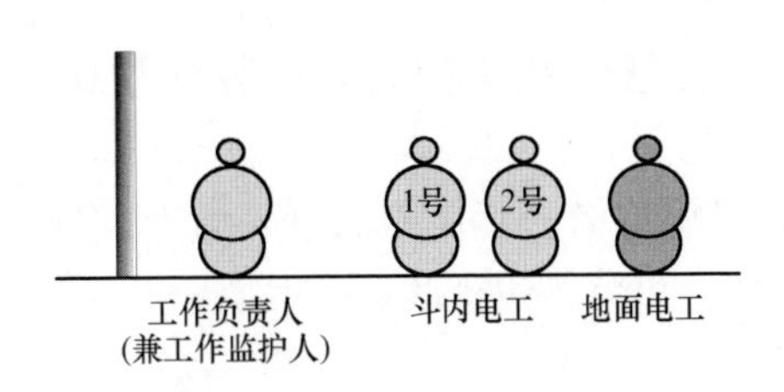

图 2-13　人员组成

2.3.2　主要工器具

绝缘防护用具如图 2-14 所示。

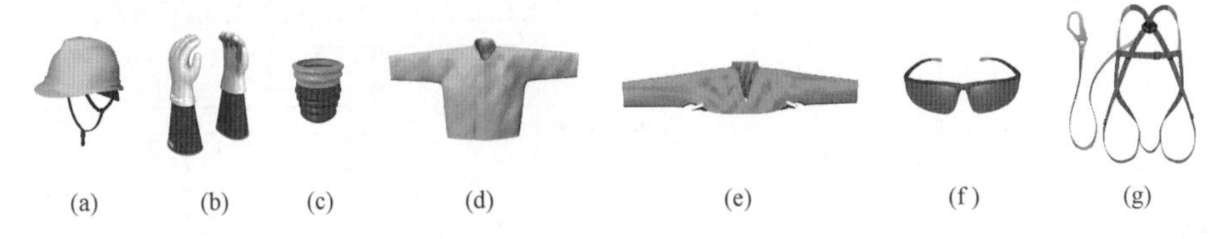

图 2-14　绝缘防护用具（根据实际工况选择）

（a）绝缘安全帽；（b）绝缘手套+羊皮或仿羊皮保护手套；（c）绝缘手套充压气检测器；（d）绝缘服；（e）绝缘披肩；（f）护目镜；（g）安全带

绝缘遮蔽用具如图 2-15 所示。

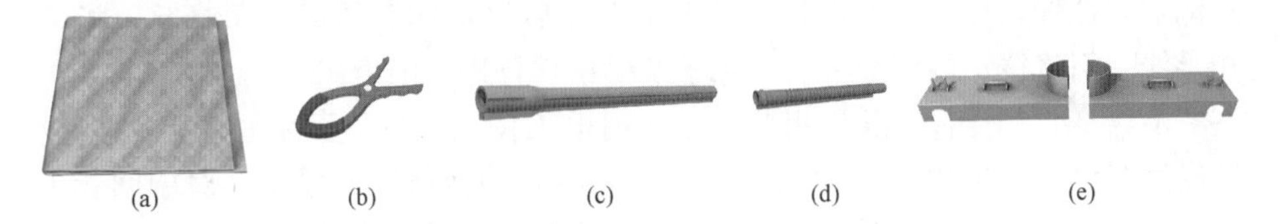

图 2-15　绝缘遮蔽用具（根据实际工况选择）

（a）绝缘毯；（b）绝缘毯夹；（c）导线遮蔽罩；（d）引流线遮蔽罩；（e）横担遮蔽罩

绝缘工具和金属工具如图 2-16 所示。

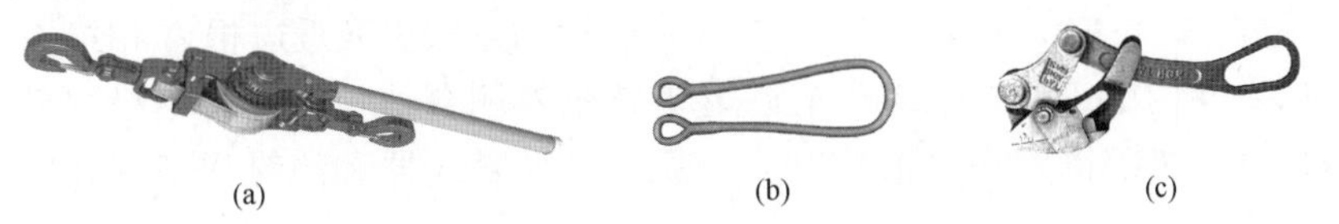

图 2-16　绝缘工具和金属工具

（a）软质绝缘紧线器；（b）绝缘绳套；（c）金属卡线器

2.3.3　操作步骤

本项目操作前的准备工作已完成，工作负责人已检查确认作业点两侧的电杆根部、基础牢固、导线绑扎牢固，作业装置和现场环境符合带电作业条件。

如图 2-17 所示，采用绝缘手套作业法（斗臂车作业）+绝缘紧线器法更换耐张杆绝缘子串工作，可分为以下步骤进行。

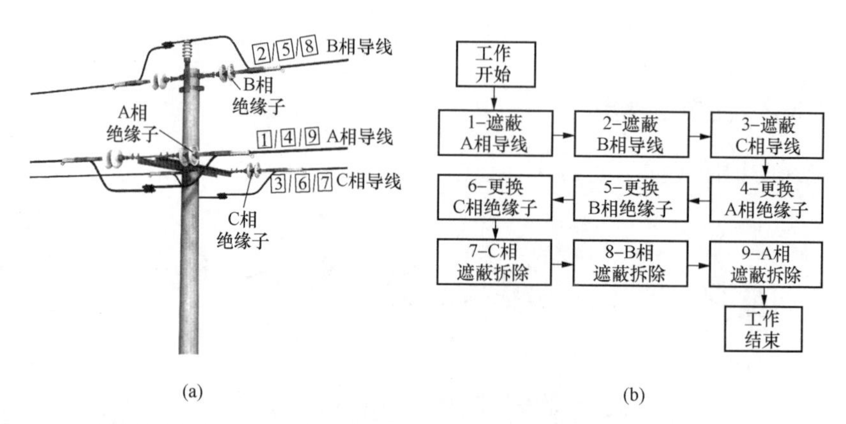

图 2-17 绝缘手套作业法（斗臂车作业）带电更换耐张杆绝缘子串工作示意图（推荐）
（a）作业步骤示意图；（b）作业流程图

步骤 1：遮蔽近边相 A 相导线，斗内电工调整绝缘斗至近边相 A 相导线外侧适当位置，按照“从近到远、先带电体后接地体”的原则，对近边相 A 相导线、引流线、耐张线夹、绝缘子及横担部分进行绝缘遮蔽。

步骤 2：遮蔽中间相 B 相导线，斗内电工调整绝缘斗至中间相 B 相导线外侧适当位置，按照“从近到远、先带电体后接地体”的原则，对中间相 B 相导线、引流线、耐张线夹、绝缘子及杆顶部分进行绝缘遮蔽。

步骤 3：遮蔽远边相 C 相导线，斗内电工调整绝缘斗至远边相 C 相导线外侧适当位置，按照“从近到远、先带电体后接地体”的原则，对远边相 C 相导线、引流线、耐张线夹、绝缘子及横担部分绝缘遮蔽。

步骤 4：斗内电工参照图 2-12（b）所示的方法更换近边相 A 相绝缘子。

（1）斗内电工调整绝缘斗至近边相导线外侧合适位置，将绝缘绳套（或绝缘拉杆）可靠固定在耐张横担上，安装绝缘紧线器和绝缘保护绳，完成后恢复绝缘遮蔽。

（2）斗内电工使用绝缘紧线器缓慢收紧导线至耐张绝缘子松弛，并拉紧绝缘保护绳，完成后恢复绝缘遮蔽。

（3）斗内电工托起已绝缘遮蔽的旧耐张绝缘子，将耐张线夹与耐张绝缘子连接螺栓拔除，使两者脱离，完成后恢复耐张线夹处的绝缘遮蔽。

（4）斗内电工拆除旧耐张绝缘子，安装新耐张绝缘子，完成后恢复耐张绝缘子处的绝缘遮蔽。

（5）斗内电工将耐张线夹与耐张绝缘子连接螺栓安装好，确认连接可靠后恢复耐张线夹处的绝缘遮蔽。

（6）斗内电工松开绝缘保护绳套并放松紧线器，使绝缘子受力后拆下紧线器、绝缘保护绳套及绝缘绳套（或绝缘拉杆），恢复导线侧的绝缘遮蔽。

步骤 5：斗内电工按照更换近边相 A 相绝缘子的方法，更换中间相 B 相绝缘子。

步骤 6：斗内电工按照更换近边相 A 相绝缘子的方法，更换远边相 C 相绝缘子。

步骤 7：斗内电工调整绝缘斗至远边相 C 相导线外侧合适位置，按照“从远到近、先接地体后带电体”的原则，拆除远边相 C 相导线上的绝缘遮蔽用具。

步骤 8：斗内电工调整绝缘斗至中间相 B 相导线外侧合适位置，按照“从远到近、先接地体后带电体”的原则，拆除中间相 B 相导线上的绝缘遮蔽用具。

步骤 9：斗内电工调整绝缘斗至近边相 A 相导线外侧合适位置，按照“从远到近、先接地体后带电体”的原则，拆除近边相 A 相导线上的绝缘遮蔽用具。

步骤 10：斗内电工向工作负责人汇报确认本项工作已完成。

步骤 11：检查杆上无遗留物，绝缘斗退出带电作业区域，斗内电工返回地面，工作结束。

2.4　带负荷更换导线非承力线夹（绝缘手套作业法＋绝缘引流线法，斗臂车作业）

以图 2-18 所示的直线耐张杆（导线三角排列）为例，图解绝缘手套作业法＋绝缘引流线法（斗臂车作业）带负荷更换导线非承力线夹工作，生产中务必结合现场实际工况参照适用。

2.4.1　人员组成

本项目工作人员共计 4 人，如图 2-19 所示，人员分工为：工作负责人（兼工作监护人）1 人、斗内电工 2 人、地面电工 1 人。

2.4.2　主要工器具

绝缘防护用具如图 2-20 所示。

(a)

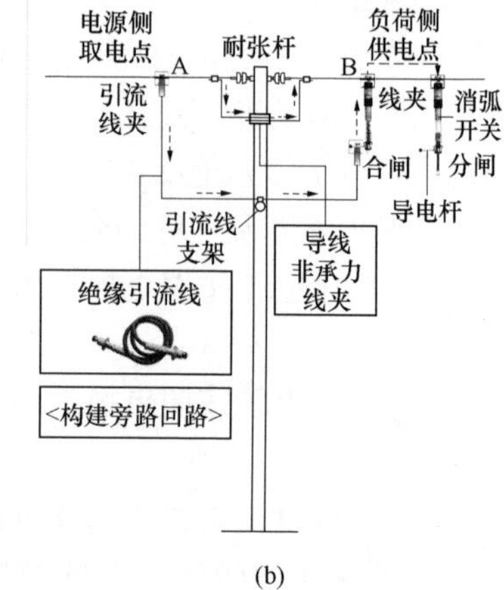

(b)

图 2-18 绝缘手套作业法+绝缘引流线法（斗臂车作业）带负荷更换导线非承力线夹

（a）杆头外形图；（b）绝缘引流线法组成示意图

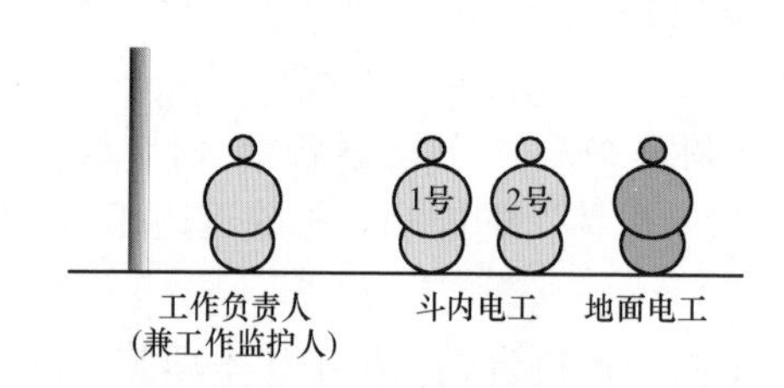

图 2-19 人员组成

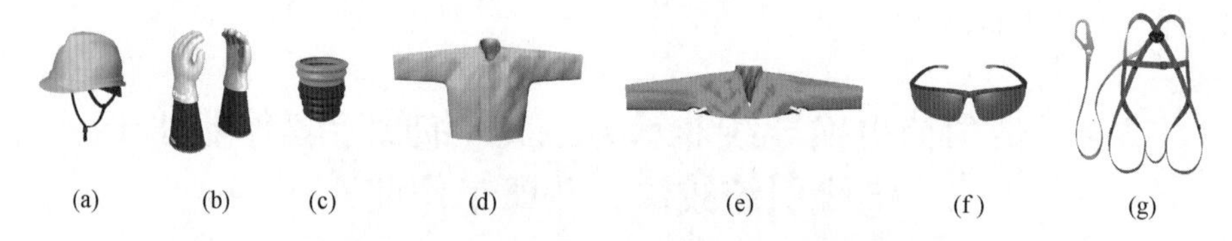

图 2-20 绝缘防护用具（根据实际工况选择）

（a）绝缘安全帽；（b）绝缘手套+羊皮或仿羊皮保护手套；（c）绝缘手套充压气检测器；（d）绝缘服；（e）绝缘披肩；（f）护目镜；（g）安全带

绝缘遮蔽用具如图 2-21 所示。

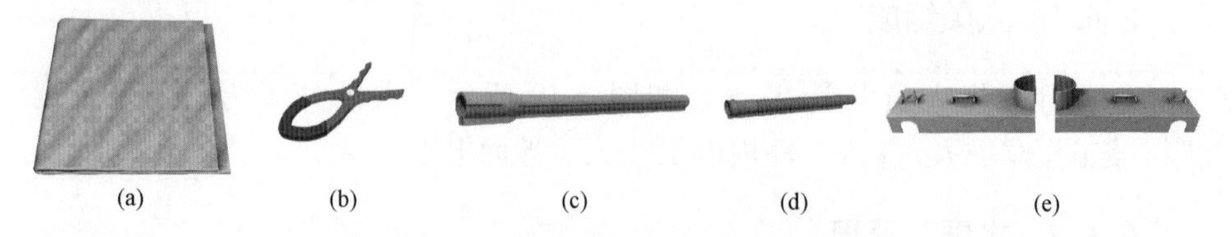

图 2-21 绝缘遮蔽用具（根据实际工况选择）

（a）绝缘毯；（b）绝缘毯夹；（c）导线遮蔽罩；（d）引流线遮蔽罩；（e）横担遮蔽罩

绝缘横担用作引流线支架，如图 2-22 所示。

图 2-22　绝缘横担用作引流线支架

旁路设备如图 2-23 所示。

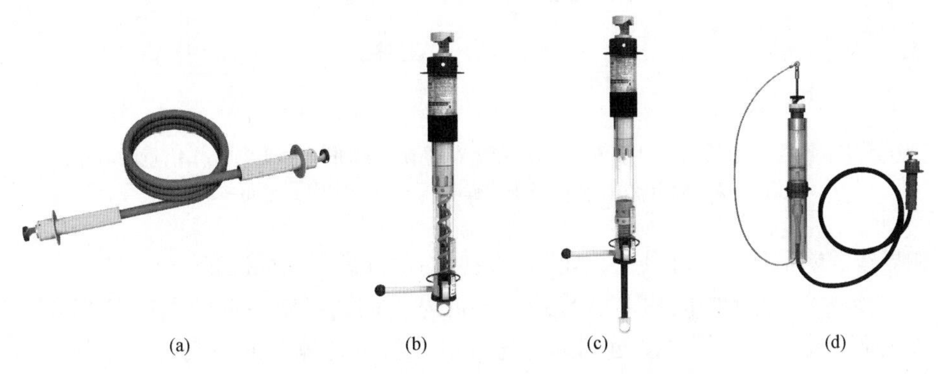

图 2-23　旁路设备（根据实际工况选择）
（a）绝缘引流线＋旋转式紧固手柄；（b）带电作业用消弧开关合闸位置；
（c）带电作业用消弧开关分闸位置；（d）带消弧开关的绝缘引流线

接续金具如图 2-24 所示。

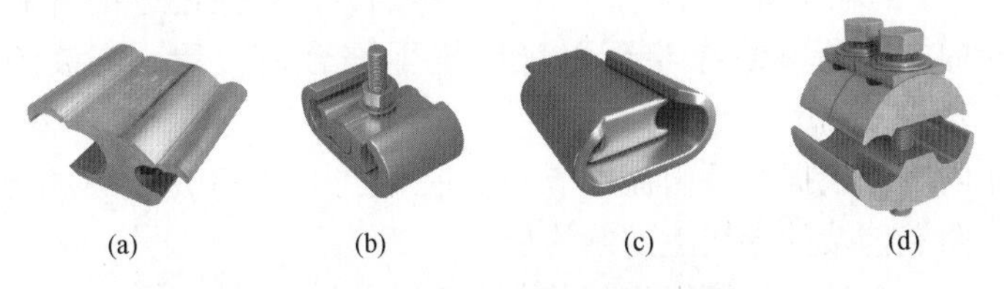

图 2-24　接续金具（根据实际工况选择）
（a）H 形线夹；（b）C 形螺栓式线夹；（c）C 形楔型线夹；（d）并沟线夹

2.4.3　操作步骤

本项目操作前的准备工作已完成，工作负责人已检查确认作业装置和现场环境符合带电作业条件。

如图 2-25 所示，采用绝缘手套作业法＋绝缘引流线法（斗臂车作业）带负荷更换导线非承力线夹工作，可分为以下步骤进行。

步骤 1：遮蔽近边相 A 相导线，斗内电工调整绝缘斗至近边相 A 相导线外侧适当位置，按照“从近到远、先带电体后接地体”的原则，对近边相 A

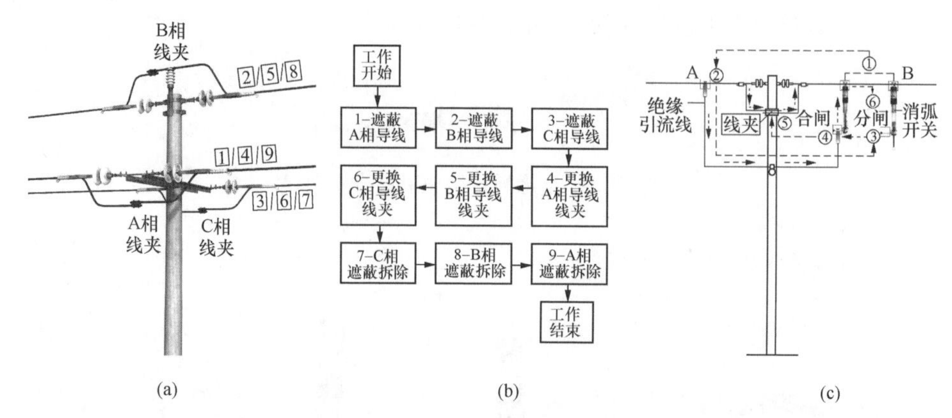

(a) (b) (c)

图 2-25 绝缘引流线法（斗臂车作业）带负荷更换导线非承力线夹工作示意图（推荐）

（a）作业步骤示意图；（b）作业流程图；（c）绝缘引流线法更换示意图

相导线、引流线、耐张线夹、绝缘子及横担部分进行绝缘遮蔽。

步骤 2：遮蔽中间相 B 相导线，斗内电工调整绝缘斗至中间相 B 相导线外侧适当位置，按照“从近到远、先带电体后接地体”的原则，对中间相 B 相导线、引流线、耐张线夹、绝缘子及杆顶部分进行绝缘遮蔽。

步骤 3：遮蔽远边相 C 相导线，斗内电工调整绝缘斗至远边相 C 相导线外侧适当位置，按照“从近到远、先带电体后接地体”的原则，对远边相 C 相导线、引流线、耐张线夹、绝缘子及横担部分绝缘遮蔽。

步骤 4：斗内电工参照图 2-25（c）所示的方法更换近边相 A 相线夹。

（1）斗内电工调整绝缘斗至耐张横担下方合适位置，安装绝缘引流线支架。

（2）斗内电工根据绝缘引流线长度，在适当位置打开近边相导线的绝缘遮蔽，剥除两端挂接处导线上的绝缘层。

（3）斗内电工使用绝缘绳将绝缘引流线临时固定在主导线上，中间支撑在绝缘引流线支架上。

（4）斗内电工检查确认消弧开关在断开位置并闭锁后，将消弧开关挂接到近边相主导线上，完成后恢复挂接处的绝缘遮蔽。

（5）斗内电工调整绝缘斗至合适位置，先将绝缘引流线的一端线夹与消弧开关下端的横向导电杆连接可靠后，再将绝缘引流线的另一端线夹挂接到另一侧近边相主导线上，完成后恢复绝缘遮蔽，挂接绝缘引流线时，应先接消弧开关端、再接另一侧导线端。

（6）斗内电工检查无误后取下安全销钉，用绝缘操作杆合上消弧开关并插入安全销钉，用电流检测仪测量引流线电流，确认分流正常（绝缘引流线每一相分流的负荷电流应不小于原线路负荷电流的 1/3），汇报给工作负责人并记录在工作票备注栏内。

(7) 斗内电工调整绝缘斗至近边相导线外侧合适位置，在保证安全作业距离的前提下，以最小范围打开近边相导线连接处的遮蔽，更换近边相导线非承力线夹，完成后恢复线夹处的绝缘、密封和绝缘遮蔽。

(8) 斗内电工使用电流检测仪测量已更换线夹的引线电流通流正常后，使用绝缘操作杆断开消弧开关，插入安全销钉后，拆除绝缘引流线和消弧开关。拆除绝缘引流线时，应先拆一侧导线端（有电端）、再拆消弧开关端（无电端），完成后恢复挂接处的绝缘遮蔽。

步骤 5：斗内电工按照更换近边相 A 相线夹的方法，更换中间相 B 相线夹。

步骤 6：斗内电工按照更换近边相 A 相线夹的方法，更换远边相 C 相线夹。

步骤 7：斗内电工调整绝缘斗至远边相 C 相导线合适作业位置，按照“从远到近、先接地体后带电体”的原则，拆除远边相 C 相导线上的绝缘遮蔽用具。

步骤 8：斗内电工调整绝缘斗至中间相 B 相导线合适作业位置，按照“从远到近、先接地体后带电体”的原则，拆除中间相 B 相导线上的绝缘遮蔽用具。

步骤 9：斗内电工调整绝缘斗至近边相 A 相导线合适作业位置，按照“从远到近、先接地体后带电体”的原则，拆除近边相 A 相导线上的绝缘遮蔽用具。

步骤 10：斗内电工向工作负责人汇报确认本项工作已完成。

步骤 11：检查杆上无遗留物，绝缘斗退出带电作业区域，斗内电工返回地面，工作结束。

第 3 章　更换电杆类项目作业图解

3.1　带电组立直线杆（绝缘手套作业法，斗臂车和吊车作业）

以图 3-1 所示的直线杆（导线三角排列）为例，图解绝缘手套作业法＋专用撑杆法支撑导线（斗臂车和吊车作业）带电组立直线杆工作，生产中务必结合现场实际工况参照适用。

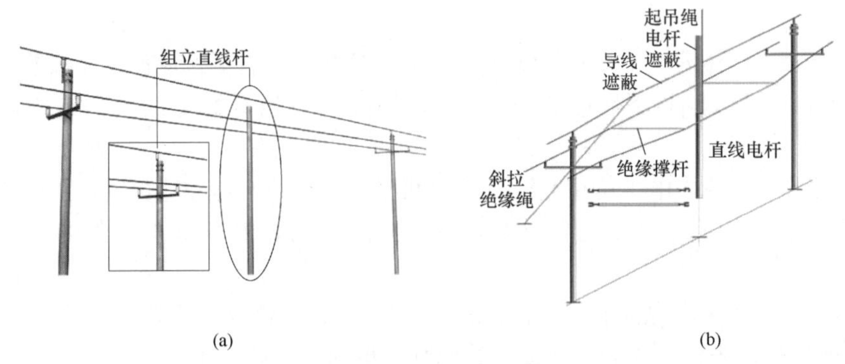

图 3-1　绝缘手套作业法（斗臂车和吊车作业）带电组立直线杆
（a）直线电杆杆头外形图；（b）专用撑杆法组立直线杆示意图

3.1.1　人员组成

本项目工作人员共计 8 人（根据实际工况），如图 3-2 所示，人员分工为：工作负责人（兼工作监护人）1 人、斗内电工 2 人，杆上电工 1 人，地面电工 2 人，吊车指挥 1 人，吊车操作工 1 人。

图 3-2　人员组成

3.1.2　主要工器具

绝缘防护用具如图 3-3 所示。

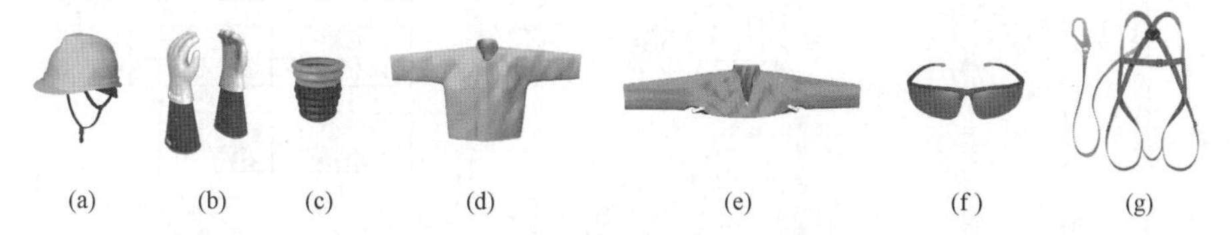

(a)　(b)　(c)　(d)　(e)　(f)　(g)

图 3-3　绝缘防护用具（根据实际工况选择）

（a）绝缘安全帽；（b）绝缘手套+羊皮或仿羊皮保护手套；（c）绝缘手套充压气检测器；（d）绝缘服；（e）绝缘披肩；（f）护目镜；（g）安全带

绝缘遮蔽用具如图 3-4 所示。

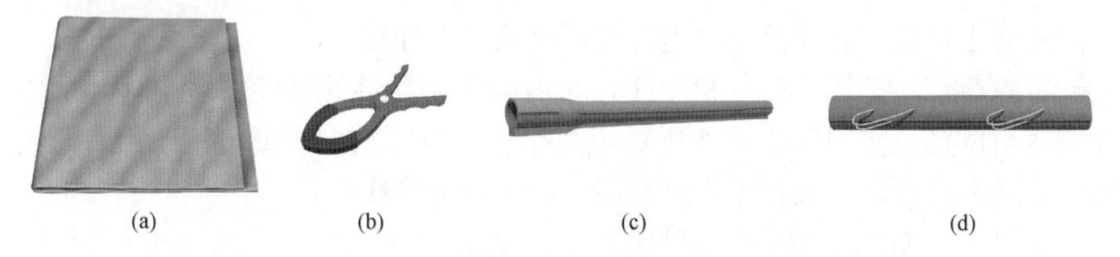

(a)　(b)　(c)　(d)

图 3-4　绝缘遮蔽用具（根据实际工况选择）

（a）绝缘毯；（b）绝缘毯夹；（c）导线遮蔽罩；（d）电杆遮蔽罩

绝缘工具如图 3-5 所示。

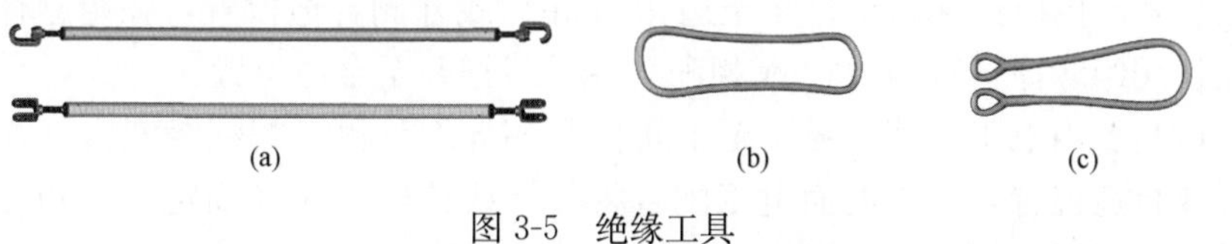

(a)　(b)　(c)

图 3-5　绝缘工具

（a）绝缘撑杆；（b）绝缘绳；（c）绝缘绳套

3.1.3　操作步骤

本项目操作前的准备工作已完成，工作负责人已检查确认作业点和两侧的电杆根部、基础牢固、导线绑扎牢固，作业装置和现场环境符合带电作业条件。

如图 3-6 所示，采用绝缘手套作业法+专用撑杆法支撑导线（斗臂车和吊车作业）带电组立直线杆工作，可分为以下步骤进行。

步骤 1：遮蔽近边相 A 相导线，斗内电工调整绝缘斗至近边相 A 相导线外侧适当位置，使用导线遮蔽罩对近边相 A 相导线进行绝缘遮蔽（绝缘遮蔽

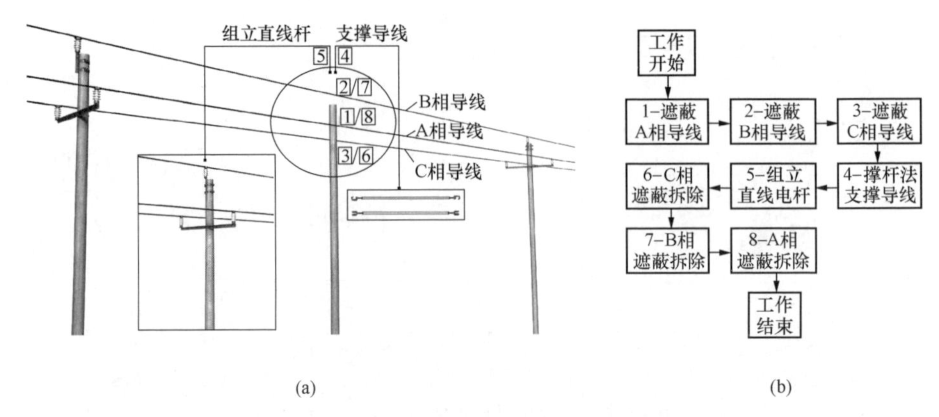

图 3-6 绝缘手套作业法（斗臂车和吊车作业）带电组立直线杆工作示意图（推荐）
（a）作业步骤示意图；（b）作业流程图

长度要适当延长，以确保组立电杆时不触及带电导线）。

步骤 2：遮蔽中间相 B 相导线，斗内电工调整绝缘斗至中间相 B 相导线外侧适当位置，使用导线遮蔽罩对中间相 B 相导线进行绝缘遮蔽（绝缘遮蔽长度要适当延长，以确保组立电杆时不触及带电导线）。

步骤 3：遮蔽远边相 C 相导线，斗内电工调整绝缘斗至远边相 C 相导线外侧适当位置，使用导线遮蔽罩对远边相 C 相导线进行绝缘遮蔽（绝缘遮蔽长度要适当延长，以确保组立电杆时不触及带电导线）。

步骤 4：斗内电工参照图 3-1（b）所示的专用撑杆法支撑导线。

（1）斗内电工转移绝缘斗至边相 A 相导线外侧合适位置，在组立杆两侧分别使用绝缘撑杆将两边相 A 相和 C 相导线撑开至合适位置。

（2）斗内电工转移绝缘斗至中间相 B 相导线外侧，将绝缘绳绑扎在中间相导线合适位置，并与地面电工配合将其导线拉向一侧并固定（中相导线也可采用专用撑杆将其拉向一侧）。

步骤 5：斗内电工参照图 3-1（b）所示的方法组立直线电杆。

（1）地面电工对组立的电杆杆顶使用电杆遮蔽罩进行绝缘遮蔽，其绝缘遮蔽长度要适当延长，并系好电杆起吊绳（吊点在电杆地上部分 1/2 处）。

（2）吊车操作工在吊车指挥工的指挥下，操作吊车缓慢起吊电杆，在电杆缓慢起吊到吊绳全部受力时暂停起吊，检查确认吊车支腿及其他受力部位情况正常，地面电工在杆根处合适位置系好绝缘绳以控制杆根方向；为确保作业安全，起吊电杆的杆根应设置接地保护措施，作业时杆根作业人员应穿绝缘靴、戴绝缘手套，起重设备操作人员应穿绝缘靴。

（3）检查确认绝缘遮蔽可靠，吊车操作工在吊车指挥工的指挥下，操作吊车缓慢地将新电杆吊至预定位置，配合吊车指挥工和工作负责人注意控制电杆两侧方向的平衡情况和杆根的入洞情况，电杆起立校正后回土夯实，拆除杆根接地保护。

（4）杆上电工登杆配合斗内电工拆除吊绳和两侧控制绳，安装横担、杆顶支架、绝缘子等后，杆上电工返回地面，吊车撤离工作区域。

（5）斗内电工完成横担、绝缘子、杆顶部分绝缘遮蔽后，缓慢拆除绝缘导线撑杆和斜拉绝缘绳。

（6）斗内电工相互配合按照先中间相B相、后两边相A相和C相的顺序，依次使用绝缘小吊绳提升导线置于绝缘子顶槽内，使用盘成小盘的帮扎线固定后，恢复绝缘遮蔽，组立直线电杆工作结束。

步骤6：斗内电工调整绝缘斗至远边相C相导线合适作业位置，按照“从远到近、先接地体后带电体”的原则，拆除远边相C相导线上的绝缘遮蔽用具。

步骤7：斗内电工调整绝缘斗至中间相B相导线合适作业位置，按照“从远到近、先接地体后带电体”的原则，拆除中间相B相导线上的绝缘遮蔽用具。

步骤8：斗内电工调整绝缘斗至近边相A相导线合适作业位置，按照“从远到近、先接地体后带电体”的原则，拆除近边相A相导线上的绝缘遮蔽用具。

步骤9：斗内电工向工作负责人汇报确认本项工作已完成。

步骤10：检查杆上无遗留物，绝缘斗退出带电作业区域，斗内电工返回地面，工作结束。

3.2 带电更换直线杆（绝缘手套作业法，斗臂车和吊车作业）

以图3-7所示的直线杆（导线三角排列）为例，图解绝缘手套作业法＋专用撑杆法支撑导线（斗臂车和吊车作业）带电更换直线杆工作，生产中务必结合现场实际工况参照适用。

3.2.1 人员组成

本项目工作人员共计8人（根据实际工况），如图3-8所示，人员分工为：工作负责人（兼工作监护人）1人、斗内电工2人，杆上电工1人，地面电工2人，吊车指挥1人，吊车操作工1人。

3.2.2 主要工器具

绝缘防护用具如图3-9所示。

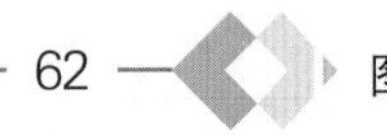

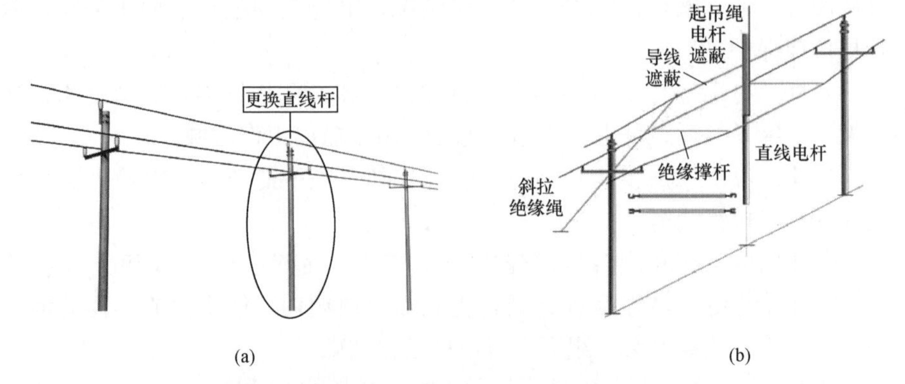

图 3-7　绝缘手套作业法（斗臂车和吊车作业）带电更换直线杆

（a）直线电杆杆头外形图；（b）专用撑杆法更换直线杆示意图

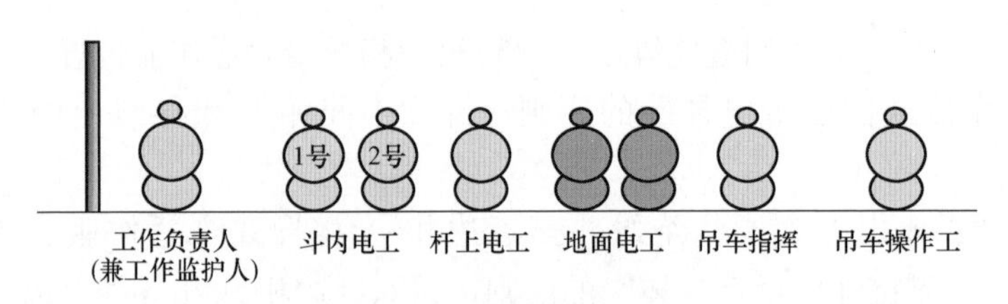

图 3-8　人员组成

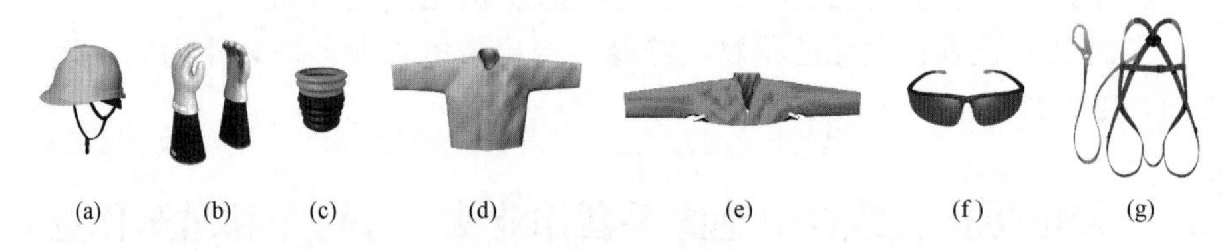

图 3-9　绝缘防护用具（根据实际工况选择）

（a）绝缘安全帽；（b）绝缘手套+羊皮或仿羊皮保护手套；（c）绝缘手套充压气检测器；（d）绝缘服；（e）绝缘披肩；（f）护目镜；（g）安全带

绝缘遮蔽用具如图 3-10 所示。

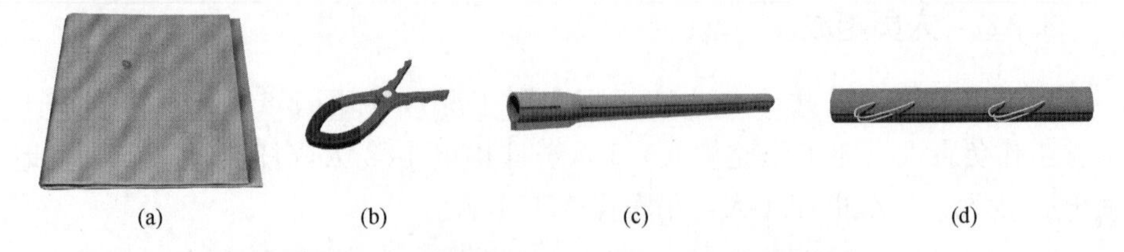

图 3-10　绝缘遮蔽用具（根据实际工况选择）

（a）绝缘毯；（b）绝缘毯夹；（c）导线遮蔽罩；（d）电杆遮蔽罩

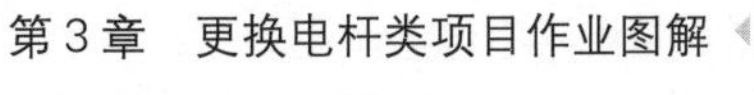

绝缘工具如图 3-11 所示。

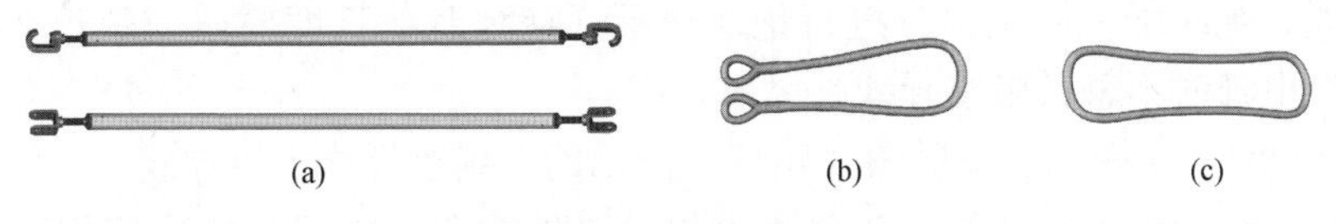

图 3-11　绝缘工具
(a) 绝缘撑杆；(b) 绝缘绳；(c) 绝缘绳套

3.2.3　操作步骤

本项目操作前的准备工作已完成，工作负责人已检查确认作业点和两侧的电杆根部、基础牢固、导线绑扎牢固，电杆质量、坑洞等符合要求，作业装置和现场环境符合带电作业条件。

如图 3-12 所示，采用绝缘手套作业法＋专用撑杆法支撑导线（斗臂车和吊车作业）带电更换直线杆工作，可分为以下步骤进行。

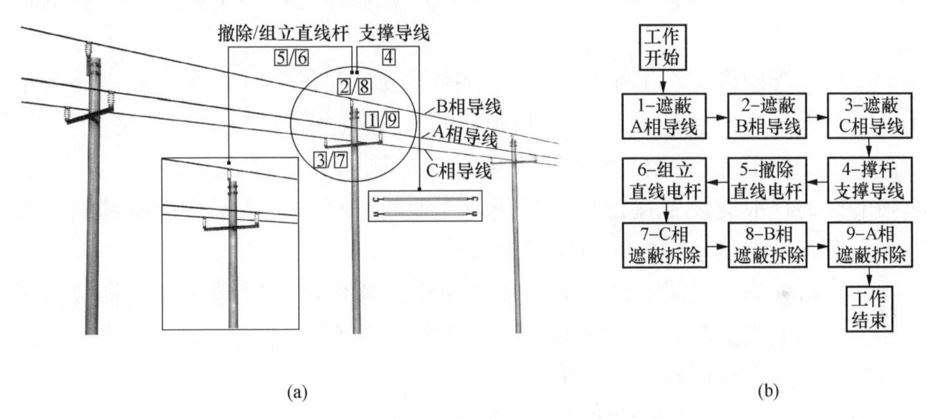

图 3-12　绝缘手套作业法（斗臂车和吊车作业）带电更换直线杆工作示意图（推荐）
(a) 作业步骤示意图；(b) 作业流程图

步骤 1：遮蔽近边相 A 相导线，斗内电工调整绝缘斗至近边相 A 相导线外侧适当位置，按照“从近到远、先带电体后接地体”的原则，对近边相 A 相导线、绝缘子、横担部分进行绝缘遮蔽（绝缘遮蔽长度要适当延长，以确保更换电杆时不触及带电导线）。

步骤 2：遮蔽中间相 B 相导线，斗内电工调整绝缘斗至中间相 B 相导线外侧适当位置，按照“从近到远、先带电体后接地体”的原则，对中间相 B 相导线、绝缘子、杆顶部分进行绝缘遮蔽（绝缘遮蔽长度要适当延长，以确保更换电杆时不触及带电导线）。

步骤 3：遮蔽远边相 C 相导线，斗内电工调整绝缘斗至远边相 C 相导线外侧适当位置，按照“从近到远、先带电体后接地体”的原则，对远边相C相导线、绝缘子、横担部分进行绝缘遮蔽（绝缘遮蔽长度要适当延长，以确保更换电杆时不触及带电导线）。

步骤4：斗内电工参照图3-7（b）所示的专用撑杆法支撑导线。

（1）斗内电工转移绝缘斗至两边相导线外侧合适位置，依次使用绝缘小吊绳吊起边相导线，拆除绝缘子绑扎线，恢复绝缘遮蔽，平稳地下放导线，在更换杆两侧分别使用绝缘撑杆将两边相导线撑开至合适位置。

（2）斗内电工转移绝缘斗至中间相导线外侧，使用绝缘小吊绳吊起中间相导线，拆除绝缘子绑扎线，恢复绝缘遮蔽，使用绝缘绳由地面电工配合将其导线拉向一侧并固定。

（3）斗内电工在杆上电工的配合下拆除绝缘子、横担及立铁，并对杆顶部分使用电杆遮蔽罩进行绝缘遮蔽，其绝缘遮蔽长度要适当延长。

步骤5：斗内电工参照图3-7（b）所示的方法撤除直线电杆。

（1）斗内电工调整绝缘斗至合适位置，并系好电杆起吊绳（吊点在电杆地上部分1/2处）。

（2）吊车操作工在吊车指挥工的指挥下缓慢起吊电杆，在电杆缓慢起吊到吊绳全部受力时暂停起吊，检查确认吊车支腿及其他受力部位情况正常，地面电工在杆根处合适位置系好绝缘绳以控制杆根方向；为确保作业安全，起吊电杆的杆根应设置接地保护措施，作业时杆根作业人员应穿绝缘靴、戴绝缘手套，起重设备操作人员应穿绝缘靴。

（3）检查确认绝缘遮蔽可靠，吊车操作工操作吊车缓慢地将电杆放落至地面，地面电工拆除杆根接地保护、吊绳以及杆顶上的绝缘遮蔽，将杆坑回土夯实，撤除直线电杆工作结束。

步骤6：斗内电工参照图3-7（b）所示的方法组立直线电杆。

（1）地面电工对组立的电杆杆顶使用电杆遮蔽罩进行绝缘遮蔽，其绝缘遮蔽长度要适当延长，并系好电杆起吊绳（吊点在电杆地上部分1/2处）。

（2）吊车操作工在吊车指挥工的指挥下，操作吊车缓慢起吊电杆，在电杆缓慢起吊到吊绳全部受力时暂停起吊，检查确认吊车支腿及其他受力部位情况正常，地面电工在杆根处合适位置系好绝缘绳以控制杆根方向；为确保作业安全，起吊电杆的杆根应设置接地保护措施，作业时杆根作业人员应穿绝缘靴、戴绝缘手套，起重设备操作人员应穿绝缘靴。

（3）检查确认绝缘遮蔽可靠，吊车操作工在吊车指挥工的指挥下，操作吊车在缓慢地将新电杆吊至预定位置，配合吊车指挥工和工作负责人注意控制电杆两侧方向的平衡情况和杆根的入洞情况，电杆起立校正后回土夯实，拆除杆根接地保护。

（4）杆上电工登杆配合斗内电工拆除吊绳和两侧控制绳，安装横担、杆顶支架、绝缘子等后，杆上电工返回地面，吊车撤离工作区域。

（5）斗内电工对横担、绝缘子、杆顶部分等进行绝缘遮蔽，缓慢拆除绝缘导线撑杆和斜拉绝缘绳。

（6）斗内电工相互配合按照先中间相B相、后两边相A相和C相的顺序，依次使用绝缘小吊绳提升导线置于绝缘子顶槽内，使用盘成小盘的帮扎线固定后，恢复绝缘遮蔽，组立直线电杆工作结束。

步骤7：斗内电工调整绝缘斗至远边相C相导线合适作业位置，按照“从远到近、先接地体后带电体”的原则，拆除远边相C相导线上的绝缘遮蔽用具。

步骤8：斗内电工调整绝缘斗至中间相B相导线合适作业位置，按照“从远到近、先接地体后带电体”的原则，拆除中间相B相导线上的绝缘遮蔽用具。

步骤9：斗内电工调整绝缘斗至近边相A相导线合适作业位置，按照“从远到近、先接地体后带电体”的原则，拆除近边相A相导线上的绝缘遮蔽用具。

步骤10：斗内电工向工作负责人汇报确认本项工作已完成。

步骤11：检查杆上无遗留物，绝缘斗退出带电作业区域，斗内电工返回地面，工作结束。

3.3　带负荷直线杆改耐张杆（绝缘手套作业法＋绝缘引流线法，斗臂车作业）

以图3-13所示的直线杆改耐张杆（导线三角排列）为例，图解绝缘手套作业法＋绝缘引流线法（斗臂车作业）或旁路作业法带负荷直线杆改耐张杆工作，生产中务必结合现场实际工况参照适用，并积极推广采用“旁路作业法”带负荷直线杆改耐张杆的应用。

3.3.1　人员组成

本项目工作人员共计5～7人（根据实际工况），如图3-14所示，人员分工为：工作负责人（兼工作监护人）1人、斗内电工（1号和2号绝缘斗臂车配合作业）2～4人，地面电工2人。

3.3.2　主要工器具

绝缘防护用具如图3-15所示。

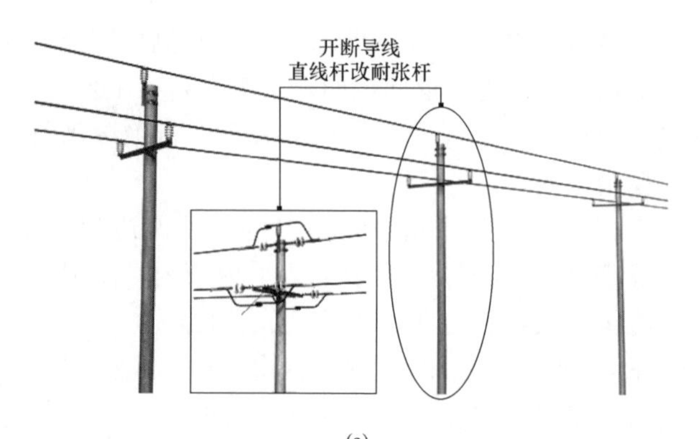

(a)

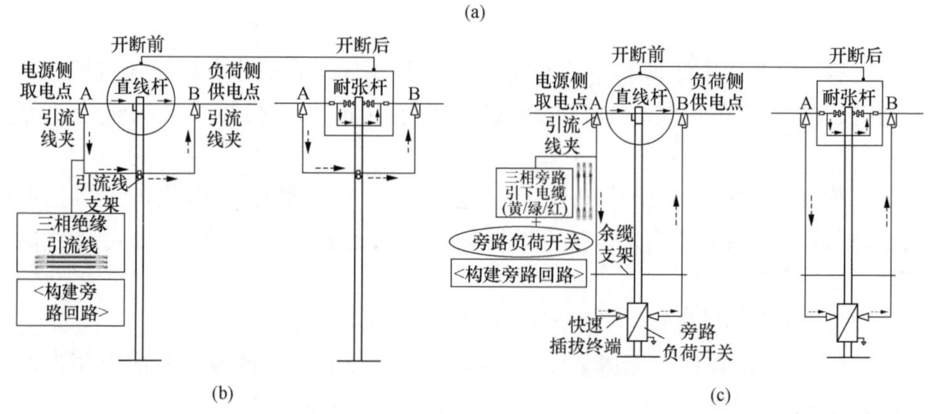

(b) (c)

图 3-13 绝缘手套作业法+绝缘引流线法（斗臂车作业）或旁路作业法带负荷直线杆改耐张杆

（a）直线杆改耐张杆杆头外形图；（b）绝缘引流法；（c）旁路作业法

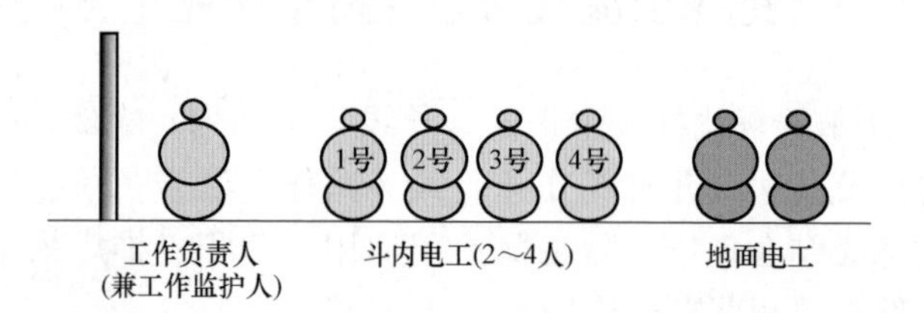

图 3-14 人员组成

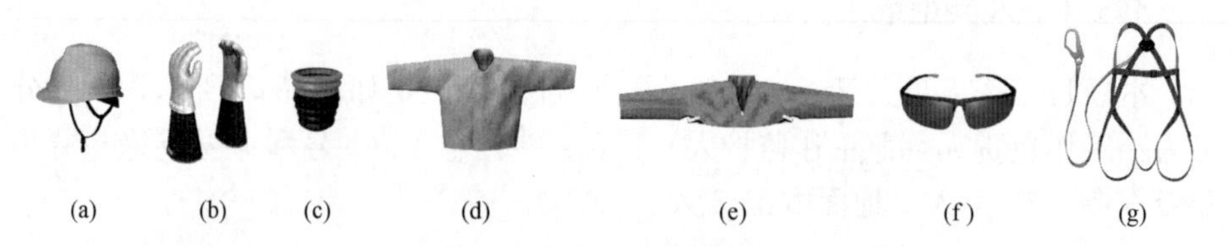

(a) (b) (c) (d) (e) (f) (g)

图 3-15 绝缘防护用具（根据实际工况选择）

（a）绝缘安全帽；（b）绝缘手套+羊皮或仿羊皮保护手套；（c）绝缘手套充压气检测器；（d）绝缘服；（e）绝缘披肩；（f）护目镜；（g）安全带

绝缘遮蔽用具如图 3-16 所示。

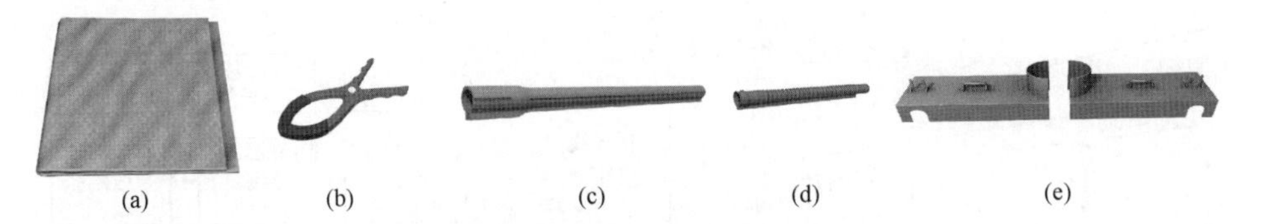

图 3-16　绝缘遮蔽用具（根据实际工况选择）
（a）绝缘毯；（b）绝缘毯夹；（c）导线遮蔽罩；（d）引流线遮蔽罩；（e）横担遮蔽罩

绝缘工具和金属工具如图 3-17 所示。

图 3-17　绝缘工具和金属工具
（a）绝缘横担；（b）软质绝缘紧线器；（c）绝缘绳；（d）绝缘绳套；（e）金属卡线器

绝缘引流线如图 3-18 所示。

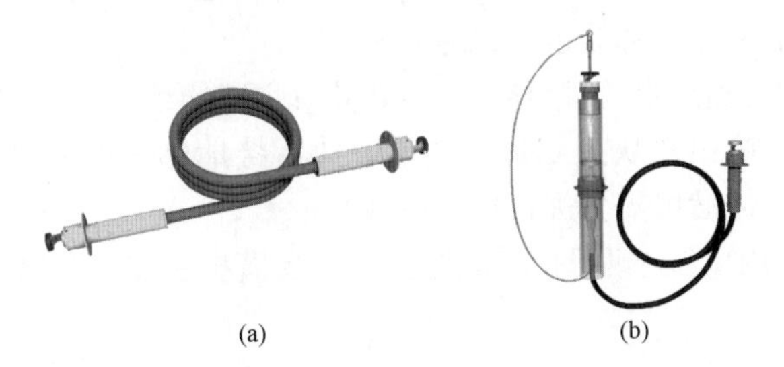

图 3-18　绝缘引流线（根据实际工况选择）
（a）绝缘引流线＋旋转式紧固手柄；（b）带消弧开关的绝缘引流线

3.3.3　操作步骤

本项目操作前的准备工作已完成，工作负责人已检查确认作业点和两侧的电杆根部、基础牢固、导线绑扎牢固，作业装置和现场环境符合带电作业条件。

如图 3-19 所示，采用绝缘手套作业法＋绝缘引流线法（斗臂车作业）带负荷直线杆改耐张杆工作，可分为以下步骤进行。

步骤 1：遮蔽近边相 A 相导线，斗内电工调整绝缘斗至近边相 A 相导线外侧适当位置，按照“从近到远、先带电体后接地体”的原则，对近边相 A 相导线、绝缘子、横担部分进行绝缘遮蔽。

步骤 2：遮蔽中间相 B 相导线，斗内电工调整绝缘斗至中间相 B 相导线

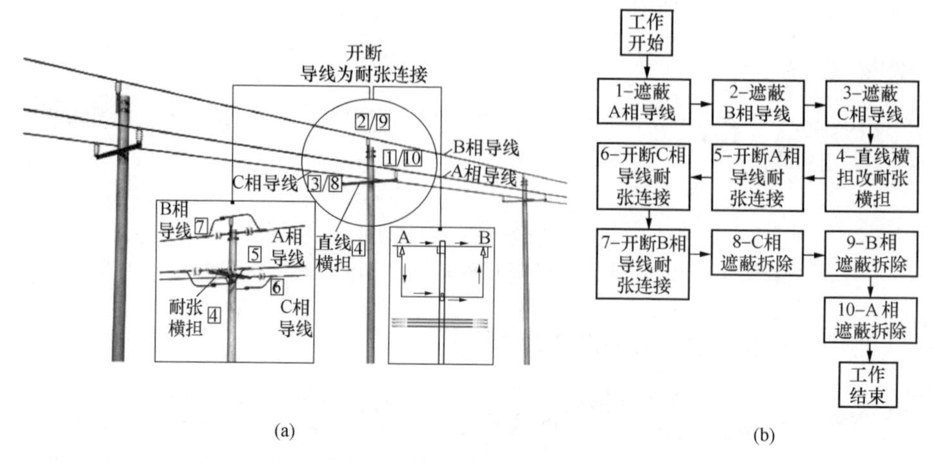

图 3-19　绝缘手套作业法+绝缘引流线法（斗臂车作业）带负荷直线杆改耐张杆工作示意图（推荐）

（a）作业步骤示意图；（b）作业流程图

外侧适当位置，按照“从近到远、先带电体后接地体”的原则，对中间相 B 相导线、绝缘子、杆顶部分进行绝缘遮蔽。

步骤 3：遮蔽远边相 C 相导线，斗内电工调整绝缘斗至远边相 C 相导线外侧适当位置，按照“从近到远、先带电体后接地体”的原则，对远边相 C 相导线、绝缘子、横担部分进行绝缘遮蔽。

步骤 4：斗内电工参照图 3-20 所示的绝缘横担法支撑导线并将直线横担改为耐张横担。

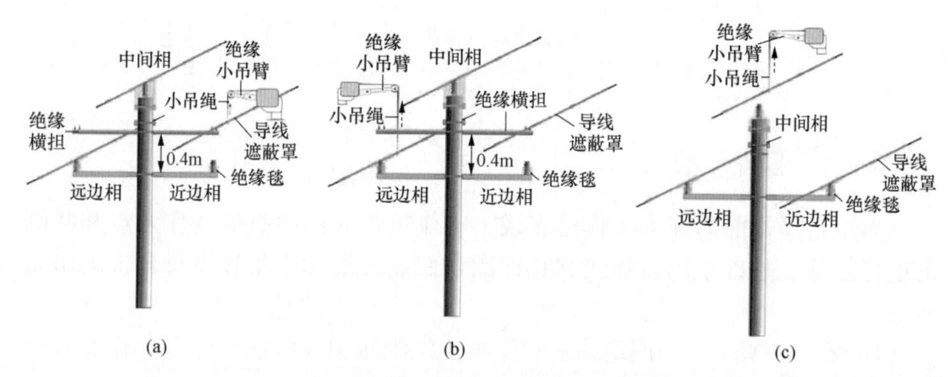

图 3-20　绝缘横担+绝缘小吊臂法提升导线示意图

（a）近边相 A 相导线提升示意图；（b）远边相 C 相导线提升示意图；（c）中间相 B 相导线示意图

（1）斗内电工在地面电工的配合下，调整绝缘斗至相间合适位置，在电杆上高出横担约 0.4m 的位置安装绝缘横担。

（2）斗内电工调整绝缘斗至近边相A相导线外侧适当位置，使用绝缘小吊绳在铅垂线上固定导线。

（3）斗内电工拆除绝缘子绑扎线，提升近边相A相导线置于绝缘横担上的固定槽内可靠固定。

（4）按照相同的方法将远边相C相导线置于绝缘横担的固定槽内并可靠固定。

（5）斗内电工相互配合拆除绝缘子和横担，安装耐张横担，装好耐张绝缘子和耐张线夹。

步骤5：斗内电工安装绝缘引流线，开断近边相A相导线为耐张连接。

（1）斗内电工相互配合在耐张横担上安装耐张横担遮蔽罩，在耐张横担下方合适位置安装绝缘引流线支架，完成后恢复耐张绝缘子和耐张线夹处的绝缘遮蔽。

（2）斗内电工操作小吊绳将近边相A相导线缓缓落下，放置到耐张横担遮蔽罩上固定槽内。

（3）斗内电工转移绝缘斗至近边相A相导线外侧合适位置，在横担两侧导线上安装好绝缘紧线器及绝缘保护绳，操作绝缘紧线器将导线收紧至便于开断状态。

（4）斗内电工根据绝缘引流线长度，在适当位置打开近边相A相导线的绝缘遮蔽，剥除两端挂接处导线上的绝缘层。

（5）斗内电工使用绝缘绳将绝缘引流线临时固定在主导线上，中间支撑在绝缘引流线支架上。

（6）斗内电工调整绝缘斗至合适位置，先将绝缘引流线的一端线夹与一侧主导线连接可靠后，再将绝缘引流线的另一端线夹挂接到另一侧主导线上，完成后恢复绝缘遮蔽。

（7）斗内电工使用电流检测仪检测绝缘引流线电流确认通流正常后，使用绝缘断线剪断近边相A相导线，导线两侧分别固定在耐张线夹内。

（8）斗内电工确认导线连接可靠后，拆除绝缘紧线器和绝缘保护绳。

（9）斗内电工在确保横担及绝缘子绝缘遮蔽到位的前提下，完成近边相A相导线引线接续工作。

（10）斗内电工使用电流检测仪检测耐张引线电流确认通流正常，拆除绝缘引流线，完成后恢复绝缘遮蔽，近边相A相导线的开断和接续工作结束。

步骤6：斗内电工按照开断近边相A相导线的方法开断远边相C相导线为耐张连接。

步骤7：斗内电工开断中间相B相导线为耐张连接。

（1）斗内电工操作小吊绳提升中间相B相导线至杆顶0.4m以上，耐张绝缘子和耐张线夹安装后，将中间相导线重新降至中间相 B 相绝缘子顶槽内绑扎牢靠。

（2）斗内电工按照开断近边相 A 相导线的方法开断中间相 B 相导线为耐张连接，完成后拆除中间相绝缘子和杆顶支架，恢复杆顶绝缘遮蔽。

（3）三相导线开断和接续完成后，拆除绝缘引流线支架。

步骤 8：斗内电工调整绝缘斗至远边相 C 相导线合适作业位置，按照“从远到近、先接地体后带电体”的原则，拆除远边相 C 相导线上的绝缘遮蔽用具。

步骤 9：斗内电工调整绝缘斗至中间相 B 相导线合适作业位置，按照“从远到近、先接地体后带电体”的原则，拆除中间相 B 相导线上的绝缘遮蔽用具。

步骤 10：斗内电工调整绝缘斗至近边相 A 相导线合适作业位置，按照“从远到近、先接地体后带电体”的原则，拆除近边相 A 相导线上的绝缘遮蔽用具。

步骤 11：斗内电工向工作负责人汇报确认本项工作已完成。

步骤 12：检查杆上无遗留物，绝缘斗退出带电作业区域，斗内电工返回地面，工作结束。

第4章　更换设备类项目作业图解

4.1　带电更换熔断器（绝缘杆作业法，登杆作业）

以图4-1所示的直线分支杆（有熔断器，导线三角排列）为例，图解采用绝缘杆作业法+拆除和安装线夹法（登杆作业）带电更换熔断器工作，生产中务必结合现场实际工况参照适用，并积极推广绝缘手套作业法融合绝缘杆作业法（俗称短杆作业）在绝缘斗臂车的工作斗或其他绝缘平台如绝缘脚手架上的应用。

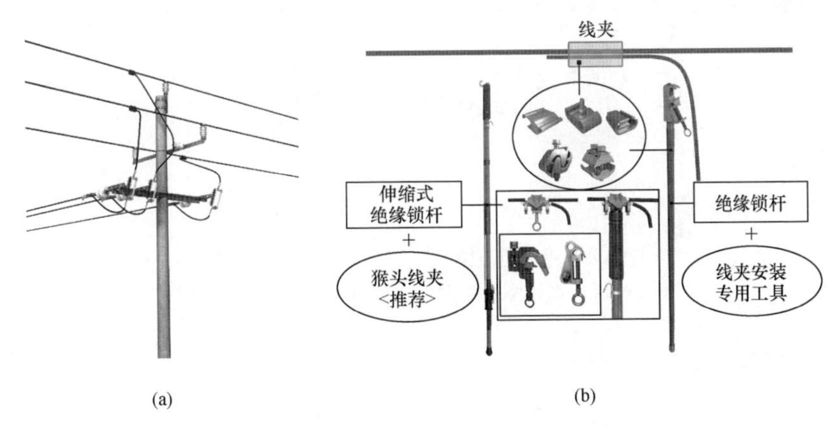

图4-1　绝缘杆作业法（登杆作业）带电更换熔断器
(a) 杆头外形图；(b) 线夹与绝缘锁杆外形图

4.1.1　人员组成

本项目工作人员共计4人，如图4-2所示，人员分工为：工作负责人（兼工作监护人）1人、杆上电工2人、地面电工1人。

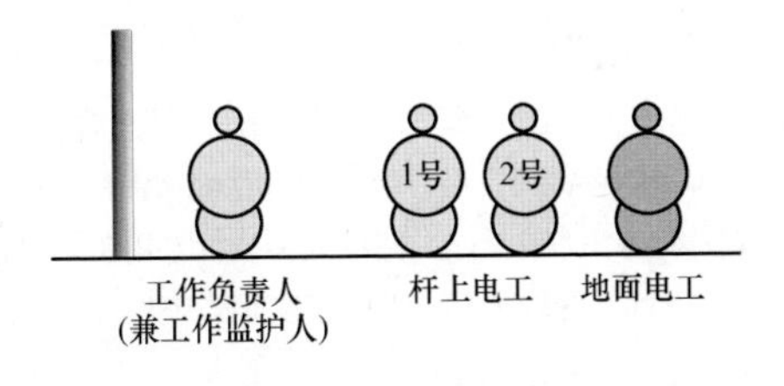

图4-2　人员组成

4.1.2 主要工器具

绝缘防护用具如图 4-3 所示。

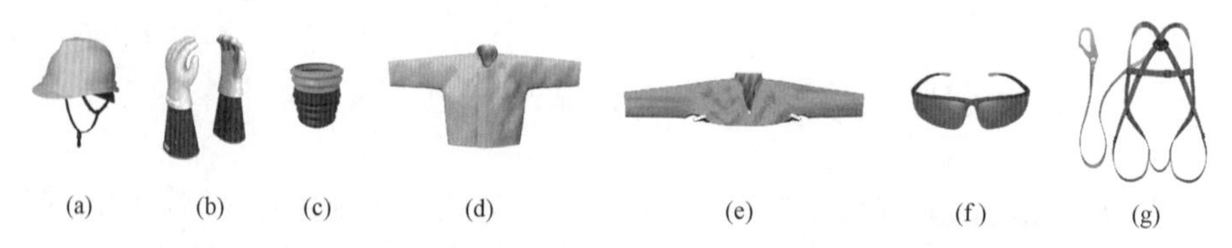

图 4-3 绝缘防护用具（根据实际工况选择）

（a）绝缘安全帽；（b）绝缘手套＋羊皮或仿羊皮保护手套；（c）绝缘手套充压气检测器；（d）绝缘服；（e）绝缘披肩；（f）护目镜；（g）安全带

绝缘遮蔽用具如图 4-4 所示。

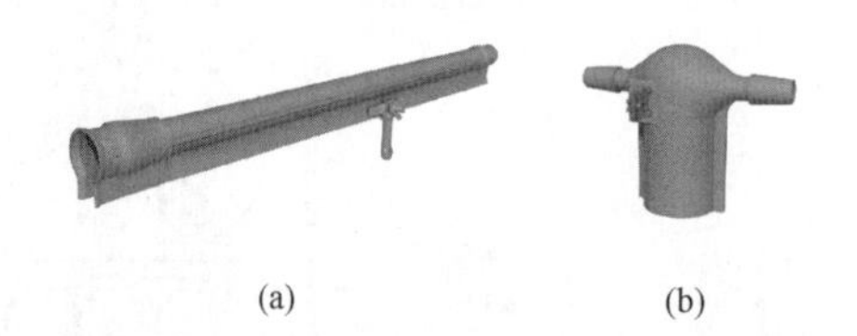

图 4-4 绝缘遮蔽用具（根据实际工况选择）

（a）绝缘杆式导线遮蔽罩；（b）绝缘杆式绝缘子遮蔽罩

绝缘工具如图 4-5 所示。

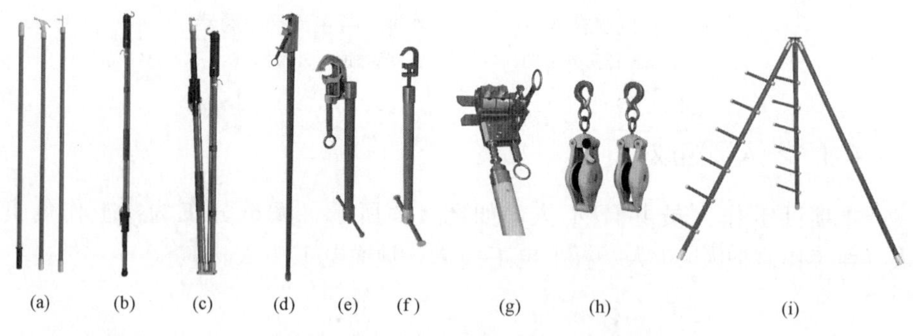

图 4-5 绝缘工具（根据实际工况选择）

（a）绝缘操作杆；（b）伸缩式绝缘锁杆；（c）伸缩式折叠绝缘锁杆；（d）绝缘（双头）锁杆；（e）绝缘吊杆 1；（f）绝缘吊杆 2；（g）并购线夹装拆专用工具（根据线夹选择）；（h）绝缘滑车；（i）绝缘工具支架

接续金具如图 4-6 所示。

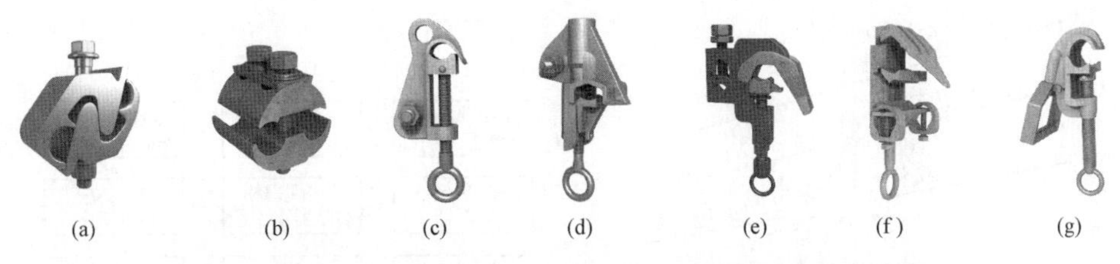

图 4-6　接续金具（根据实际工况选择，推荐使用猴头式线夹）

（a）螺栓 J 型线夹 ；（b）并沟线夹；（c）猴头线夹型式 1；（d）猴头线夹型式 2；（e）猴头线夹型式 3；（f）猴头线夹型式 4；（g）马镫线夹型式 1

4.1.3　操作步骤

本项目操作前的准备工作已完成，工作负责人已检查确认熔断器已断开，熔丝管已取下，负荷侧变压器、电压互感器已退出，作业装置和现场环境符合带电作业条件。

如图 4-7 所示，采用绝缘杆作业法＋拆除和安装线夹法（登杆作业）带电更换熔断器工作，可分为以下步骤进行。

步骤 1：杆上电工按照图 4-7（c）所示的方法拆除近边相 A 相引线。

（1）杆上电工使用绝缘锁杆将绝缘吊杆（推荐选用）固定在近边相 A 相线夹附近的主导线上。

（2）杆上电工使用绝缘锁杆将待断开的熔断器上引线临时固定在主导线上。

（3）杆上电工相互配合使用线夹装拆工具拆除熔断器上引线与主导线的连接。

（4）杆上电工使用绝缘锁杆将熔断器上引线缓缓放下，临时固定在绝缘吊杆的横向支杆上。

步骤 2：遮蔽近边相 A 相导线（熔断器上方），杆上电工使用绝缘锁杆将开口式遮蔽罩分别套在近边相 A 相主导线和绝缘子上。

步骤 3：杆上电工按照图 4-7（c）所示的方法拆除远边相 C 相引线。

步骤 4：遮蔽远远相 C 相导线（B 相线夹侧），杆上电工使用绝缘锁杆将开口式遮蔽罩套在远边相 C 相主导线和绝缘子上。

步骤 5：杆上电工按照图 4-7（c）所示的方法拆除中间相 B 相引线。

【说明】生产中如引线与主导线由于安装方式和锈蚀等原因不易拆除，可直接在主导线搭接位置处剪断引线的方式进行，同时做好防止引线摆动的措施。

步骤 6：杆上电工在确保熔断器上方导线绝缘遮蔽措施到位的前提下，选择合适的站位在地面电工的配合下完成三相熔断器的更换以及三相熔断器下

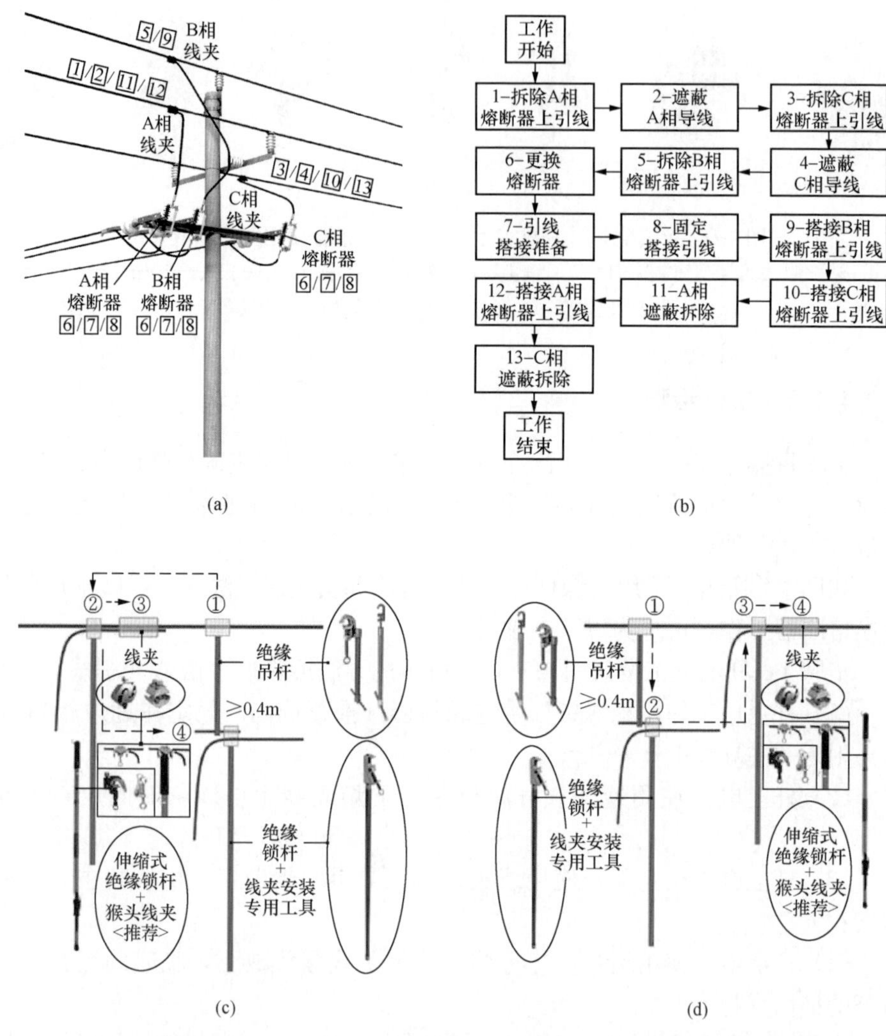

图 4-7　绝缘杆作业法（登杆作业）带电更换熔断器工作示意图（推荐）

（a）作业步骤示意图；（b）作业流程图；（c）断开引线示意图；（d）搭接引线示意图

引线在熔断器上的安装工作。

步骤 7：杆上电工配合地面电工做好引线搭接前的准备工作。

（1）对于引线需要重新制作的情况，杆上电工使用绝缘测量杆测量三相引线长度，地面电工配合做好三相引线，包括剥除引线搭接处的绝缘层、清除氧化层和压接设备线夹等。

（2）对于引线在线夹处剪断的情况，杆上电工使用绝缘导线剥皮器依次剥除三相导线搭接处（距离横担不小于 0.6～0.7m）的绝缘层并清除导线上的氧化层。

步骤8：固定搭接引线的方法如图4-7（d）所示。

（1）杆上电工使用绝缘锁杆将绝缘吊杆固定在待安装线夹附近的主导线上。

（2）杆上电工使用安装工具将搭接引线的下端与熔断器上的接线柱可靠连接。

（3）杆上电工将绝缘锁杆（连同引线、线夹以及安装工具）固定在绝缘吊杆的横向支杆上。

步骤9：杆上电工按照图4-7（d）所示的方法搭接中间相B相引线。

（1）杆上电工使用绝缘锁杆锁住中间相B相引线待搭接的一端，提升至引线搭接处的主导线上可靠固定。

（2）杆上电工配合使用线夹安装工具安装线夹，引线与导线可靠连接后撤除绝缘锁杆和绝缘吊杆。

【说明】推荐使用猴头线夹＋绝缘锁杆的安装方式，如图4-7（d）所示。

步骤10：杆上电工按照搭接中间相B相引线的方法，搭接远边相C相引线。

步骤11：拆除近边相A相导线上的遮蔽用具，杆上电工使用绝缘锁杆拆除近边相A相主导线上的导线遮蔽罩和绝缘子遮蔽罩。

步骤12：杆上电工按照搭接中间相B相引线的方法，搭接近边相A相引线。

步骤13：拆除远边相C相导线上的遮蔽用具，杆上电工使用绝缘锁杆拆除远边相C相主导线上的导线遮蔽罩和绝缘子遮蔽罩。

步骤14：杆上电工向工作负责人汇报确认本项工作已完成。

步骤15：检查杆上无遗留物，杆上电工返回地面，工作结束。

4.2　带电更换熔断器1（绝缘手套作业法，斗臂车作业）

以图4-8所示的直线分支杆（有熔断器，导线三角排列）为例，图解采用绝缘手套作业法＋拆除和安装线夹法（斗臂车作业）带电更换熔断器工作，生产中务必结合现场实际工况参照适用，并积极推广绝缘手套作业法融合绝缘杆作业法（俗称短杆作业）在绝缘斗臂车的工作斗或其他绝缘平台如绝缘脚手架上的应用。

4.2.1　人员组成

本项目工作人员共计4人，如图4-9所示，人员分工为：工作负责人（兼工作监护人）1人、斗内电工2人、地面电工1人。

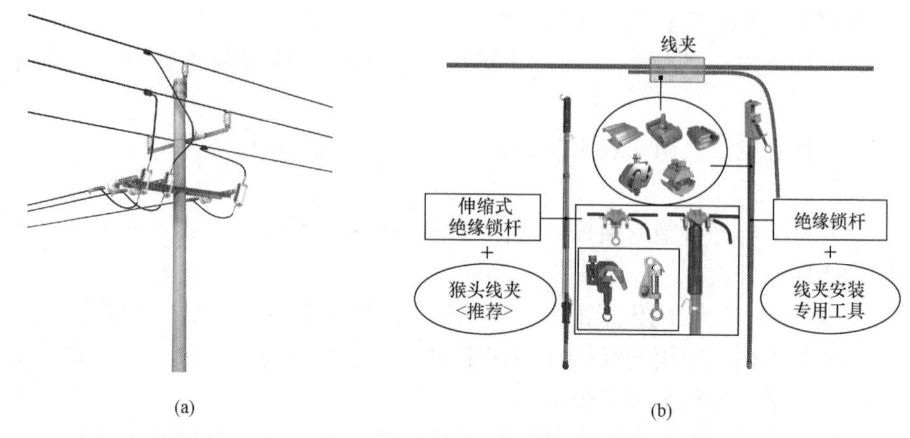

图 4-8　绝缘手套作业法（斗臂车作业）带电更换熔断器

（a）杆头外形图；（b）线夹与绝缘锁杆外形图

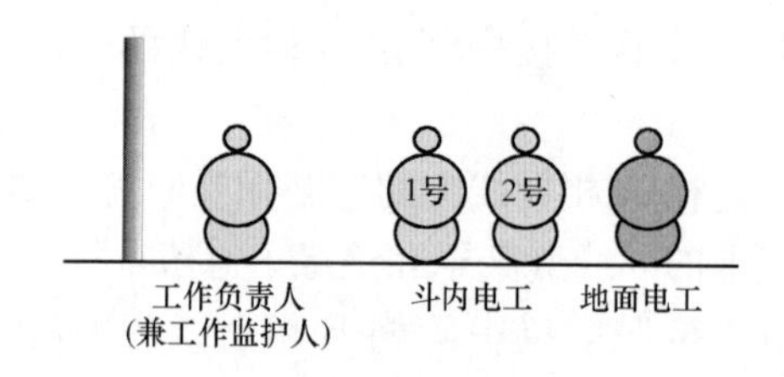

图 4-9　人员组成

4.2.2　主要工器具

绝缘防护用具如图 4-10 所示。

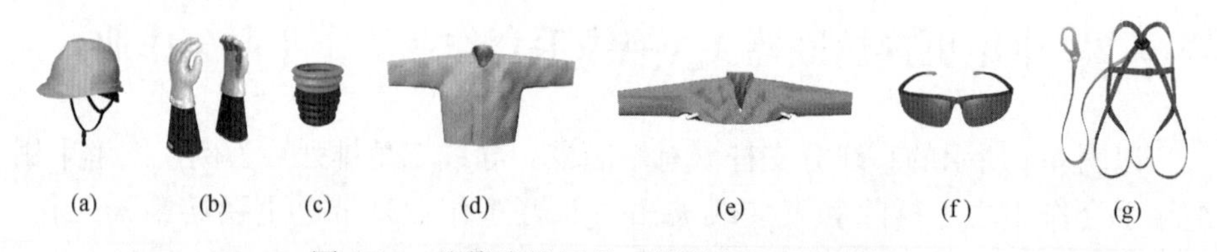

图 4-10　绝缘防护用具（根据实际工况选择）

（a）绝缘安全帽；（b）绝缘手套＋羊皮或仿羊皮保护手套；（c）绝缘手套充压气检测器；（d）绝缘服；（e）绝缘披肩；（f）护目镜；（g）安全带

绝缘遮蔽用具如图 4-11 所示。

绝缘工具如图 4-12 所示。

接续金具如图 4-13 所示。

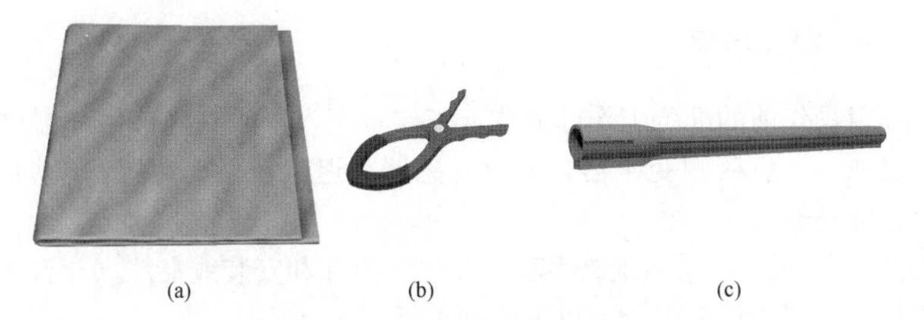

图 4-11　绝缘遮蔽用具（根据实际工况选择）

（a）绝缘毯；（b）绝缘毯夹；（c）导线遮蔽罩

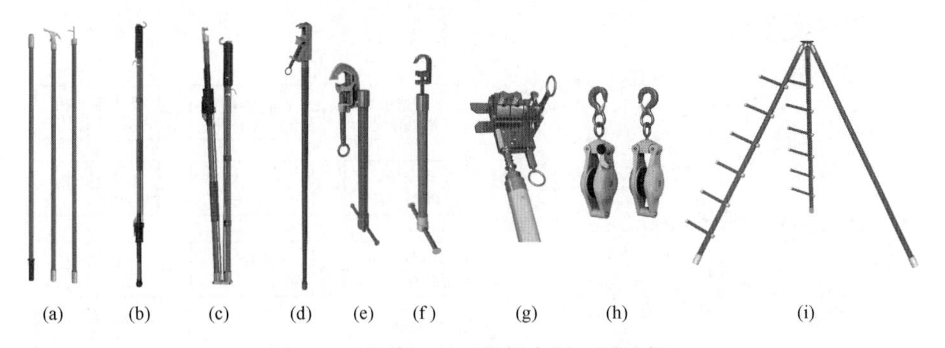

图 4-12　绝缘工具（根据实际工况选择）

（a）绝缘操作杆；（b）伸缩式绝缘锁杆；（c）伸缩式折叠绝缘锁杆；（d）绝缘（双头）锁杆；（e）绝缘吊杆 1；（f）绝缘吊杆 2；（g）并购线夹装拆专用工具（根据线夹选择）；（h）绝缘滑车；（i）绝缘工具支架

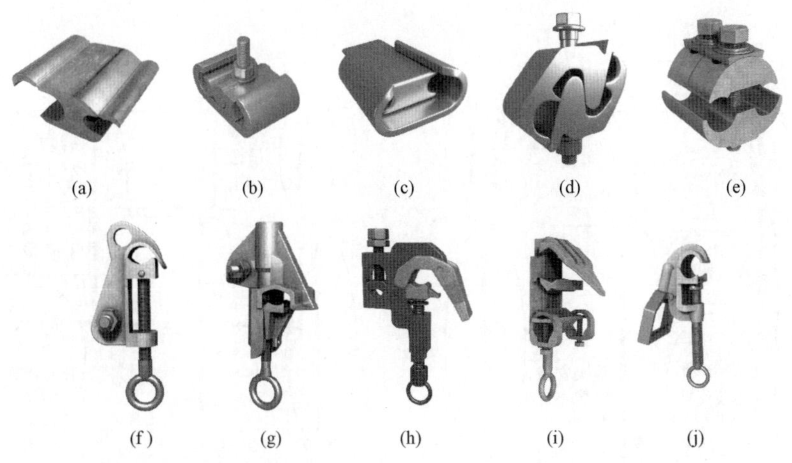

图 4-13　接续金具（根据实际工况选择，推荐使用猴头式线夹）

（a）H 形线夹；（b）C 形螺栓式线夹；（c）C 形楔型线夹；（d）螺栓 J 型线夹；（e）并沟线夹；（f）猴头线夹型式 1；（g）猴头线夹型式 2；（h）猴头线夹型式 3；（i）猴头线夹型式 4；（j）马镫线夹型式 1

4.2.3 操作步骤

本项目操作前的准备工作已完成，工作负责人已检查确认熔断器已断开，熔丝管已取下，负荷侧变压器、电压互感器已退出，作业装置和现场环境符合带电作业条件。

如图 4-14 所示，采用绝缘手套作业法＋拆除和安装线夹法（斗臂车作业）带电更换熔断器工作，可分为以下步骤进行。

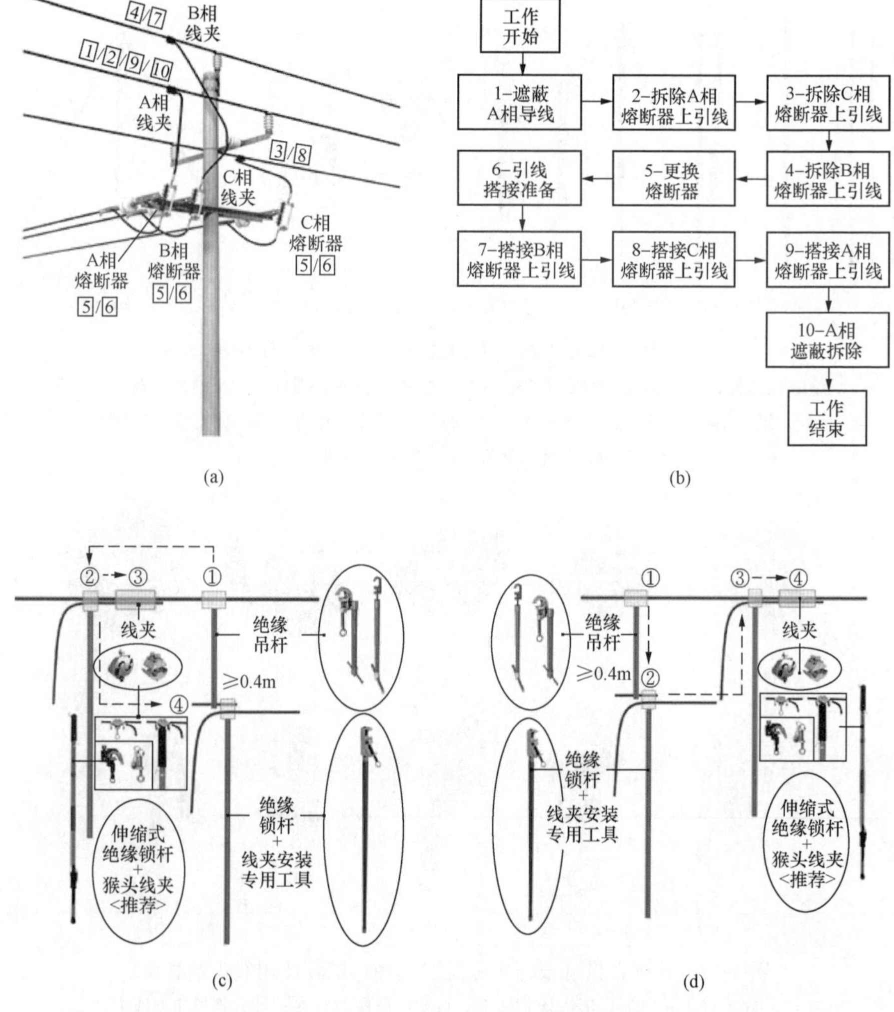

图 4-14 绝缘手套作业法（斗臂车作业）带电更换熔断器工作示意图（推荐）

（a）作业步骤示意图；（b）作业流程图；（c）断开引线示意图；（d）搭接引线示意图

步骤 1：遮蔽近边相 A 相导线，斗内电工调整绝缘斗至近边相 A 相导线外侧适当位置，按照“从近到远、先带电体后接地体”的原则，对近边相 A 相导线、绝缘子、横担部分进行绝缘遮蔽，绝缘遮蔽线夹前先将绝缘吊杆固定在线夹附近的主导线上。

步骤 2：斗内电工参照图 4-14（c）所示的方法拆除近边相 A 相引线。

（1）斗内电工使用绝缘锁杆将待断开的熔断器上引线临时固定在主导线上后拆除线夹。

（2）斗内电工调整工作位置后，使用绝缘锁杆将熔断器上引线缓缓放下，临时固定在绝缘吊杆的横向支杆上，完成后使用绝缘毯恢复线夹处的绝缘遮蔽。

【说明】生产中如引线与主导线由于安装方式和锈蚀等原因不易拆除，可直接在主导线搭接位置处剪断引线的方式进行，同时做好防止引线摆动的措施。

步骤 3：斗内电工按照拆除近边相 A 相引线的方法拆除远边相 C 相引线。

步骤 4：斗内电工按照拆除近边相 A 相引线的方法拆除中间相 B 相引线。

步骤 5：斗内电工调整绝缘斗至熔断器横担前方合适位置，分别断开三相熔断器上（下）桩头引线，在地面电工的配合下完成三相熔断器的更换工作，以及三相熔断器上（下）桩头引线的连接工作，对新安装熔断器进行分、合情况检查后，取下熔丝管。

步骤 6：杆上电工配合地面电工做好引线搭接前的准备工作。

（1）对于引线需要重新制作的情况，斗内电工使用绝缘测量杆测量三相引线长度，地面电工配合做好三相引线，包括剥除引线搭接处的绝缘层、清除氧化层和压接设备线夹等。

（2）对于引线在线夹处剪断的情况，斗内电工使用绝缘导线剥皮器依次剥除三相导线搭接处（距离横担不小于 0.6～0.7m）的绝缘层并清除导线上的氧化层，地面电工配合做好三相引线。

步骤 7：参照图 4-14（d）所示的方法搭接中间相 B 相引线。

（1）斗内电工调整绝缘斗至中间相 B 相导线合适位置，打开搭接处的绝缘毯，使用绝缘锁杆锁住中间相 B 相引线待搭接的一端，提升至搭接处主导线上可靠固定。

（2）斗内电工使用线夹安装工具安装线夹，熔断器上引线与主导线可靠连接后撤除绝缘锁杆和绝缘吊杆，完成后恢复接续线夹处的绝缘、密封和绝缘遮蔽。

步骤 8：斗内电工按照搭接中间相 B 相引线相同的方法，搭接远边相 C 相引线。

步骤 9：斗内电工按照搭接中间相 B 相引线相同的方法，搭接近边相 A 相引线。

步骤 10：斗内电工调整绝缘斗至近边相 A 相导线外侧适当位置，按照“从远到近、先接地体后带电体”的原则，拆除近边相 A 相导线上的绝缘遮蔽用具。

步骤 11：斗内电工向工作负责人汇报确认本项工作已完成。

步骤 12：检查杆上无遗留物，绝缘斗退出带电作业区域，斗内电工返回地面，工作结束。

4.3 带电更换熔断器 2（绝缘手套作业法，斗臂车作业）

以图 4-15 所示的变台杆（有熔断器，导线三角排列）为例，图解采用绝缘手套作业法＋拆除和安装线夹法（斗臂车作业）带电更换熔断器工作，生产中务必结合现场实际工况参照适用，并积极推广绝缘手套作业法融合绝缘杆作业法（俗称短杆作业）在绝缘斗臂车的工作斗或其他绝缘平台如绝缘脚手架上的应用。

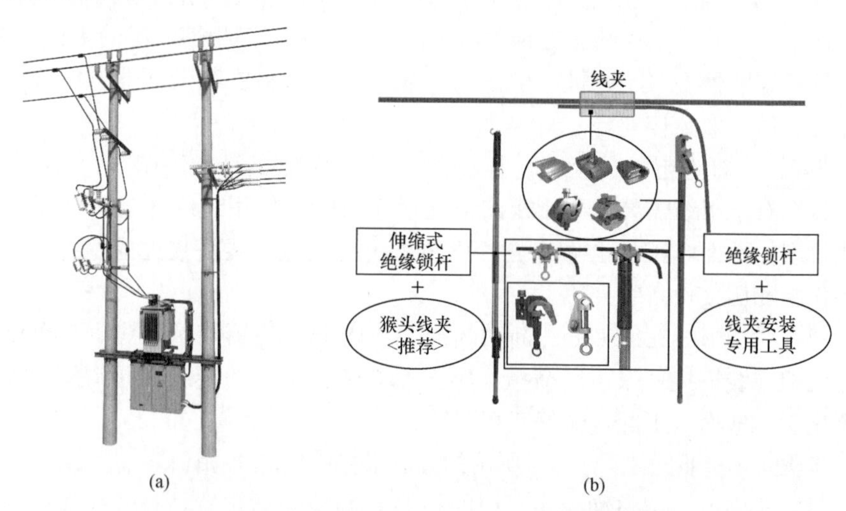

图 4-15 绝缘手套作业法（斗臂车作业）带电更换熔断器
(a) 变台杆外形图；(b) 线夹与绝缘锁杆外形图

4.3.1 人员组成

本项目工作人员共计 4 人，如图 4-16 所示，人员分工为：工作负责人（兼工作监护人）1 人、斗内电工 2 人、地面电工 1 人。

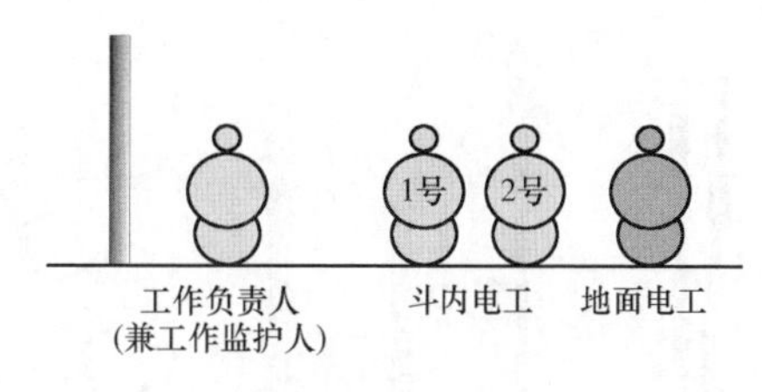

图 4-16　人员组成

4.3.2　主要工器具

绝缘防护用具如图 4-17 所示。

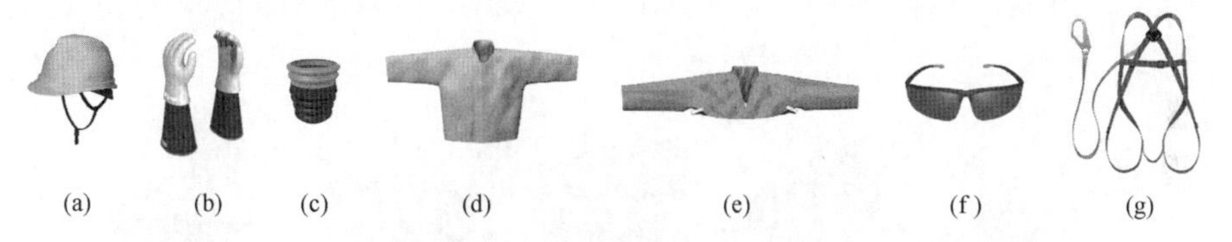

图 4-17　绝缘防护用具（根据实际工况选择）

（a）绝缘安全帽；（b）绝缘手套＋羊皮或仿羊皮保护手套；（c）绝缘手套充压气检测器；（d）绝缘服；（e）绝缘披肩；（f）护目镜；（g）安全带

绝缘遮蔽用具如图 4-18 所示。

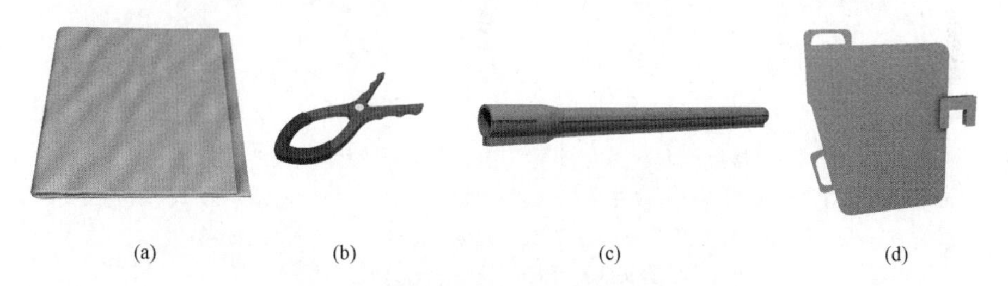

图 4-18　绝缘遮蔽用具（根据实际工况选择）

（a）绝缘毯；（b）绝缘毯夹；（c）导线遮蔽罩；（d）绝缘隔板

绝缘工具如图 4-19 所示。

接续金具如图 4-20 所示。

4.3.3　操作步骤

本项目操作前的准备工作已完成，工作负责人已检查确认熔断器已断开，熔丝管已取下，作业装置和现场环境符合带电作业条件。

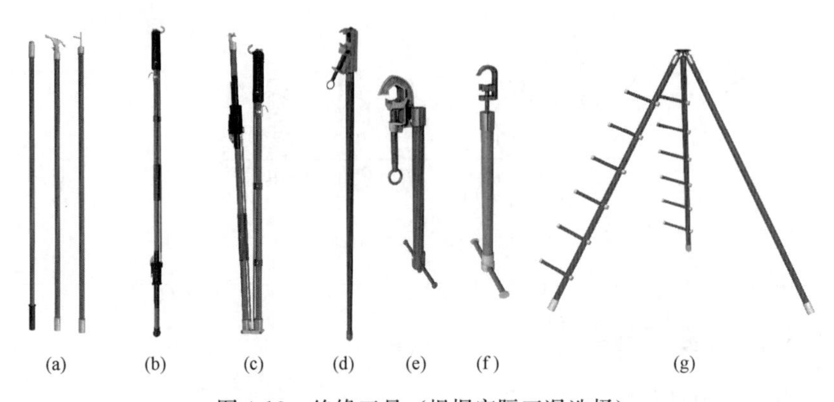

图 4-19 绝缘工具（根据实际工况选择）

（a）绝缘操作杆；（b）伸缩式绝缘锁杆；（c）伸缩式折叠绝缘锁杆；
（d）绝缘（双头）锁杆；（e）绝缘吊杆 1；（f）绝缘吊杆 2；（g）绝缘工具支架

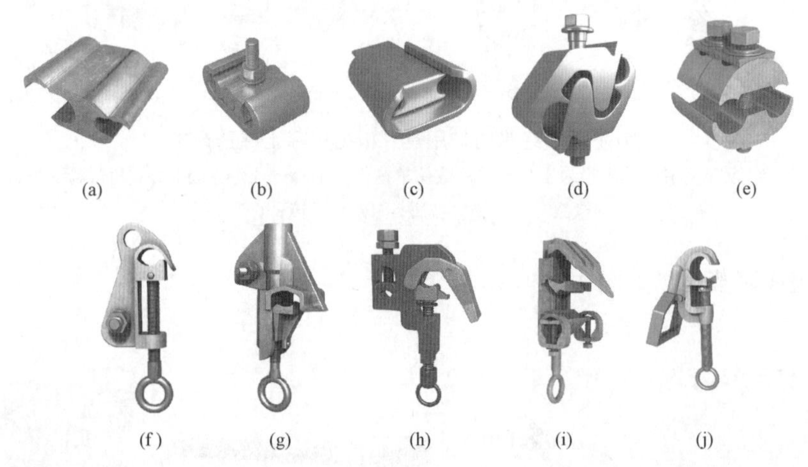

图 4-20 接续金具（根据实际工况选择，推荐使用猴头式线夹）

（a）H 形线夹；（b）C 形螺栓式线夹；（c）C 形楔型线夹；（d）螺栓 J 型线夹；（e）并沟线夹；
（f）猴头线夹型式 1；（g）猴头线夹型式 2；（h）猴头线夹型式 3；
（i）猴头线夹型式 4；（j）马镫线夹型式

如图 4-21 所示，采用绝缘手套作业法＋拆除和安装线夹法（斗臂车作业）带电更换熔断器工作，可分为以下步骤进行。

步骤 1：遮蔽近边相 A 相导线，斗内电工调整绝缘斗至近边相 A 相导线外侧适当位置，按照“从近到远、先带电体后接地体”的原则，对近边相 A 相导线进行绝缘遮蔽，引线搭接处使用绝缘毯进行遮蔽，选用绝缘吊杆法临时固定引线，遮蔽前先将绝缘吊杆固定在搭接处附近的主导线上。

步骤 2：遮蔽中间相 B 相导线，斗内电工按照遮蔽近边相 A 相导线相同

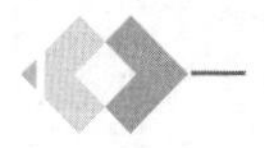

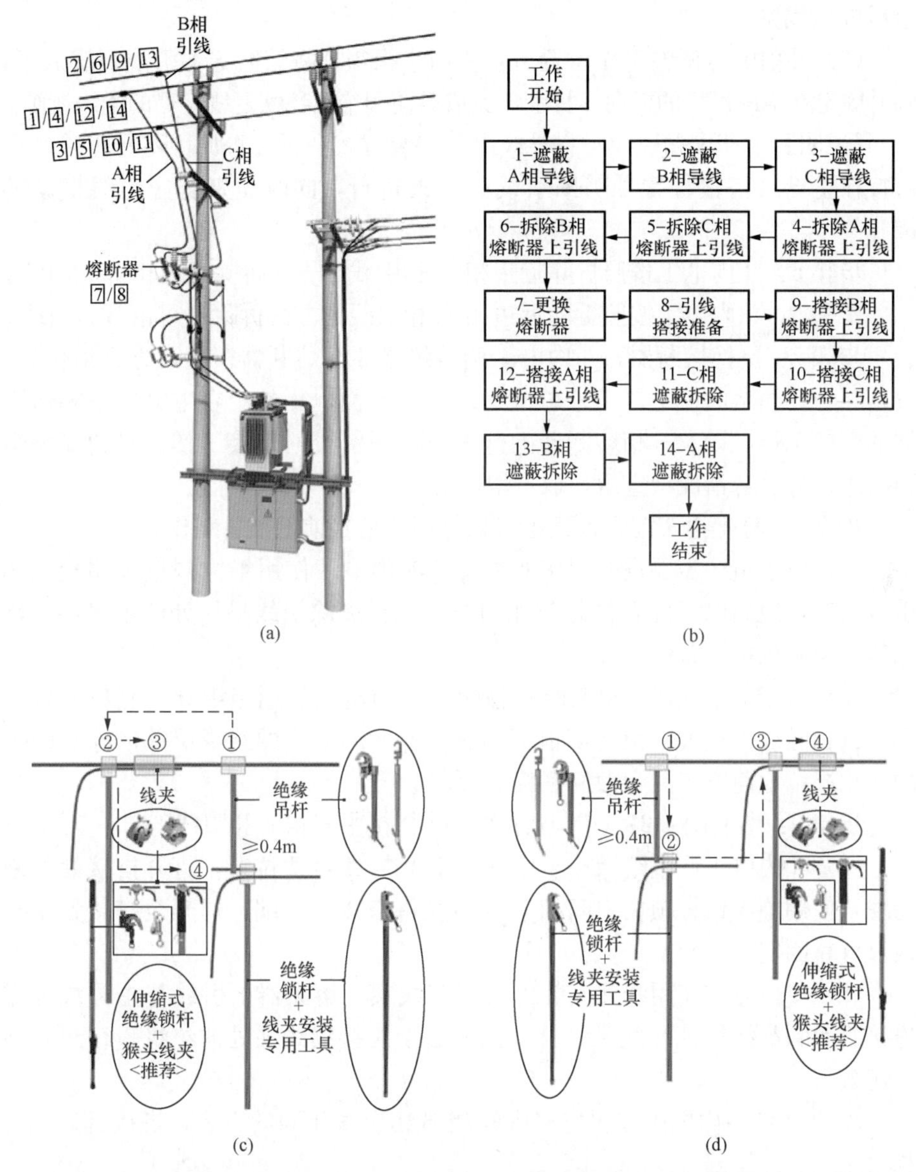

图 4-21　绝缘手套作业法（斗臂车作业）带电更换熔断器工作示意图（推荐）

（a）作业步骤示意图；（b）作业流程图；（c）断开引线示意图；（d）搭接引线示意图

的方法遮蔽中间相 B 相导线。

步骤 3：遮蔽远边相 C 相导线，斗内电工按照遮蔽近边相 A 相导线相同的方法遮蔽远边相 C 相导线。

步骤 4：斗内电工参照图 4-21（c）所示的方法拆除近边相 A 相引线。

（1）斗内电工使用绝缘锁杆将待断开的熔断器上引线临时固定在主导线

上后拆除线夹。

（2）斗内电工调整工作位置后，使用绝缘锁杆将熔断器上引线缓缓放下，临时固定在绝缘吊杆的横向支杆上，完成后使用绝缘毯恢复线夹处的绝缘遮蔽。

【说明】生产中如引线与主导线由于安装方式和锈蚀等原因不易拆除，可直接在主导线搭接位置处剪断引线的方式进行，同时做好防止引线摆动的措施。

步骤 5：斗内电工按照拆除近边相 A 相引线的方法拆除远边相 C 相引线。

步骤 6：斗内电工按照拆除近边相 A 相引线的方法拆除中间相 B 相引线。

步骤 7：更换熔断器，斗内电工调整绝缘斗至熔断器横担前方合适位置，分别断开三相熔断器上（下）桩头引线，在地面电工的配合下完成三相熔断器的更换工作，以及三相熔断器上（下）桩头引线的连接工作，对新安装熔断器进行分、合情况检查后，取下熔丝管。

步骤 8：杆上电工配合地面电工做好引线搭接前的准备工作。

（1）对于引线需要重新制作的情况，斗内电工使用绝缘测量杆测量三相引线长度，地面电工配合做好三相引线，包括剥除引线搭接处的绝缘层、清除氧化层和压接设备线夹等。

（2）对于引线在线夹处剪断的情况，斗内电工使用绝缘导线剥皮器依次剥除三相导线搭接处（距离横担不小于 0.6～0.7m）的绝缘层并清除导线上的氧化层，地面电工配合做好三相引线。

步骤 9：参照图 4-21（d）所示的方法搭接中间相 B 相引线。

（1）斗内电工调整绝缘斗至中间相 B 相导线合适位置，打开搭接处的绝缘毯，使用绝缘锁杆锁住中间相 B 相引线待搭接的一端，提升至搭接处主导线上可靠固定。

（2）斗内电工使用线夹安装工具安装线夹，熔断器上引线与主导线可靠连接后撤除绝缘锁杆和绝缘吊杆，完成后恢复接续线夹处的绝缘、密封和绝缘遮蔽。

步骤 10：斗内电工按照搭接中间相 B 相引线相同的方法，搭接远边相 C 相引线。

步骤 11：斗内电工调整绝缘斗至远边相 C 相导线外侧适当位置，按照“从远到近、先接地体后带电体”的原则，拆除远边相 C 相导线上的绝缘遮蔽用具。

步骤 12：斗内电工按照搭接中间相 B 相引线相同的方法，搭接近边相 A 相引线。

步骤 13：斗内电工调整绝缘斗至中间相 B 相导线外侧适当位置，按照“从远到近、先接地体后带电体”的原则，拆除中间相 B 相导线上的绝缘遮蔽

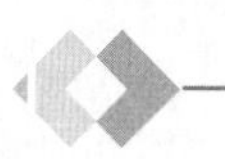

用具。

步骤 14：斗内电工调整绝缘斗至近边相 A 相导线外侧适当位置，按照“从远到近、先接地体后带电体”的原则，拆除近边相 A 相导线上的绝缘遮蔽用具。

步骤 15：斗内电工向工作负责人汇报确认本项工作已完成。

步骤 16：检查杆上无遗留物，绝缘斗退出带电作业区域，斗内电工返回地面，工作结束。

4.4　带负荷更换熔断器（绝缘手套作业法＋绝缘引流线法，斗臂车作业）

以图 4-22 的熔断器杆（导线三角排列）为例，图解采用绝缘手套作业法＋绝缘引流线法＋拆除和安装线夹法（斗臂车作业）带负荷更换熔断器工作，生产中务必结合现场实际工况参照适用，并积极推广绝缘手套作业法融合绝缘杆作业法（俗称短杆作业）在绝缘斗臂车的工作斗或其他绝缘平台如绝缘脚手架上的应用。

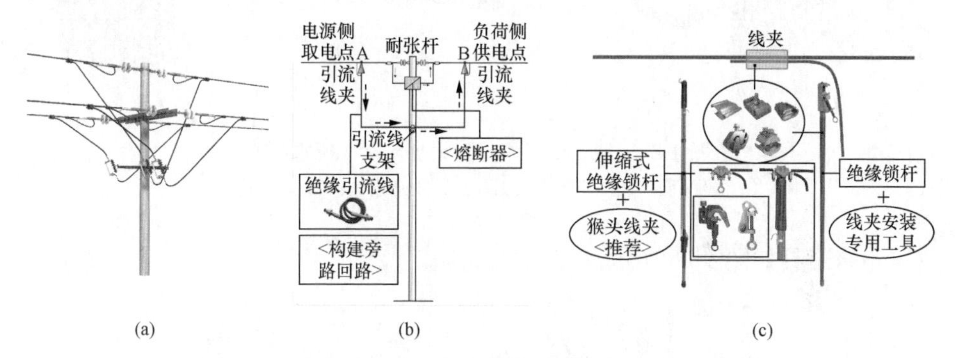

图 4-22　手套作业法（斗臂车作业）带负荷更换熔断器

（a）杆头外形图；（b）绝缘引流线法示意图；（c）线夹与绝缘锁杆外形图

4.4.1　人员组成

本项目工作人员共计 4 人，如图 4-23 所示，人员分工为：工作负责人（兼工作监护人）1 人、斗内电工 2 人、地面电工 1 人。

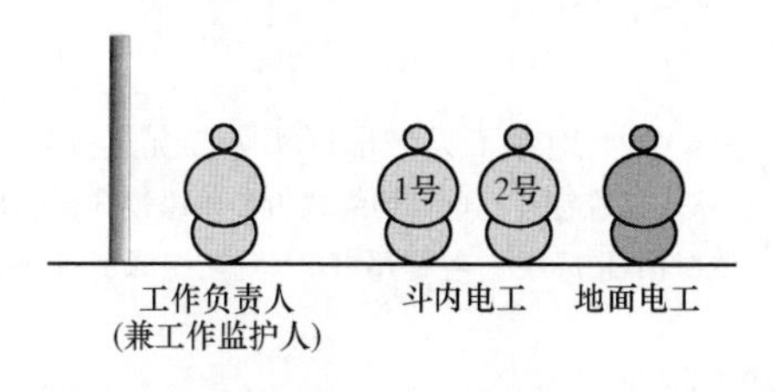

图 4-23　人员组成

4.4.2 主要工器具

绝缘防护用具如图 4-24 所示。

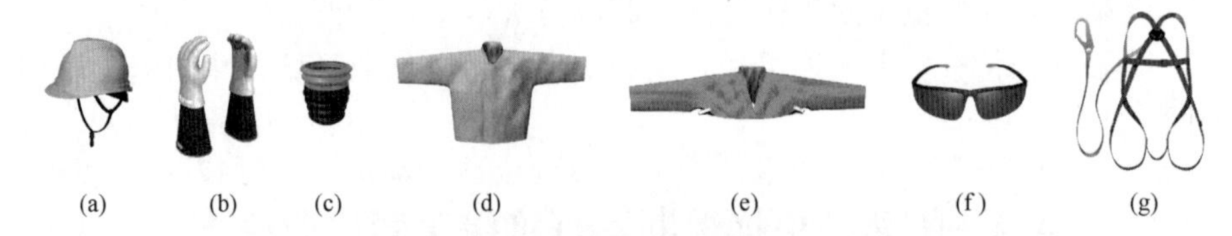

图 4-24 缘防护用具（根据实际工况选择）

（a）绝缘安全帽；（b）绝缘手套+羊皮或仿羊皮保护手套；（c）绝缘手套充压气检测器；（d）绝缘服；（e）绝缘披肩；（f）护目镜；（g）安全带

绝缘遮蔽用具如图 4-25 所示。

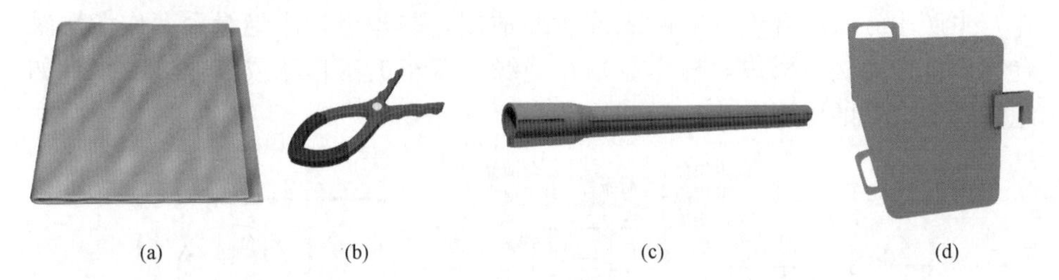

图 4-25 绝缘遮蔽用具（根据实际工况选择）

（a）绝缘毯；（b）绝缘毯夹；（c）导线遮蔽罩；（d）绝缘隔板

绝缘工具如图 4-26 所示。

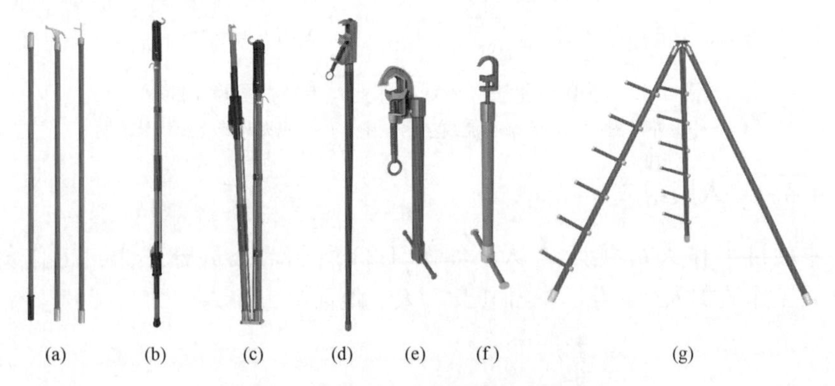

图 4-26 绝缘工具（根据实际工况选择）

（a）绝缘操作杆；（b）伸缩式绝缘锁杆；（c）伸缩式折叠绝缘锁杆；（d）绝缘（双头）锁杆；（e）绝缘吊杆 1；（f）绝缘吊杆 2；（g）绝缘工具支架

接续金具如图 4-27 所示。

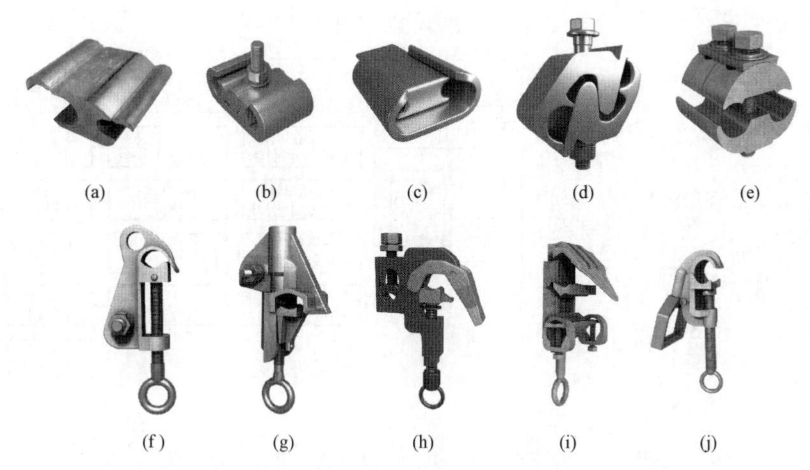

图 4-27　接续金具（根据实际工况选择，推荐使用猴头式线夹）
（a）H 形线夹；（b）C 形螺栓式线夹；（c）C 形楔型线夹；（d）螺栓 J 型线夹；
（e）并沟线夹；（f）猴头线夹型式 1；（g）猴头线夹型式 2；（h）猴头线夹型式 3；
（i）猴头线夹型式 4；（j）马镫线夹型式

绝缘引流线和引流线支架如图 4-28 所示。

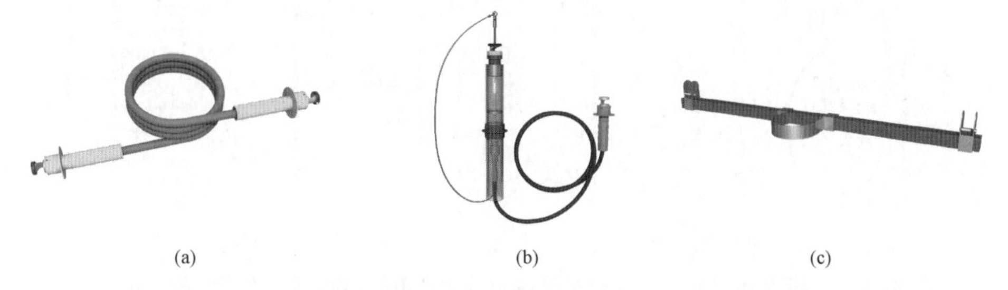

图 4-28　绝缘引流线和引流线支架（根据实际工况选择）
（a）绝缘引流线＋旋转式紧固手柄；（b）带消弧开关的绝缘引流线；（c）绝缘横担用作引流线支架

4.4.3　操作步骤

本项目操作前的准备工作已完成，工作负责人已检查确认熔断器在合上位置，作业装置和现场环境符合带电作业条件。

如图 4-29 所示，采用绝缘手套作业法＋绝缘引流线法＋拆除和安装线夹法（斗臂车作业）带负荷更换熔断器工作，可分为以下步骤进行。

步骤 1：遮蔽近边相 A 相导线，斗内电工调整绝缘斗至近边相 A 相导线外侧适当位置，按照“从近到远、先带电体后接地体”的原则，对近边相 A 相导线、引线、耐张线夹、绝缘子等进行绝缘遮蔽，引线搭接处使用绝缘毯进行遮蔽，选用绝缘吊杆法临时固定引线，遮蔽前先将绝缘吊杆固定在搭接

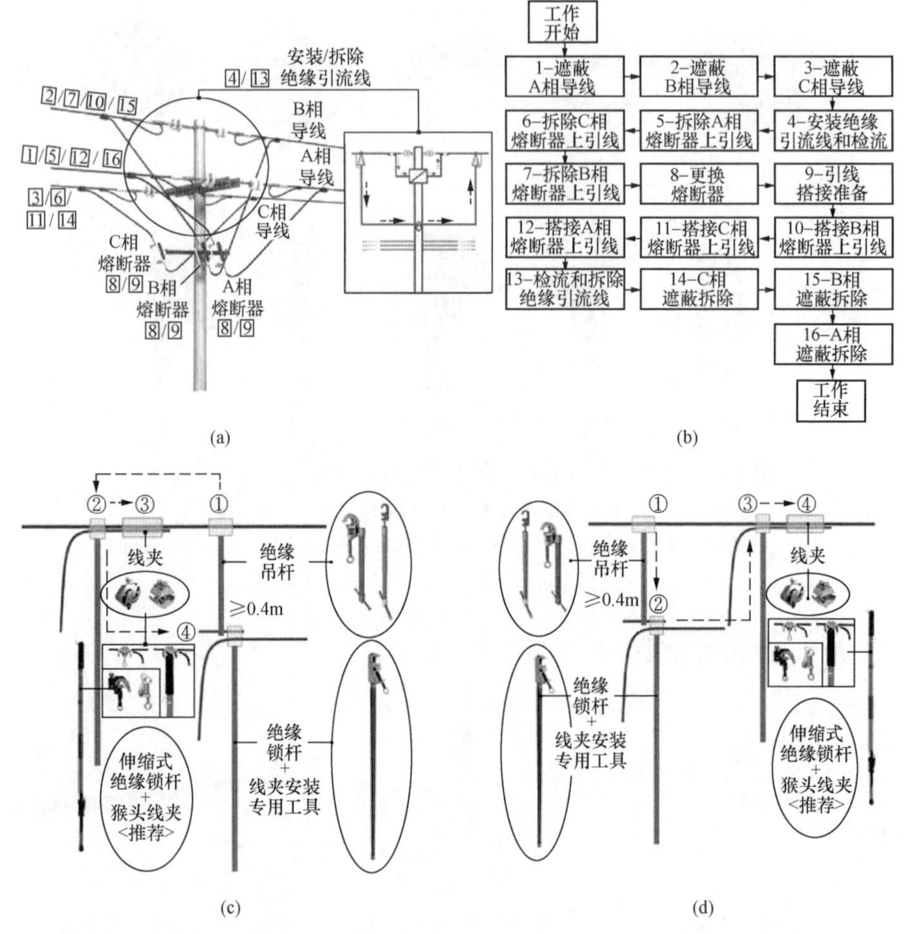

图 4-29　绝缘手套作业法（斗臂车作业）带负荷更换熔断器工作示意图（推荐）

（a）作业步骤示意图；（b）作业流程图；（c）断开引线示意图；（d）搭接引线示意图

处附近的主导线上。

步骤 2：遮蔽中间相 B 相导线，斗内电工按照遮蔽近边相 A 相导线相同的方法遮蔽中间相 B 相导线。

步骤 3：遮蔽远边相 C 相导线，斗内电工按照遮蔽近边相 A 相导线相同的方法遮蔽远边相 C 相导线。

步骤 4：斗内电工参照图 4-22（b）所示的方法安装绝缘引流线和检流。

（1）斗内电工调整绝缘斗至熔断器横担下方合适位置，安装绝缘引流线支架。

（2）斗内电工根据绝缘引流线长度，在中间相 B 相导线的适当位置（导线遮蔽罩搭接处）分别移开导线上的遮蔽罩，剥除两端挂接处导线上的绝缘层。

(3) 斗内电工使用绝缘绳将绝缘引流线临时固定在主导线上，中间支撑在绝缘引流线支架上。

(4) 斗内电工调整绝缘斗至合适位置，先将绝缘引流线的一端线夹与一侧主导线连接可靠后，再将绝缘引流线的另一端线夹挂接到另一侧主导线上，完成后使用绝缘毯恢复绝缘遮蔽。

(5) 其余两相A相、C相绝缘引流线的挂接按相同的方法进行，三相绝缘引流线的挂接可按先中间相B相、再两边相A相、C相的顺序进行，或根据现场工况选择。

(6) 斗内电工使用电流检测仪逐相检测绝缘引流线电流，确认每一相分流的负荷电流应不小于原线路负荷电流的1/3。

(7) 斗内电工使用绝缘操作杆依次断开三相熔丝管并取下。

步骤5：斗内电工参照图4-29(c)所示的方法拆除近边相A相引线。

(1) 斗内电工调整绝缘斗分别至近边相熔断器两侧导线的合适位置，打开引线搭接处的绝缘毯，使用绝缘锁杆将待断开的熔断器引线临时固定在两侧的主导线上后，拆除线夹。

(2) 斗内电工调整工作位置后，使用绝缘锁杆将熔断器两侧引线缓缓放下，分别固定在绝缘吊杆的横向支杆上，完成后恢复绝缘遮蔽。

【说明】生产中如引线与主导线由于安装方式和锈蚀等原因不易拆除，可直接在主导线搭接位置处剪断引线的方式进行，同时做好防止引线摆动的措施。

步骤6：斗内电工按照拆除近边相A相引线的方法拆除远边相C相引线。

步骤7：斗内电工按照拆除近边相A相引线的方法拆除中间相B相引线。

步骤8：更换熔断器，斗内电工调整绝缘斗至熔断器横担前方合适位置，分别断开三相熔断器上（下）桩头引线，在地面电工的配合下完成三相熔断器的更换工作，以及三相熔断器上（下）桩头引线的连接工作，对新安装熔断器进行分、合情况检查后，取下熔丝管。

步骤9：杆上电工配合地面电工做好引线搭接前的准备工作。

(1) 对于引线需要重新制作的情况，杆上电工使用绝缘测量杆测量三相引线长度，地面电工配合做好三相引线，包括剥除引线搭接处的绝缘层、清除氧化层和压接设备线夹等。

(2) 对于引线在线夹处剪断的情况，杆上电工使用绝缘导线剥皮器依次剥除三相导线搭接处（距离横担不小于0.6～0.7m）的绝缘层并清除导线上的氧化层，地面电工配合做好三相引线。

步骤10：参照图4-29(d)所示的方法搭接中间相B相引线。

(1) 斗内电工调整绝缘斗分别至中间相B相熔断器两侧导线的合适位置，

打开引线搭接处的绝缘毯，使用绝缘锁杆锁住中间相熔断器引线待搭接的一端，提升至搭接处主导线上可靠固定。

（2）斗内电工使用线夹安装工具安装线夹，熔断器两侧引线分别与主导线可靠连接后撤除绝缘锁杆和绝缘吊杆，完成后恢复接续线夹处的绝缘、密封和绝缘遮蔽。

步骤 11：斗内电工按照搭接中间相 B 相引线相同的方法，搭接远边相 C 相引线。

步骤 12：斗内电工按照搭接中间相 B 相引线相同的方法，搭接近边相 A 相引线。

步骤 13：斗内电工参照图 4-22（b）所示的方法检流和拆除绝缘引流线。

（1）斗内电工使用绝缘操作杆挂上熔丝管并依次合上三相熔丝管，使用电流检测仪逐相检测熔断器引线电流，确认三相熔断器引线通流正常。

（2）斗内电工按照“先两边相、再中间相”的顺序逐相拆除绝缘引流线，逐相恢复绝缘遮蔽，拆除绝缘引流线支架。

步骤 14：斗内电工调整绝缘斗至远边相 C 相导线外侧适当位置，按照“从远到近、先接地体后带电体”的原则，拆除远边相 C 相导线上的绝缘遮蔽用具。

步骤 15：斗内电工调整绝缘斗至中间相 B 相导线外侧适当位置，按照“从远到近、先接地体后带电体”的原则，拆除中间相 B 相导线上的绝缘遮蔽用具。

步骤 16：斗内电工调整绝缘斗至近边相 A 相导线外侧适当位置，按照“从远到近、先接地体后带电体”的原则，拆除近边相 A 相导线上的绝缘遮蔽用具。

步骤 17：斗内电工向工作负责人汇报确认本项工作已完成。

步骤 18：检查杆上无遗留物，绝缘斗退出带电作业区域，斗内电工返回地面，工作结束。

4.5 带电更换隔离开关（绝缘手套作业法，斗臂车作业）

以图 4-30 所示的隔离开关杆（导线三角排列）为例，图解采用绝缘手套作业法+拆除和安装线夹法（斗臂车作业）带电更换隔离开关工作，生产中务必结合现场实际工况参照适用，并积极推广绝缘手套作业法融合绝缘杆作业法（俗称短杆作业）在绝缘斗臂车的工作斗或其他绝缘平台如绝缘脚手架上的应用。

4.5.1 人员组成

本项目工作人员共计 4 人，如图 4-31 所示，人员分工为：工作负责

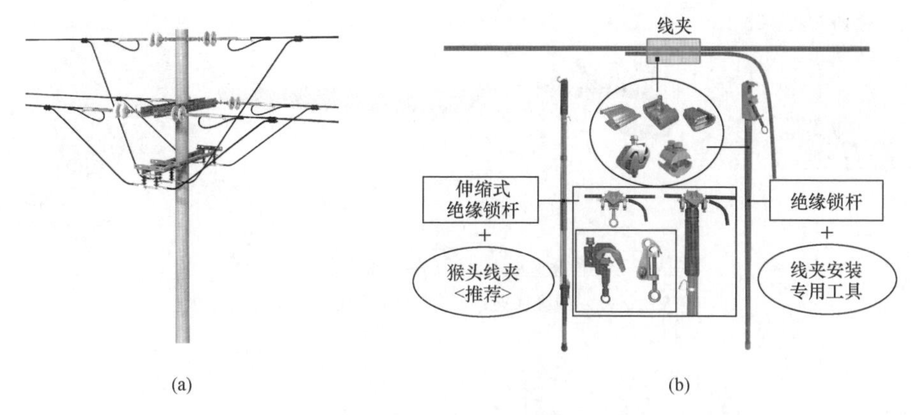

图 4-30　绝缘手套作业法（斗臂车作业）带电更换隔离开关
（a）杆头外形图；（b）线夹与绝缘锁杆外形图

人（兼工作监护人）1 人、斗内电工 2 人、地面电工 1 人。

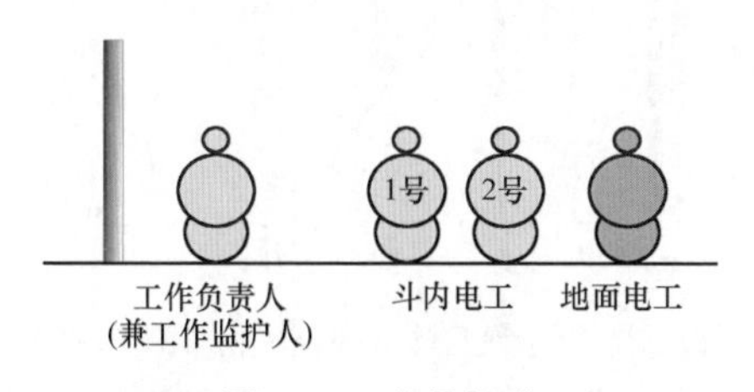

图 4-31　人员组成

4.5.2　主要工器具

绝缘防护用具如图 4-32 所示。

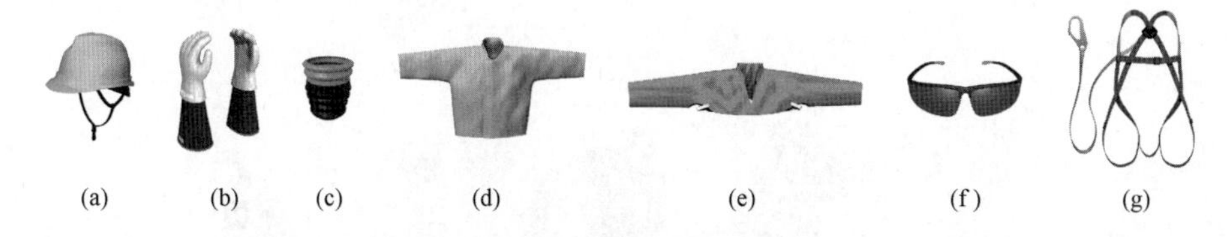

图 4-32　缘防护用具（根据实际工况选择）
（a）绝缘安全帽；（b）绝缘手套+羊皮或仿羊皮保护手套；（c）绝缘手套充压气检测器；
（d）绝缘服；（e）绝缘披肩；（f）护目镜；（g）安全带

绝缘遮蔽用具如图 4-33 所示。
绝缘工具如图 4-34 所示。
接续金具如图 4-35 所示。

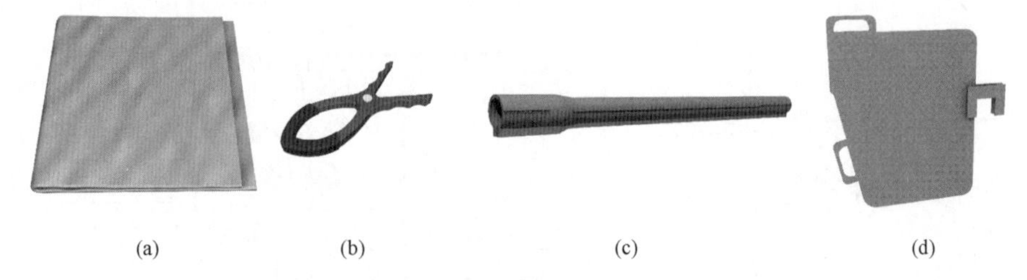

图 4-33 绝缘遮蔽用具（根据实际工况选择）

（a）绝缘毯；（b）绝缘毯夹；（c）导线遮蔽罩；（d）绝缘隔板

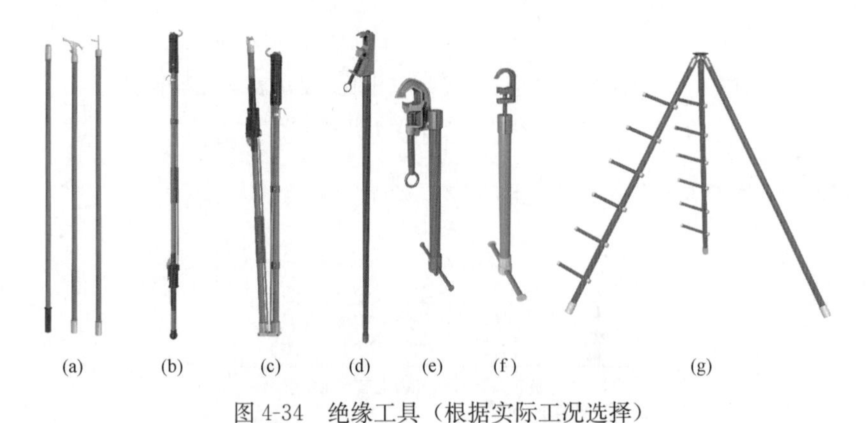

图 4-34 绝缘工具（根据实际工况选择）

（a）绝缘操作杆；（b）伸缩式绝缘锁杆；（c）伸缩式折叠绝缘锁杆；（d）绝缘（双头）锁杆；（e）绝缘吊杆 1；（f）绝缘吊杆 2；（g）绝缘工具支架

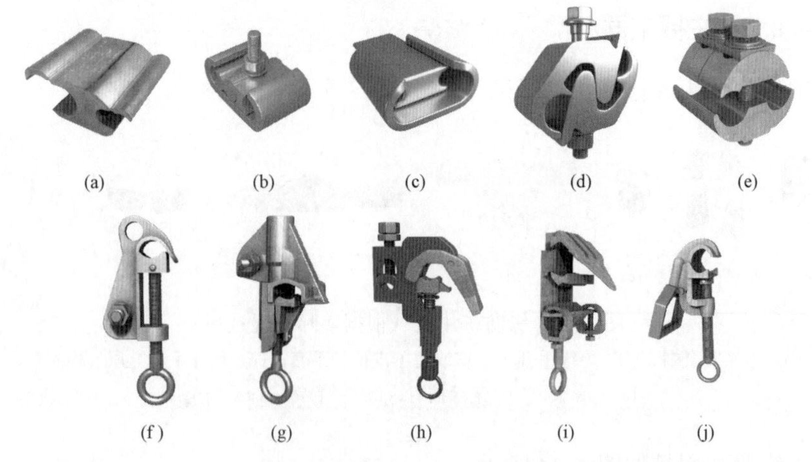

图 4-35 接续金具（根据实际工况选择，推荐使用猴头式线夹）

（a）H形线夹；（b）C形螺栓式线夹；（c）C形楔型线夹；（d）螺栓J型线夹；（e）并沟线夹；（f）猴头线夹型式 1；（g）猴头线夹型式 2；（h）猴头线夹型式 3；（i）猴头线夹型式 4；（j）马镫线夹型式

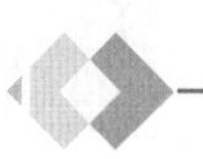

4.5.3　操作步骤

本项目操作前的准备工作已完成，工作负责人已检查确认隔离开关在拉开位置，作业装置和现场环境符合带电作业条件。

如图4-36所示，采用绝缘手套作业法＋拆除和安装线夹法（斗臂车作业）带电更换隔离开关工作，可分为以下步骤进行。

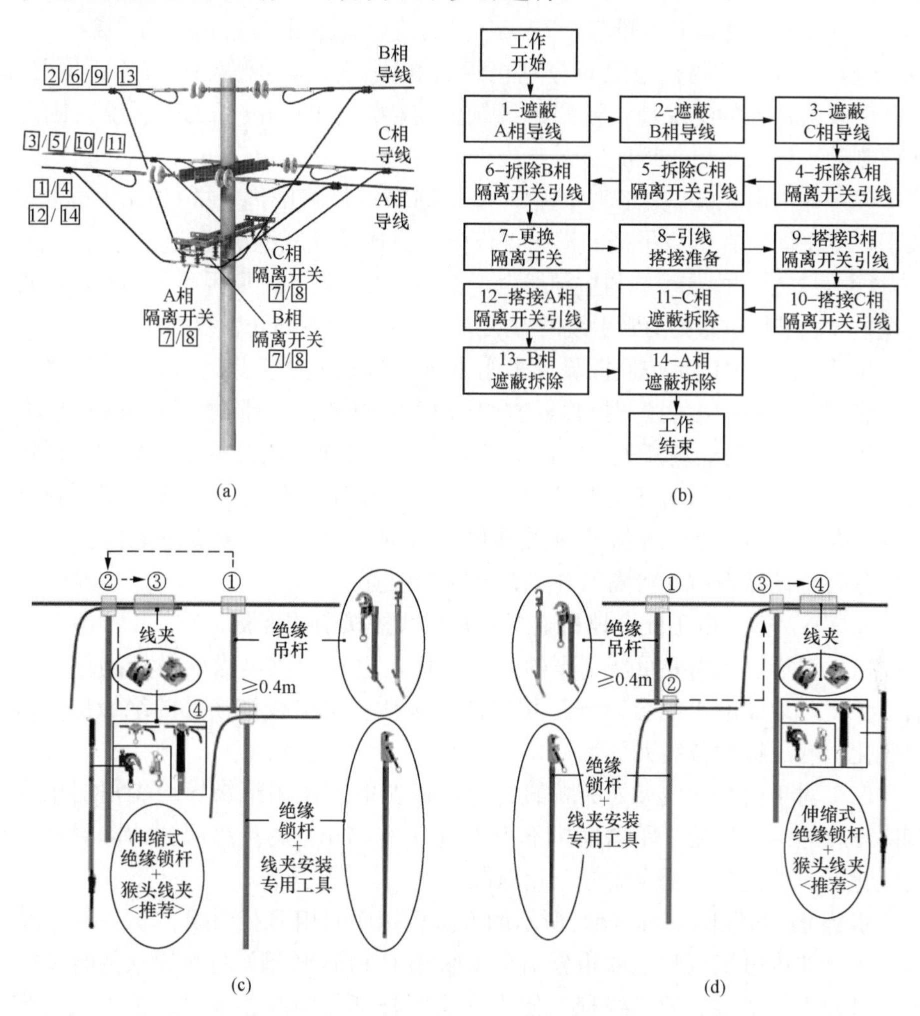

图4-36　绝缘手套作业法（斗臂车作业）带电更换隔离开关工作示意图（推荐）
（a）作业步骤示意图；（b）作业流程图；（c）断开引线示意图；（d）搭接引线示意图

步骤1：遮蔽近边相A相导线，斗内电工调整绝缘斗至近边相A相导线外侧适当位置，按照“从近到远、先带电体后接地体”的原则，对近边相A相导线、引线、耐张线夹、绝缘子等进行绝缘遮蔽，引线搭接处使用绝缘毯进行遮蔽，选用绝缘吊杆法临时固定引线，遮蔽前先将绝缘吊杆固定在搭接处附近的主导线上。

步骤 2：遮蔽中间相 B 相导线，斗内电工按照遮蔽近边相 A 相导线相同的方法遮蔽中间相 B 相导线。

步骤 3：遮蔽远边相 C 相导线，斗内电工按照遮蔽近边相 A 相导线相同的方法遮蔽远边相 C 相导线。

步骤 4：斗内电工参照图 4-36（c）所示的方法拆除近边相 A 相引线。

（1）斗内电工调整绝缘斗分别至近边相隔离开关两侧导线的合适位置，打开引线搭接处的绝缘毯，使用绝缘锁杆将待断开的隔离开关引线临时固定在两侧的主导线上后，拆除线夹。

（2）斗内电工调整工作位置后，使用绝缘锁杆将隔离开关两侧引线缓缓放下，分别固定在绝缘吊杆的横向支杆上，完成后恢复绝缘遮蔽。

【说明】生产中如引线与主导线由于安装方式和锈蚀等原因不易拆除，可直接在主导线搭接位置处剪断引线的方式进行，同时做好防止引线摆动的措施。

步骤 5：斗内电工按照拆除近边相 A 相引线的方法拆除远边相 C 相引线。

步骤 6：斗内电工按照拆除近边相 A 相引线的方法拆除中间相 B 相引线。

步骤 7：更换隔离开关，斗内电工调整绝缘斗至隔离开关横担前方合适位置，分别断开三相隔离开关两侧引线，在地面电工的配合下完成三相隔离开关的更换工作，以及三相隔离开关两侧引线的连接工作，对新安装隔离开关进行分、合试操作后，将隔离开关置于断开位置。

步骤 8：杆上电工配合地面电工做好引线搭接前的准备工作。

（1）对于引线需要重新制作的情况，杆上电工使用绝缘测量杆测量三相引线长度，地面电工配合做好三相引线，包括剥除引线搭接处的绝缘层、清除氧化层和压接设备线夹等。

（2）对于引线在线夹处剪断的情况，杆上电工使用绝缘导线剥皮器依次剥除三相导线搭接处（距离横担不小于 0.6～0.7m）的绝缘层并清除导线上的氧化层，地面电工配合做好三相引线。

步骤 9：参照图 4-36（d）所示的方法搭接中间相 B 相引线。

（1）斗内电工调整绝缘斗分别至中间相 B 相隔离开关两侧导线的合适位置，打开引线搭接处的绝缘毯，使用绝缘锁杆锁住中间相隔离开关引线待搭接的一端，提升至搭接处主导线上可靠固定。

（2）斗内电工使用线夹安装工具安装线夹，隔离开关两侧引线分别与主导线可靠连接后撤除绝缘锁杆和绝缘吊杆，完成后恢复接续线夹处的绝缘、密封和绝缘遮蔽。

步骤 10：斗内电工按照搭接中间相 B 相引线相同的方法，搭接远边相 C

相引线。

步骤 11：斗内电工调整绝缘斗至远边相 C 相导线外侧适当位置，按照“从远到近、先接地体后带电体”的原则，拆除远边相 C 相导线上的绝缘遮蔽用具。

步骤 12：斗内电工按照搭接中间相 B 相引线相同的方法，搭接近边相 A 相引线。

步骤 13：斗内电工调整绝缘斗至中间相 B 相导线外侧适当位置，按照“从远到近、先接地体后带电体”的原则，拆除中间相 B 相导线上的绝缘遮蔽用具。

步骤 14：斗内电工调整绝缘斗至近边相 A 相导线外侧适当位置，按照“从远到近、先接地体后带电体”的原则，拆除近边相 A 相导线上的绝缘遮蔽用具。

步骤 15：斗内电工向工作负责人汇报确认本项工作已完成。

步骤 16：检查杆上无遗留物，绝缘斗退出带电作业区域，斗内电工返回地面，工作结束。

4.6 带负荷更换隔离开关（绝缘手套作业法＋绝缘引流线法，斗臂车作业）

以图 4-37 所示的隔离开关杆（导线三角排列）为例，图解采用绝缘手套作业法＋拆除和安装线夹法（斗臂车作业）带负荷更换隔离开关工作，生产中务必结合现场实际工况参照适用，并积极推广绝缘手套作业法融合绝缘杆作业法（俗称短杆作业）在绝缘斗臂车的工作斗或其他绝缘平台如绝缘脚手架上的应用。

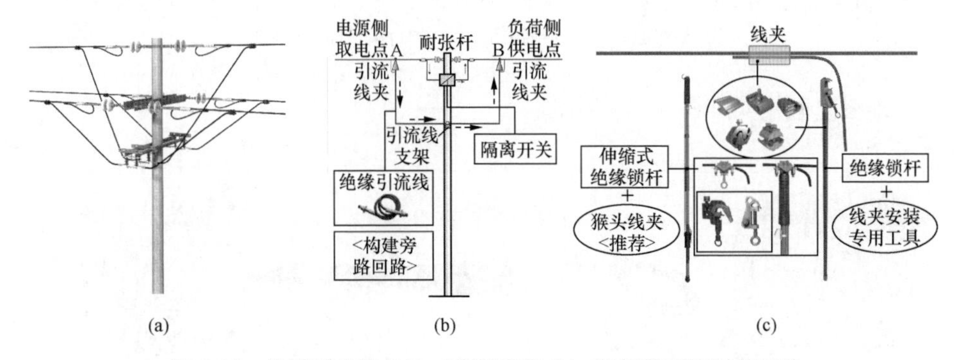

图 4-37 绝缘手套作业法（斗臂车作业）带负荷更换隔离开关

（a）杆头外形图；（b）绝缘引流线法示意图；（c）线夹与绝缘锁杆外形图

4.6.1 人员组成

本项目工作人员共计 7 人，如图 4-38 所示，人员分工为：工作负责人（兼工作监护人）1 人、斗内电工（1 号和 2 号绝缘斗臂车配合作业）4 名，地面电工 2 人。

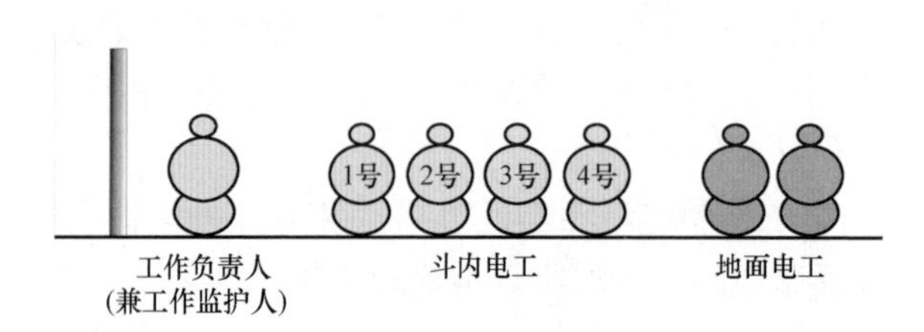

图 4-38 人员组成

4.6.2 主要工器具

绝缘防护用具如图 4-39 所示。

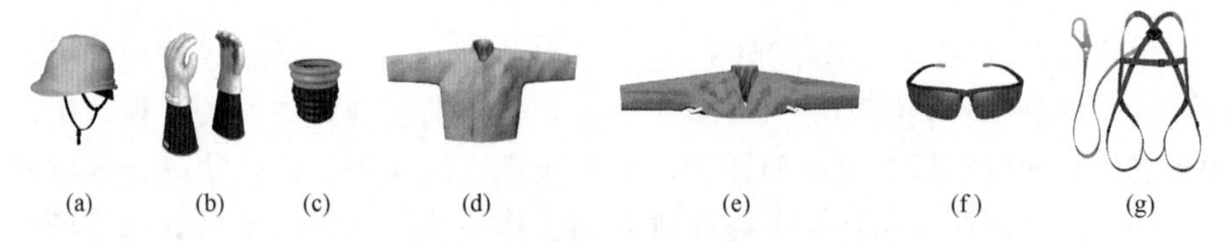

图 4-39 绝缘防护用具（根据实际工况选择）

（a）绝缘安全帽；（b）绝缘手套+羊皮或仿羊皮保护手套；（c）绝缘手套充压气检测器；（d）绝缘服；（e）绝缘披肩；（f）护目镜；（g）安全带

绝缘遮蔽用具如图 4-40 所示。

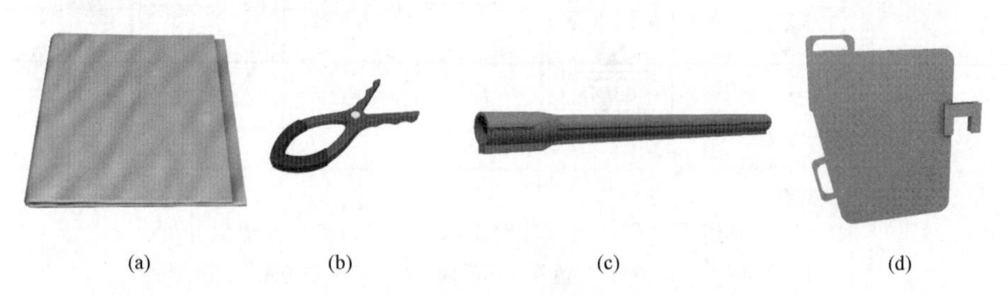

图 4-40 绝缘遮蔽用具（根据实际工况选择）

（a）绝缘毯；（b）绝缘毯夹；（c）导线遮蔽罩；（d）绝缘隔板

绝缘工具如图 4-41 所示。

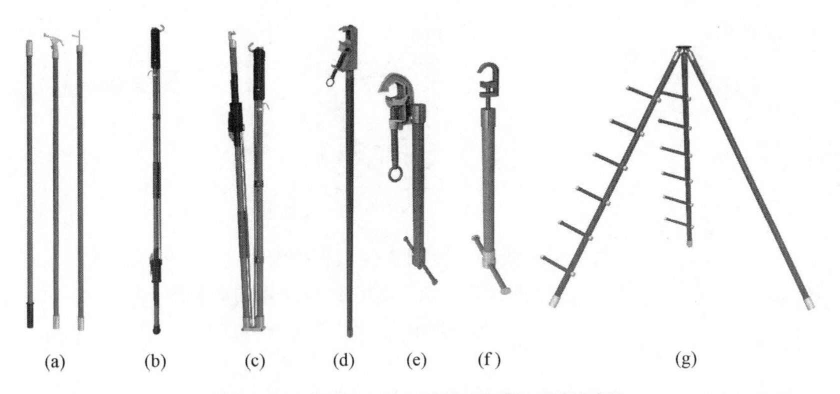

图 4-41　绝缘工具（根据实际工况选择）

（a）绝缘操作杆；（b）伸缩式绝缘锁杆；（c）伸缩式折叠绝缘锁杆；（d）绝缘（双头）锁杆；（e）绝缘吊杆 1；（f）绝缘吊杆 2；（g）绝缘工具支架

接续金具如图 4-42 所示。

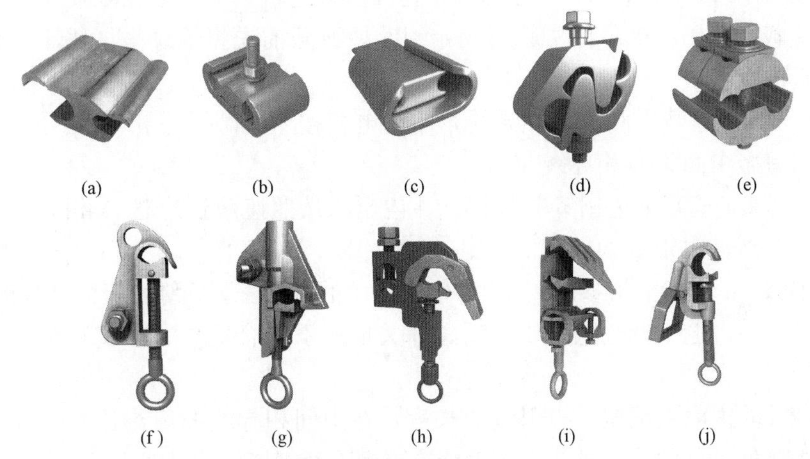

图 4-42　接续金具（根据实际工况选择，推荐使用猴头式线夹）

（a）H 形线夹；（b）C 形螺栓式线夹；（c）C 形楔型线夹；（d）螺栓 J 型线夹 ；（e）并沟线夹；（f）猴头线夹型式 1；（g）猴头线夹型式 2；（h）猴头线夹型式 3；（i）猴头线夹型式 4；（j）马镫线夹型式

绝缘引流线和引流线支架如图 4-43 所示。

4.6.3　操作步骤

本项目操作前的准备工作已完成，工作负责人已检查确认隔离开关在合上位置，作业装置和现场环境符合带电作业条件。

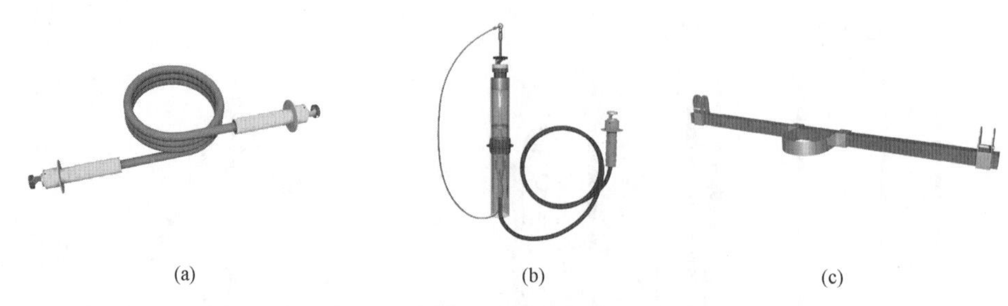

(a) (b) (c)

图 4-43 绝缘引流线和引流线支架（根据实际工况选择）
（a）绝缘引流线＋旋转式紧固手柄；（b）带消弧开关的绝缘引流线；
（c）绝缘横担用作引流线支架

如图 4-44 所示，采用绝缘手套作业法＋拆除和安装线夹法（斗臂车作业）带负荷更换隔离开关工作，可分为以下步骤进行。

步骤 1：遮蔽近边相 A 相导线，斗内电工调整绝缘斗至近边相 A 相导线外侧适当位置，按照“从近到远、先带电体后接地体”的原则，对近边相 A 相导线、引线、耐张线夹、绝缘子等进行绝缘遮蔽，引线搭接处使用绝缘毯进行遮蔽，选用绝缘吊杆法临时固定引线，遮蔽前先将绝缘吊杆固定在搭接处附近的主导线上。

步骤 2：遮蔽中间相 B 相导线，斗内电工按照遮蔽近边相 A 相导线相同的方法遮蔽中间相 B 相导线。

步骤 3：遮蔽远边相 C 相导线，斗内电工按照遮蔽近边相 A 相导线相同的方法遮蔽远边相 C 相导线。

步骤 4：斗内电工参照图 4-37（b）所示的方法安装绝缘引流线和检流。

（1）斗内电工调整绝缘斗至隔离开关横担下方合适位置，安装绝缘引流线支架。

（2）斗内电工根据绝缘引流线长度，在中间相导线的适当位置（导线遮蔽罩搭接处）分别移开导线上的遮蔽罩，剥除两端挂接处导线上的绝缘层。

（3）斗内电工使用绝缘绳将绝缘引流线临时固定在主导线上，中间支撑在绝缘引流线支架上。

（4）斗内电工调整绝缘斗至合适位置，先将绝缘引流线的一端线夹与一侧主导线连接可靠后，再将绝缘引流线的另一端线夹挂接到另一侧主导线上，完成后恢复绝缘遮蔽。

（5）其余两相绝缘引流线的挂接按相同的方法进行，三相绝缘引流线的挂接可按先中间相、再两边相的顺序进行，或根据现场工况选择。

（6）斗内电工使用电流检测仪逐相检测绝缘引流线电流，确认每一相分流的负荷电流应不小于原线路负荷电流的 1/3。

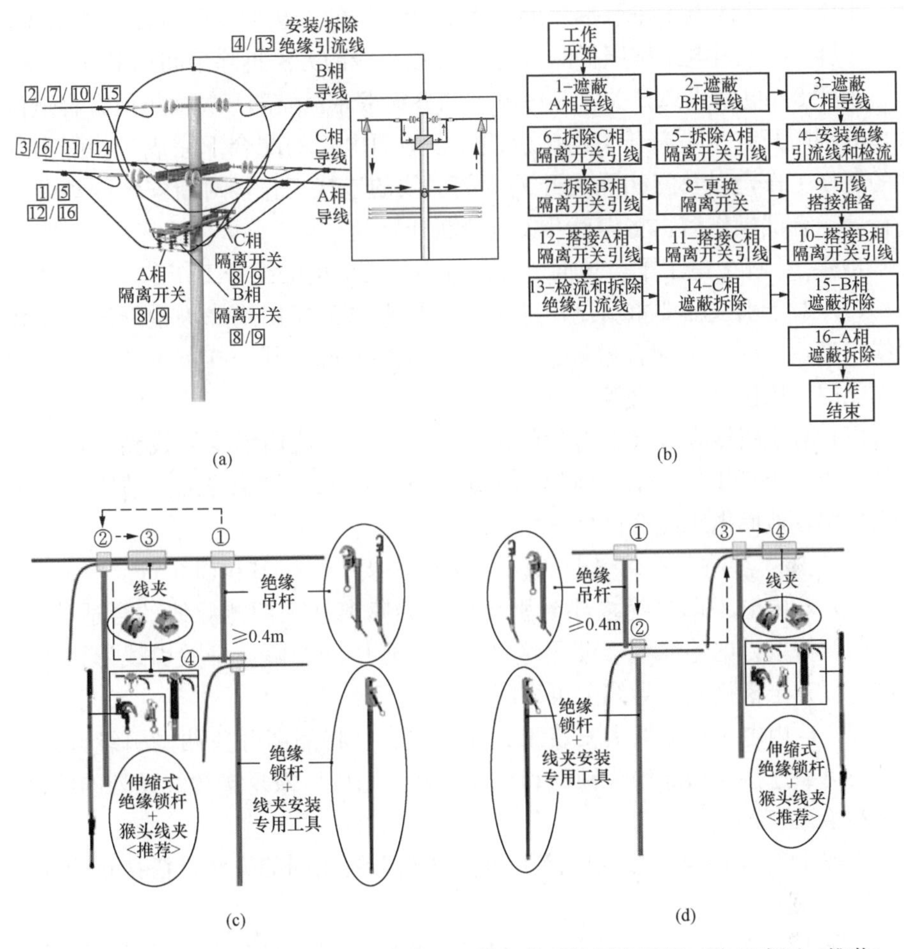

图 4-44　绝缘手套作业法（斗臂车作业）带负荷更换隔离开关工作示意图（推荐）

（a）作业步骤示意图；（b）作业流程图；（c）断开引线示意图；（d）搭接引线示意图

（7）斗内电工使用绝缘操作杆依次断开三相隔离开关。

步骤 5：斗内电工参照图 4-44（c）所示的方法拆除近边相 A 相引线。

（1）斗内电工调整绝缘斗分别至近边相隔离开关两侧导线的合适位置，打开引线搭接处的绝缘毯，使用绝缘锁杆将待断开的隔离开关引线临时固定在两侧的主导线上后，拆除线夹。

（2）斗内电工调整工作位置后，使用绝缘锁杆将隔离开关两侧引线缓缓放下，分别固定在绝缘吊杆的横向支杆上，完成后恢复绝缘遮蔽。

【说明】生产中如引线与主导线由于安装方式和锈蚀等原因不易拆除，可直接在主导线搭接位置处剪断引线的方式进行，同时做好防止引线摆动的措施。

步骤 6：斗内电工按照拆除近边相 A 相引线的方法拆除远边相 C 相引线。

步骤 7：斗内电工按照拆除近边相 A 相引线的方法拆除中间相 B 相引线。

步骤 8：更换隔离开关，斗内电工调整绝缘斗至隔离开关横担前方合适位置，分别断开三相隔离开关两侧引线，在地面电工的配合下完成三相隔离开关的更换工作，以及三相隔离开关两侧引线的连接工作，对新安装隔离开关进行分、合试操作后，将隔离开关置于断开位置。

步骤 9：杆上电工配合地面电工做好引线搭接前的准备工作。

（1）对于引线需要重新制作的情况，杆上电工使用绝缘测量杆测量三相引线长度，地面电工配合做好三相引线，包括剥除引线搭接处的绝缘层、清除氧化层和压接设备线夹等。

（2）对于引线在线夹处剪断的情况，杆上电工使用绝缘导线剥皮器依次剥除三相导线搭接处（距离横担不小于 0.6～0.7m）的绝缘层并清除导线上的氧化层，地面电工配合做好三相引线。

步骤 10：参照图 4-44（d）所示的方法搭接中间相 B 相引线。

（1）斗内电工调整绝缘斗分别至中间相隔离开关两侧导线的合适位置，打开引线搭接处的绝缘毯，使用绝缘锁杆锁住中间相隔离开关引线待搭接的一端，提升至搭接处主导线上可靠固定。

（2）斗内电工使用线夹安装工具安装线夹，将隔离开关两侧引线分别与主导线可靠连接后撤除绝缘锁杆和绝缘吊杆，完成后恢复接续线夹处的绝缘、密封和绝缘遮蔽。

步骤 11：斗内电工按照搭接中间相 B 相引线相同的方法，搭接远边相 C 相引线。

步骤 12：斗内电工按照搭接中间相 B 相引线相同的方法，搭接近边相 A 相引线。

步骤 13：斗内电工参照图 4-37（b）所示的方法检流和拆除绝缘引流线。

（1）斗内电工使用绝缘操作杆依次合上三相隔离开关，使用电流检测仪逐相检测隔离开关引线电流，确认三相隔离开关引线通流正常。

（2）斗内电工按照“先两边相、再中间相”的顺序逐相拆除绝缘引流线，逐相恢复绝缘遮蔽，完成后拆除绝缘引流线支架。

步骤 14：斗内电工调整绝缘斗至远边相 C 相导线外侧适当位置，按照“从远到近、先接地体后带电体”的原则，拆除远边相 C 相导线上的绝缘遮蔽用具。

步骤 15：斗内电工调整绝缘斗至中间相 B 相导线外侧适当位置，按照“从远到近、先接地体后带电体”的原则，拆除中间相 B 相导线上的绝缘遮蔽用具。

步骤 16：斗内电工调整绝缘斗至近边相 A 相导线外侧适当位置，按照“从远到近、先接地体后带电体”的原则，拆除近边相 A 相导线上的绝缘遮蔽用具。

步骤 17：斗内电工向工作负责人汇报确认本项工作已完成。

步骤 18：检查杆上无遗留物，绝缘斗退出带电作业区域，斗内电工返回地面，工作结束。

4.7　带负荷更换柱上开关 1（绝缘手套作业法＋旁路作业法，斗臂车作业）

以图 4-45 所示的柱上开关杆（双侧无隔离刀闸，导线三角排列）为例，图解采用绝缘手套作业法＋旁路作业法＋拆除和安装线夹法（斗臂车作业）带负荷更换柱上开关工作，生产中务必结合现场实际工况参照适用，并积极推广绝缘手套作业法融合绝缘杆作业法（俗称短杆作业）在绝缘斗臂车的工作斗或其他绝缘平台如绝缘脚手架上的应用。

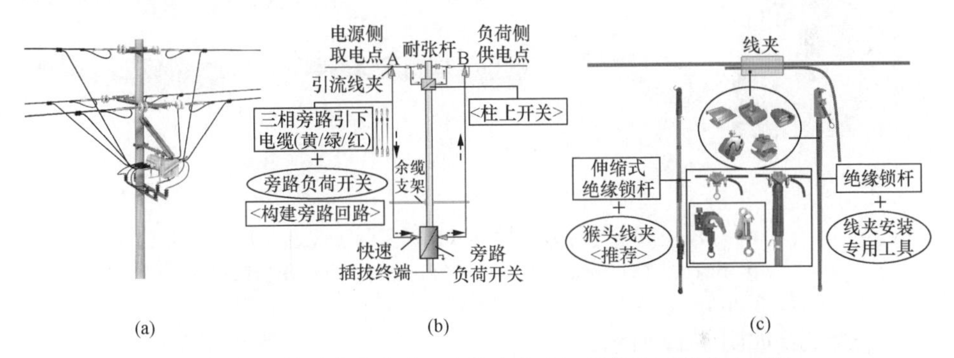

图 4-45　绝缘手套作业法（斗臂车作业）带负荷更换柱上开关

（a）杆头外形图；（b）旁路作业法示意图；（c）线夹与绝缘锁杆外形图

4.7.1　人员组成

本项目工作人员共计 7 人，如图 4-46 所示，人员分工为：工作负责人（兼工作监护人）1 人、斗内电工（1 号和 2 号绝缘斗臂车配合作业）4 名，地面电工 2 人。

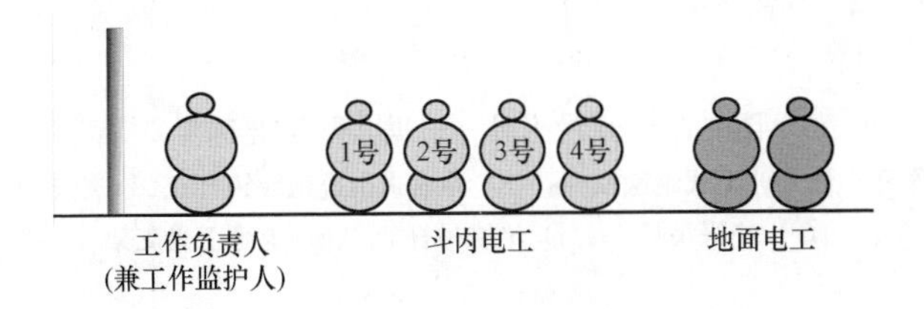

图 4-46　人员组成

4.7.2 主要工器具

绝缘防护用具如图 4-47 所示。

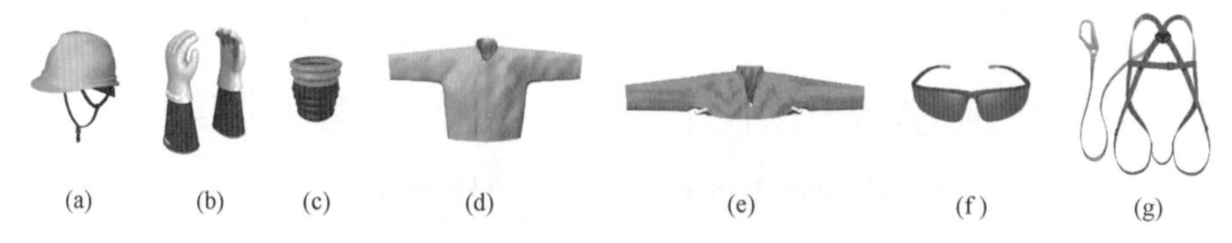

图 4-47 绝缘防护用具（根据实际工况选择）
（a）绝缘安全帽；（b）绝缘手套+羊皮或仿羊皮保护手套；（c）绝缘手套充压气检测器；
（d）绝缘服；（e）绝缘披肩；（f）护目镜；（g）安全带

绝缘遮蔽用具如图 4-48 所示。

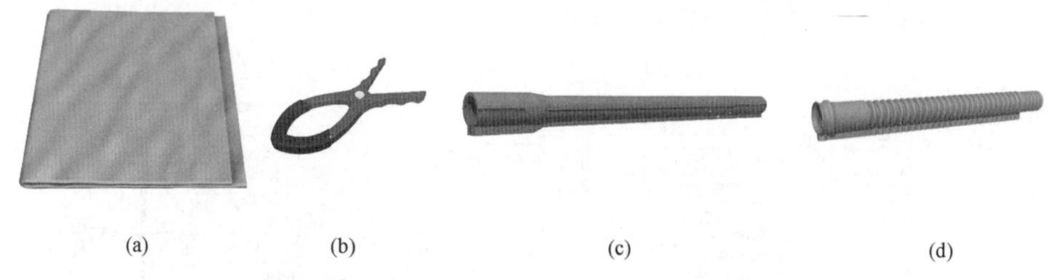

图 4-48 绝缘遮蔽用具（根据实际工况选择）
（a）绝缘毯；（b）绝缘毯夹；（c）导线遮蔽罩；（d）引流线遮蔽罩

绝缘工具如图 4-49 所示。

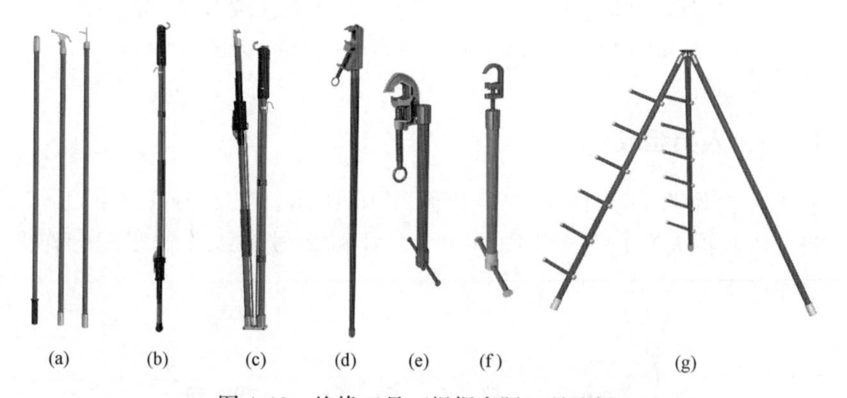

图 4-49 绝缘工具（根据实际工况选择）
（a）绝缘操作杆；（b）伸缩式绝缘锁杆；（c）伸缩式折叠绝缘锁杆；（d）绝缘（双头）锁杆；
（e）绝缘吊杆 1；（f）绝缘吊杆 2；（g）绝缘工具支架

接续金具如图 4-50 所示。

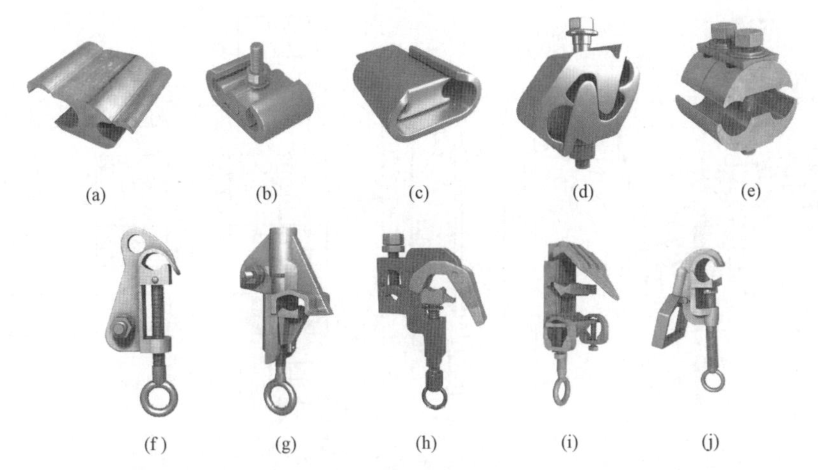

图 4-50　接续金具（根据实际工况选择，推荐使用猴头式线夹）
（a）H形线夹；（b）C形螺栓式线夹；（c）C形楔型线夹；（d）螺栓J型线夹；
（e）并沟线夹；（f）猴头线夹型式1；（g）猴头线夹型式2；（h）猴头线夹型式3；
（i）猴头线夹型式4；（j）马镫线夹型式

旁路设备如图4-51所示。

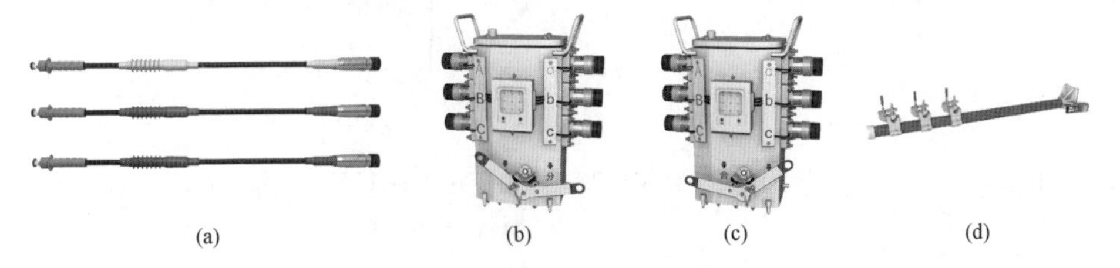

图 4-51　旁路设备（根据实际工况选择）
（a）旁路引下电缆；（b）旁路负荷开关分闸位置；（c）旁路负荷开关合闸位置；（d）余缆支架

4.7.3　操作步骤

本项目操作前的准备工作已完成，工作负责人已检查确认作业装置和现场环境符合带电作业条件，具有配网自动化功能的柱上开关，其电压互感器确已退出运行。

如图4-52所示，采用绝缘手套作业法＋旁路作业法＋拆除和安装线夹法（斗臂车作业）带负荷更换柱上开关工作，可分为以下步骤进行。

步骤1：遮蔽近边相A相导线，斗内电工调整绝缘斗至近边相A相导线外侧适当位置，按照“从近到远、先带电体后接地体”的原则，对近边相A相导线、引线、耐张线夹、绝缘子等进行绝缘遮蔽，引线搭接处使用绝缘毯进行遮蔽，考虑到后续挂接旁路引下电缆的需要，横担两侧导线上的遮蔽罩

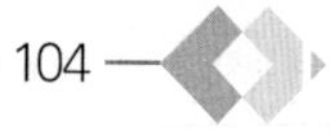

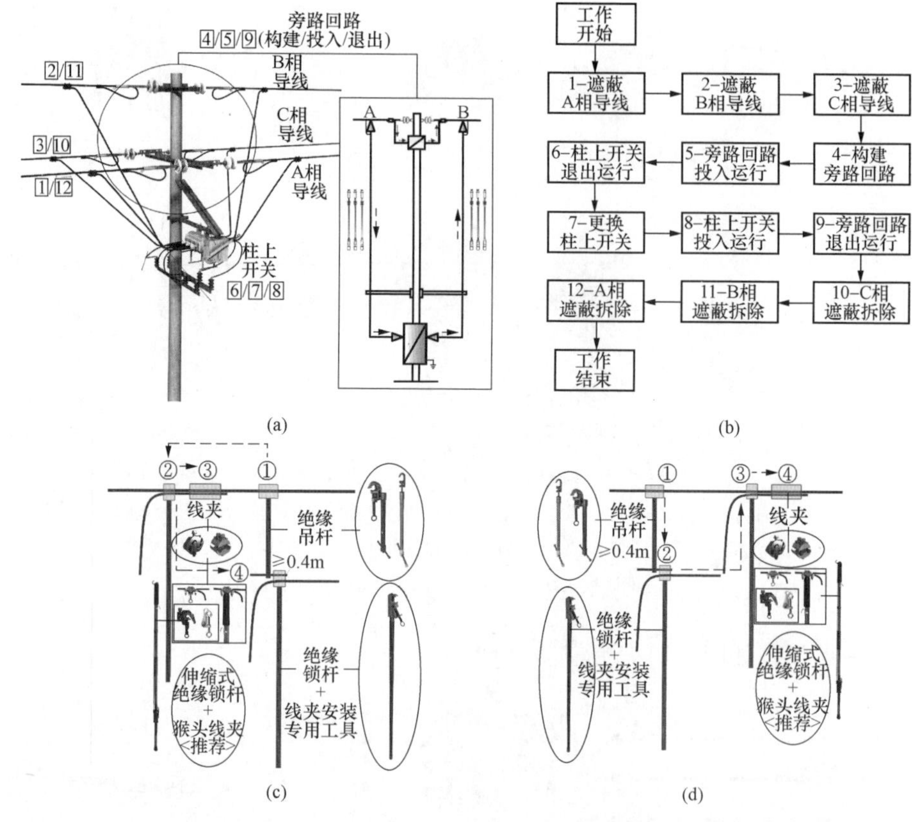

图 4-52　绝缘手套作业法（斗臂车作业）带负荷更换柱上开关工作示意图（推荐）

（a）作业步骤示意图；（b）作业流程图；（c）断开引线示意图；（d）搭接引线示意图

至少是 2 根搭接。选用绝缘吊杆法临时固定引线，如图 4-53 所示，绝缘遮蔽前先将绝缘吊杆 1 固定在引线搭接处附近的主导线上，绝缘吊杆 2 临时固定在耐张线夹处附近的中间相导线上。

步骤 2：遮蔽中间相 B 相导线，斗内电工按照遮蔽近边相 A 相导线相同的方法遮蔽中间相 B 相导线。

步骤 3：遮蔽远边相 C 相导线，斗内电工按照遮蔽近边相 A 相导线相同的方法遮蔽远边相 C 相导线。

步骤 4：构建旁路回路，如图 4-54 所示。

（1）地面电工在电杆的合适位置（离地）安装好旁路负荷开关和余缆支架，确认旁路负荷开关处于“分”闸、闭锁状态，开关外壳可靠接地。

（2）地面电工在工作负责人的指挥下，先将一端安装有快速插拔终端的旁路引下电缆与旁路负荷开关同相位（黄）A、（绿）B、（红）C 可靠连接，如图 4-54（a）所示，多余的旁路引下电缆规范地挂在余缆支架上，确认连接

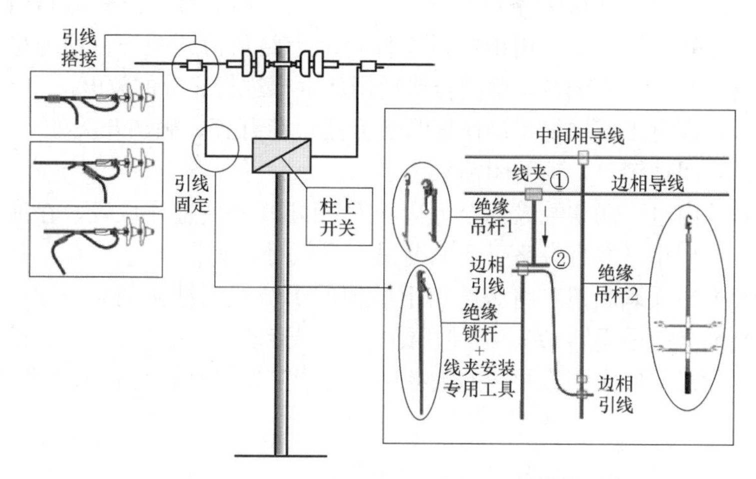

图 4-53　引线连接和临时固定示意图

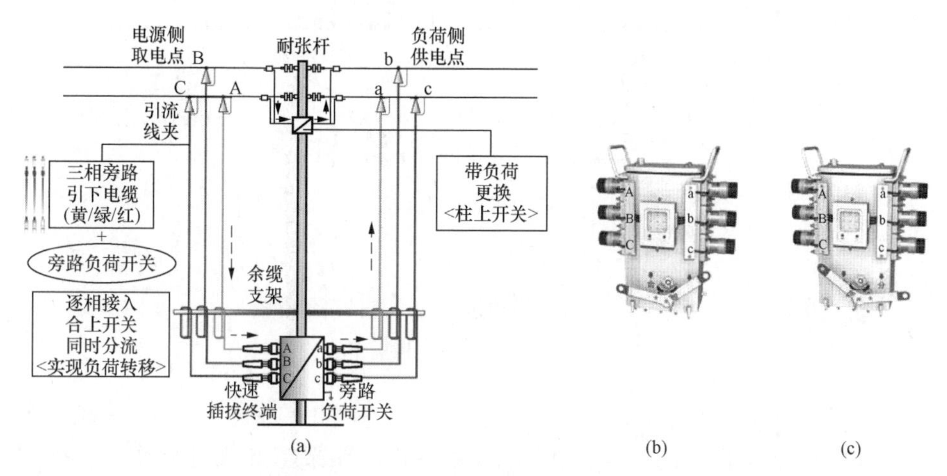

(a)　(b)　(c)

图 4-54　旁路引下电缆的“接入与分流”

(a)“逐相接入、合上开关、同时分流”示意图；(b) 合上开关，分流开始；
(c) 断开开关，分流结束

可靠后，将一端安装有与架空导线连接的引流线夹用绝缘毯可靠遮蔽好，在其合适位置系上长度适宜的起吊绳（防坠绳）。

(3) 地面电工按照相同的方法，将旁路负荷开关另一侧三相旁路引下电缆与旁路负荷开关同相位（黄）A、(绿）B、(红）C 可靠连接，多余的旁路引下电缆规范地挂在余缆支架上，确认连接可靠后，再将一端安装有与架空导线连接的引流线夹用绝缘毯可靠遮蔽好，在其合适位置系上长度适宜的起吊绳（防坠绳）。

(4) 地面电工确认旁路负荷开关两侧（黄、绿、红）三相旁路引下电缆相色标记正确连接无误，用绝缘操作杆合上旁路负荷开关进行绝缘检测（绝缘电阻应不小于 500MΩ），检测合格后用放电棒进行充分的放电。

(5) 地面电工使用绝缘操作杆断开旁路负荷开关，确认开关处于“分闸”状态，插上闭锁销钉，锁死闭锁机构。

(6) 斗内电工调整绝缘斗至远边相 C 相导线外侧适当位置，在地面电工的配合下使用小吊绳将旁路引下电缆吊至导线处，如图 4-55 所示，移开对接重合的两根导线遮蔽罩，将旁路引下电缆的引流线夹挂接到架空导线上，并挂好防坠绳（起吊绳），完成后使用绝缘毯对导线和引流线夹进行遮蔽。如导线为绝缘导线，应先剥除导线的绝缘层，再清除连接处导线上的氧化层。

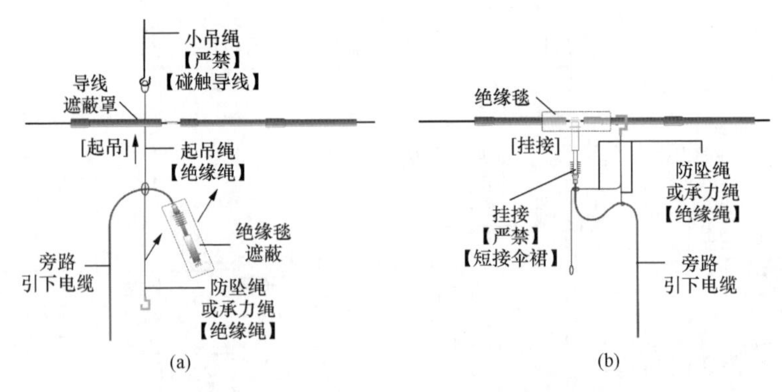

图 4-55 旁路引下电缆的起吊与挂接示意图
(a) 起吊；(b) 挂接

(7) 按照相同的方法，依次将其余两相（中间相 B 相、近边相 A 相）旁路引线电缆与同相位的中间相 B 相、近边相 A 相架空导线可靠连接，按照“远边相、中间相、近边相”的顺序挂接时，应确保相色标记为“黄、绿、红”的旁路引下电缆与同相位的（黄）A、（绿）B、（红）C 三相导线可靠连接，相序保持一致。

步骤 5：旁路回路投入运行，如图 4-54 所示。

(1) 地面电工使用核相工具确认核相正确无误后，用绝缘操作杆合上旁路负荷开关，旁路回路投入运行，插上闭锁销钉，锁死闭锁机构。

(2) 斗内电工用电流检测仪逐相测量三相旁路电缆电流，确认每一相分流的负荷电流应不小于原线路负荷电流的 1/3。

步骤 6：柱上开关退出运行，如图 4-52 (a) 所示。

斗内电工确认旁路回路工作正常，用绝缘操作杆拉开柱上开关使其退出运行。

步骤7：更换柱上开关，如图4-52所示。

（1）斗内电工调整绝缘斗分别至近边相A相导线外侧的合适位置，打开柱上开关两侧引线搭接处的绝缘毯，使用绝缘锁杆将待断开的柱上开关引线临时固定在主导线上，拆除线夹。

（2）斗内电工调整工作位置后，使用绝缘锁杆将柱上开关引线缓缓放下，临时固定在绝缘吊杆1的横向支杆上，完成后恢复绝缘遮蔽。

（3）其余两相（远边相C相和中间相B相）引线的拆除按相同的方法进行，三相引线的拆除可按先两边相、再中间相的顺序进行，或根据现场工况选择。

（4）斗内电工调整绝缘斗分别至柱上开关两侧前方合适位置，断开柱上开关两侧引线，临时固定在绝缘吊杆2的横向支杆上。

（5）地面电工对新安装的柱上开关进行分、合试操作后，将柱上开关置于断开位置。

（6）1号斗臂车斗内电工调整绝缘斗至柱上开关前方合适位置，2号斗臂车斗内电工调整绝缘斗至柱上开关的上方，在地面电工的配合下，使用斗臂车的小吊绳和开关专用吊绳将柱上开关调至安装位置，配合1号斗臂车斗内电工完成柱上开关的更换工作，以及新柱上开关两侧引线的连接工作。

（7）斗内电工调整绝缘斗分别至柱上开关两侧中间相B相导线的合适位置，打开引线搭接处的绝缘毯，使用绝缘锁杆锁住中间相柱上开关引线待搭接的一端，提升至搭接处主导线上可靠固定。

（8）斗内电工使用线夹安装工具安装线夹，将开关两侧引线分别与主导线可靠连接，完成后分别撤除绝缘锁杆、绝缘吊杆1，恢复接续线夹处的绝缘、密封和绝缘遮蔽。

（9）其余两相（远边相C相和近边相A相）引线的搭接按相同的方法进行，三相引线的搭接可按先中间相、再两边相的顺序进行，或根据现场工况选择，三相引线搭接完成后拆除绝缘吊杆2。

步骤8：柱上开关投入运行，如图4-52（a）所示。斗内电工确认柱上开关引线连接可靠无误后，合上柱上开关使其投入运行，使用电流检测仪逐相检测柱上开关引线电流，确认通流正常。

步骤9：旁路回路退出运行，如图4-54所示。

（1）地面电工使用绝缘操作杆断开旁路负荷开关，旁路回路退出运行，插上闭锁销钉，锁死闭锁机构。

（2）斗内电工调整绝缘斗分别至三相导线外侧的合适位置，按照“近边相、中间相、远边相”的顺序，在地面电工的配合下，斗内电工对拆除的引流线夹使用绝缘毯遮蔽后，使用斗臂车的小吊绳将三相旁路引下电缆吊至地面盘圈回收，完成后斗内电工恢复导线搭接处的绝缘、密封和绝缘遮蔽（导线遮蔽罩恢复搭接重合）。

（3）地面电工使用绝缘操作杆合上旁路负荷开关，使用放电棒对旁路电缆充分放电后，拉开旁路负荷开关，断开旁路引下电缆与旁路负荷开关的连接，拆除余缆支架和旁路负荷开关。

步骤10：远边相C相导线遮蔽拆除，斗内电工调整绝缘斗至远边相C相导线外侧适当位置，按照"从远到近、先接地体后带电体"的原则，拆除远边相C相导线上的绝缘遮蔽用具。

步骤11：中间相B相导线遮蔽拆除，斗内电工调整绝缘斗至中间相B相导线外侧适当位置，按照"从远到近、先接地体后带电体"的原则，拆除中间相B相导线上的绝缘遮蔽用具。

步骤12：近边相A相导线遮蔽拆除，斗内电工调整绝缘斗至近边相A相导线外侧适当位置，按照"从远到近、先接地体后带电体"的原则，拆除近边相A相导线上的绝缘遮蔽用具。

步骤13：斗内电工向工作负责人汇报确认本项工作已完成。

步骤14：检查杆上无遗留物，绝缘斗退出带电作业区域，斗内电工返回地面，工作结束。

4.8 带负荷直线杆改耐张杆并加装柱上开关2（绝缘手套作业法+旁路作业法，斗臂车作业）

以图4-56所示的直线杆和柱上开关杆（双侧无隔离刀闸，导线三角排列）为例，图解绝缘手套作业法+旁路作业法+拆除和安装线夹法（斗臂车作业）带负荷直线杆改耐张杆并加装柱上开关工作，生产中务必结合现场实际工况参照适用，并积极推广绝缘手套作业法融合绝缘杆作业法（俗称短杆作业）在绝缘斗臂车的工作斗或其他绝缘平台如绝缘脚手架上的应用。

4.8.1 人员组成

本项目工作人员共计7人，如图4-57所示，人员分工为：工作负责人（兼工作监护人）1人、斗内电工（1号和2号绝缘斗臂车配合作业）4名，地面电工2人。

4.8.2 主要工器具

绝缘防护用具如图4-58所示。

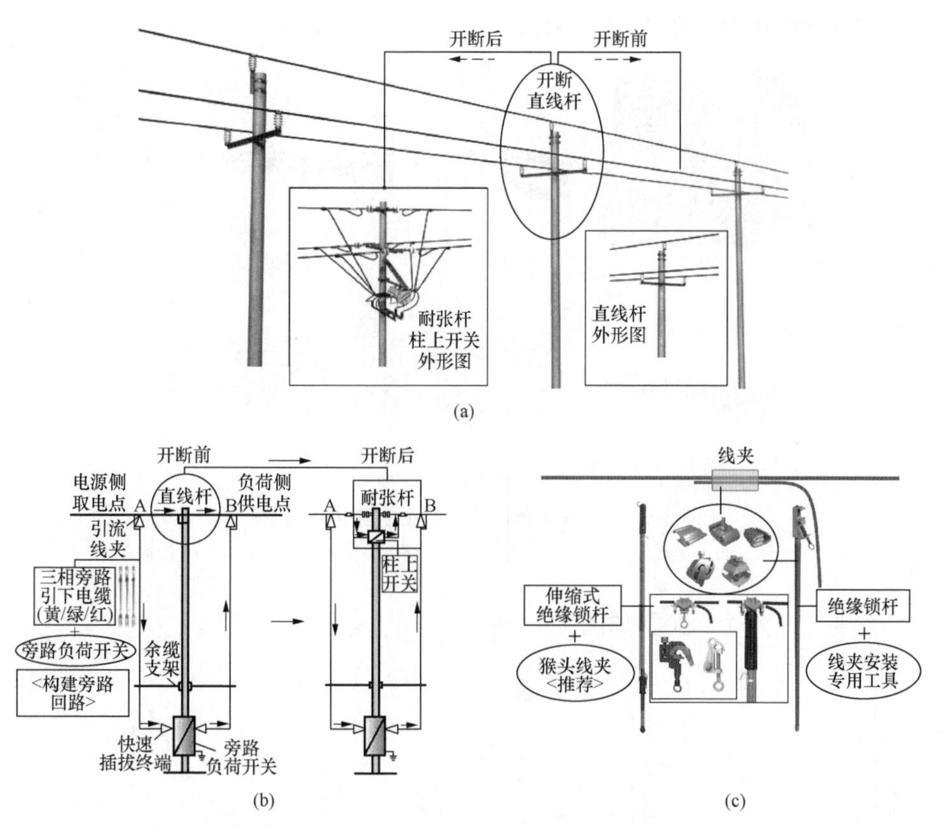

图 4-56　绝缘手套作业法（斗臂车作业）带负荷直线杆改耐张杆并加装柱上开关

（a）直线杆改耐张杆并加装柱上开关示意图；（b）旁路作业法示意图；（c）线夹与绝缘锁杆外形图

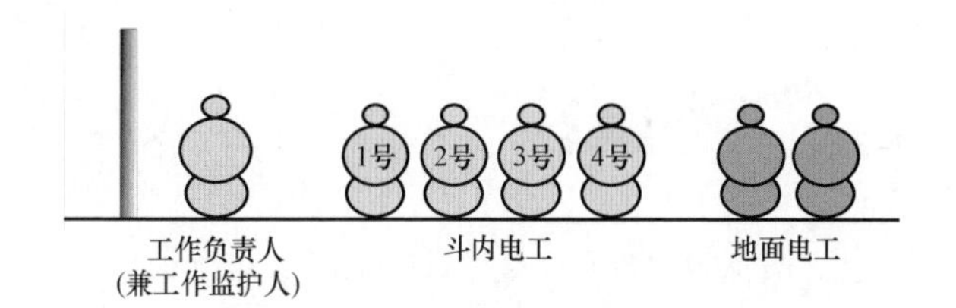

图 4-57　人员组成

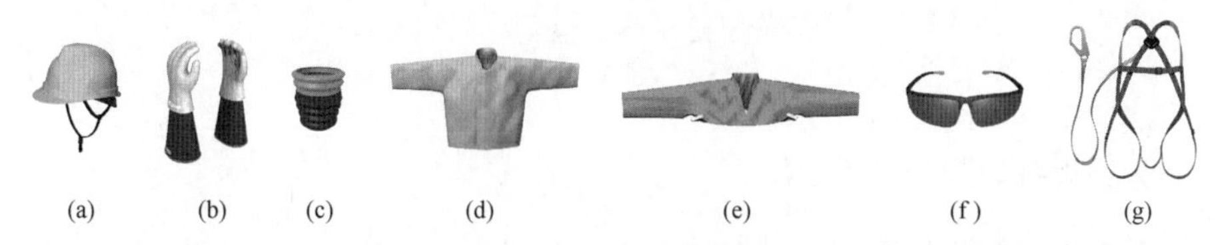

图 4-58　绝缘防护用具（根据实际工况选择）

（a）绝缘安全帽；（b）绝缘手套＋羊皮或仿羊皮保护手套；（c）绝缘手套充压气检测器；（d）绝缘服；（e）绝缘披肩；（f）护目镜；（g）安全带

绝缘遮蔽用具如图 4-59 所示。

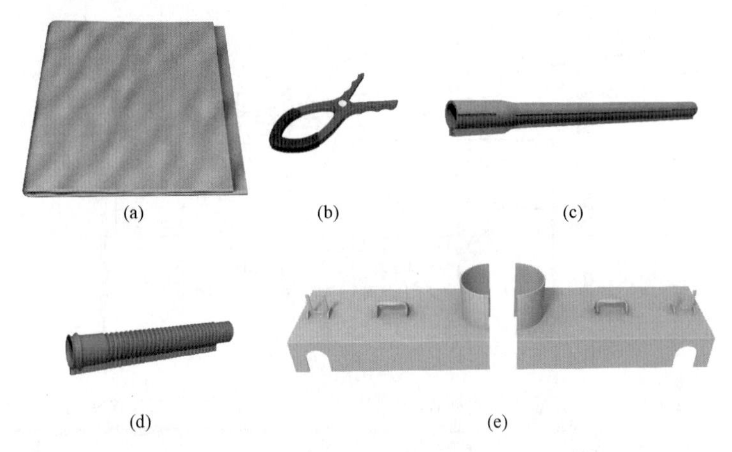

图 4-59 绝缘遮蔽用具（根据实际工况选择）

（a）绝缘毯；（b）绝缘毯夹；（c）导线遮蔽罩；（d）引流线遮蔽罩；（e）横担遮蔽罩

绝缘工具和金属工具如图 4-60 所示。

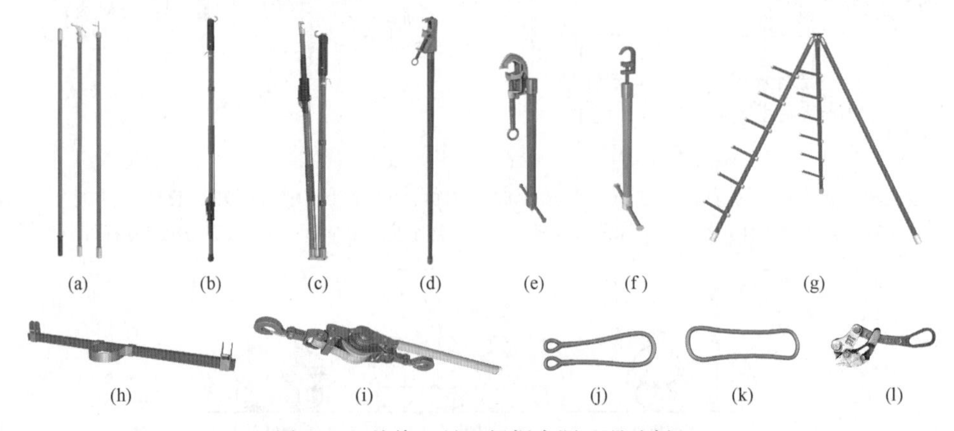

图 4-60 绝缘工具（根据实际工况选择）

（a）绝缘操作杆；（b）伸缩式绝缘锁杆；（c）伸缩式折叠绝缘锁杆；（d）绝缘（双头）锁杆；（e）绝缘吊杆 1；（f）绝缘吊杆 2；（g）绝缘工具支架；（h）绝缘横担；（i）软质绝缘紧线器；（j）绝缘绳；（k）绝缘绳套；（l）金属卡线器

接续金具如图 4-61 所示。

旁路设备如图 4-62 所示。

4.8.3 操作步骤

本项目操作前的准备工作已完成，工作负责人已检查确认作业点和两侧的电杆根部、基础牢固、导线绑扎牢固，工作负责人已检查确认作业装置和

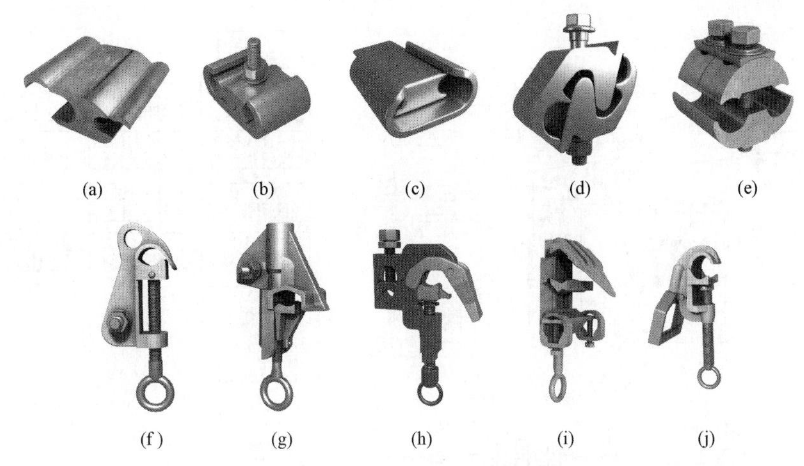

图 4-61　接续金具（根据实际工况选择，推荐使用猴头式线夹）
（a）H 形线夹；（b）C 形螺栓式线夹；（c）C 形楔型线夹；（d）螺栓 J 型线夹；
（e）并沟线夹；（f）猴头线夹型式 1；（g）猴头线夹型式 2；（h）猴头线夹型式 3；
（i）猴头线夹型式 4；（j）马镫线夹型式

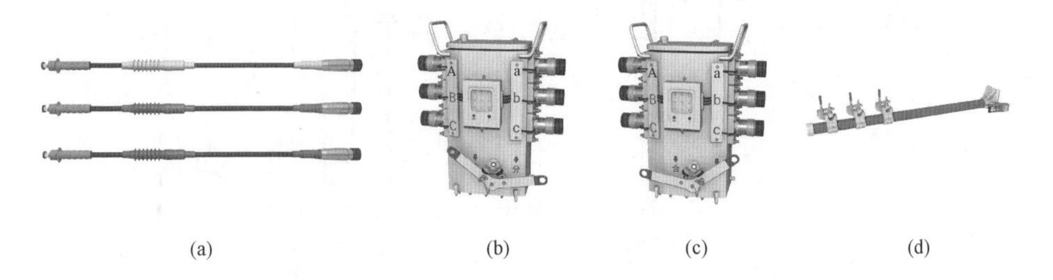

图 4-62　旁路设备（根据实际工况选择）
（a）旁路引下电缆；（b）旁路负荷开关分闸位置；（c）旁路负荷开关合闸位置；（d）余缆支架

现场环境符合带电作业条件。其中，新装柱上负荷开关带有取能用电压互感器时，电源侧应串接带有明显断开点的设备，防止带负荷接引，并应闭锁其自动跳闸的回路，开关操作后应闭锁其操作机构，防止误操作。

如图 4-63 所示，采用绝缘手套作业法＋旁路作业法＋拆除和安装线夹法（斗臂车作业）带负荷直线杆改耐张杆并加装柱上开关工作，可分为以下步骤进行。

步骤 1：遮蔽近边相 A 相导线，斗内电工调整绝缘斗至近边相 A 相导线外侧适当位置，按照“从近到远、先带电体后接地体”的原则，对近边相 A 相导线、绝缘子、横担部分进行绝缘遮蔽，考虑到后续挂接旁路引下电缆的需要，横担两侧导线上的遮蔽罩至少是 2 根搭接。

步骤 2：遮蔽中间相 B 相导线，斗内电工按照遮蔽近边相 A 相导线相同的方法，对中间相 B 相导线、绝缘子、杆顶部分进行绝缘遮蔽。

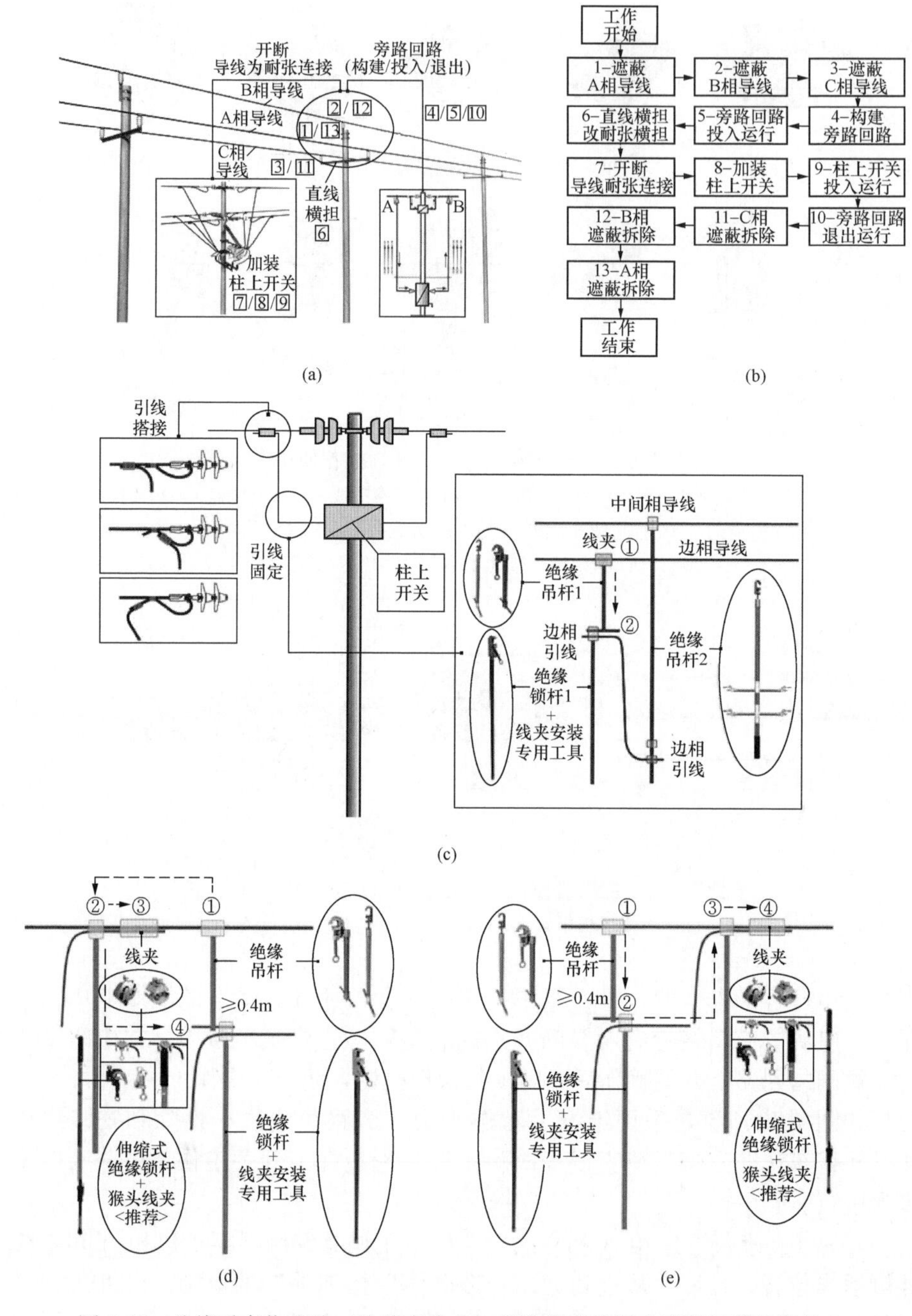

图 4-63　绝缘手套作业法（斗臂车作业）带负荷直线杆改耐张杆并加装柱上开关工作示意图（推荐）

(a) 作业步骤示意图；(b) 作业流程图；(c) 引线连接和临时固定示意图；(d) 断开引线示意图；(e) 搭接引线示意图

步骤3：遮蔽远边相C相导线，斗内电工按照遮蔽近边相A相导线相同的方法，对远边相C相导线、绝缘子、杆顶部分进行绝缘遮蔽。

步骤4：构建旁路回路，如图4-64所示。

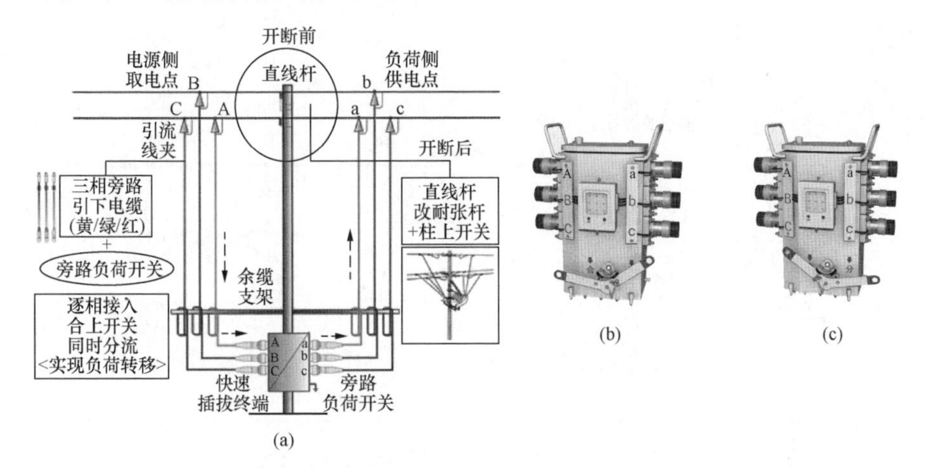

图4-64　旁路引下电缆的“接入与分流”

(a)“逐相接入、合上开关、同时分流”示意图；(b) 合上开关，分流开始；(c) 断开开关，分流结束

(1) 地面电工在电杆的合适位置（离地）安装好旁路负荷开关和余缆支架，确认旁路负荷开关处于“分”闸、闭锁状态，开关外壳可靠接地。

(2) 地面电工在工作负责人的指挥下，先将一端安装有快速插拔终端的旁路引下电缆与旁路负荷开关同相位（黄）A、（绿）B、（红）C可靠连接，如图4-64 (a) 所示，多余的旁路引下电缆规范地挂在余缆支架上，确认连接可靠后，将一端安装有与架空导线连接的引流线夹用绝缘毯可靠遮蔽好，在其合适位置系上长度适宜的起吊绳（防坠绳）。

(3) 地面电工按照相同的方法，将旁路负荷开关另一侧三相旁路引下电缆与旁路负荷开关同相位（黄）A、（绿）B、（红）C可靠连接，多余的旁路引下电缆规范地挂在余缆支架上，确认连接可靠后，将一端安装有与架空导线连接的引流线夹用绝缘毯可靠遮蔽好，在其合适位置系上长度适宜的起吊绳（防坠绳）。

(4) 地面电工确认旁路负荷开关两侧（黄、绿、红）三相旁路引下电缆相色标记正确连接无误，用绝缘操作杆合上旁路负荷开关进行绝缘检测（绝缘电阻应不小于500MΩ），检测合格后用放电棒进行充分的放电。

(5) 地面电工使用绝缘操作杆断开旁路负荷开关，确认开关处于“分闸”状态，插上闭锁销钉，锁死闭锁机构。

(6) 斗内电工调整绝缘斗至远边相C相导线外侧适当位置，在地面电工的配合下使用小吊绳将旁路引下电缆吊至导线处，如图4-65所示，移开对接

重合的两根导线遮蔽罩，将旁路引下电缆的引流线夹安装（挂接）到架空导线上，并挂好防坠绳（起吊绳），完成后使用绝缘毯对导线和引流线夹进行遮蔽。如导线为绝缘导线，应先剥除导线的绝缘层，再清除连接处导线上的氧化层。

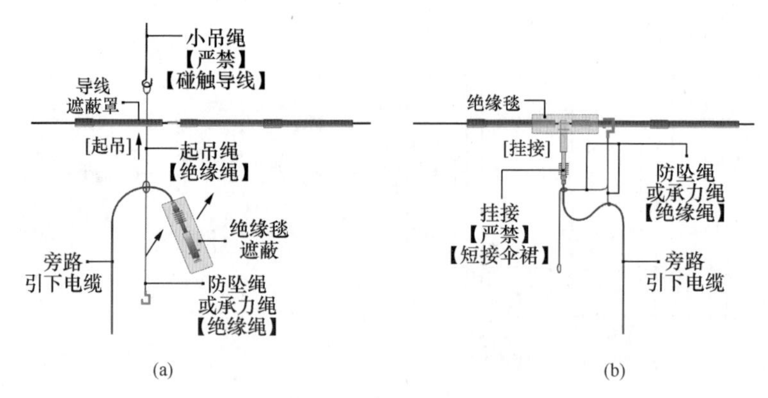

图 4-65 旁路引下电缆的起吊与挂接示意图

（a）起吊；（b）挂接

（7）按照相同的方法，依次将其余两相（中间相 B 相和近边相 A 相）旁路引线电缆与同相位的中间相、近边相架空导线可靠连接，按照“远边相、中间相、近边相”的顺序挂接时，应确保相色标记为“黄、绿、红”的旁路引下电缆与同相位的（黄）A、（绿）B、（红）C 三相导线可靠连接，相序保持一致。

步骤 5：旁路回路投入运行，如图 4-64 所示。

（1）地面电工使用核相工具确认核相正确无误后，用绝缘操作杆合上旁路负荷开关，旁路回路投入运行，插上闭锁销钉，锁死闭锁机构。

（2）斗内电工用电流检测仪逐相测量三相旁路电缆电流，确认每一相分流的负荷电流应不小于原线路负荷电流的 1/3。

步骤 6：直线横担改为耐张横担，斗内电工参照图 4-66 所示的绝缘横担法支撑导线并将直线横担改为耐张横担。

（1）斗内电工在地面电工的配合下，调整绝缘斗至相间合适位置，在电杆上高出横担约 0.4m 的位置安装绝缘横担。

（2）斗内电工调整绝缘斗至近边相 A 相导线外侧适当位置，使用绝缘小吊绳在铅垂线上固定导线。

（3）斗内电工拆除绝缘子绑扎线，提升近边相 A 相导线置于绝缘横担上的固定槽内可靠固定。

（4）按照相同的方法将远边相 C 相导线置于绝缘横担的固定槽内并可靠

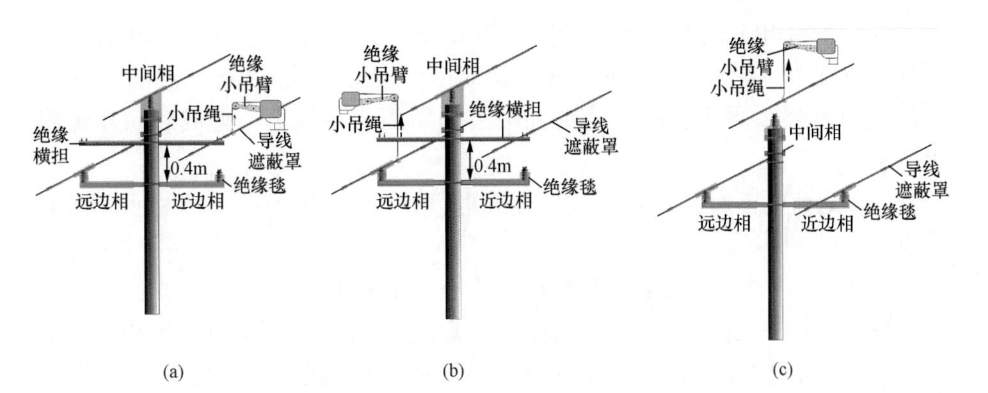

图 4-66　绝缘横担+绝缘小吊臂法提升导线示意图

(a) 近边相 A 相导线提升示意图；(b) 远边相 C 相导线提升示意图；(c) 中间相 B 相导线示意图

固定。

(5) 斗内电工相互配合拆除绝缘子和横担，安装耐张横担，装好耐张绝缘子和耐张线夹。

步骤 7：开断导线为耐张连接。

(1) 斗内电工相互配合在耐张横担上安装耐张横担遮蔽罩，完成后恢复耐张绝缘子和耐张线夹处的绝缘遮蔽。

(2) 斗内电工操作斗臂车小吊臂使近边相 A 相导线缓缓下降，放置到耐张横担遮蔽罩上固定槽内。

(3) 斗内电工转移绝缘斗至近边相导线外侧合适位置，在横担两侧导线上安装好绝缘紧线器及绝缘保护绳，操作绝缘紧线器将导线收紧至便于开断状态。

(4) 斗内电工配合使用断线剪将近边相导线剪断，将近边相两侧导线分别固定在耐张线夹内。

(5) 斗内电工确认导线连接可靠后，拆除绝缘紧线器及绝缘保护绳。

(6) 斗内电工在确保横担及绝缘子绝缘遮蔽到位的前提下，完成近边相导线引线的接续工作。

(7) 斗内电工使用电流检测仪检测耐张引线电流，确认通流正常，近边相导线的开断和接续工作结束。

(8) 开断和接续远边相 C 相导线按照相同的方法进行。

(9) 开断中间相 B 相导线时，斗内电工操作小吊臂提升中间相导线至杆顶 0.4m 以上，耐张绝缘子和耐张线夹安装后，将中间相导线重新降至中间相绝缘子顶槽内绑扎牢靠，斗内电工按照同样的方法开断和接续中间相导线，完成后拆除中间相绝缘子和杆顶支架，恢复杆顶绝缘遮蔽。

步骤 8：加装柱上开关，如图 4-63 所示。

（1）斗内电工调整绝缘斗分别至三相导线外侧合适位置，打开引线搭接处的绝缘毯，将绝缘吊杆 1 分别固定在三相引线搭接处附近的主导线上，绝缘吊杆 2 固定在耐张线夹处附近的中间相导线上，完成后恢复绝缘遮蔽。

（2）地面电工对新安装的柱上开关进行分、合试操作后，将柱上开关置于断开位置。

（3）1 号斗臂车斗内电工调整绝缘斗至柱上开关安装位置前方合适位置，2 号斗臂车斗内电工调整绝缘斗至柱上开关安装位置的上方，在地面电工的配合下，使用斗臂车的小吊绳和开关专用吊绳将柱上开关调至安装位置，配合 1 号斗臂车斗内电工完成柱上开关安装工作，以及柱上开关两侧引线的连接工作。

（4）斗内电工调整绝缘斗分别至柱上开关两侧中间相 B 相导线的合适位置，打开引线搭接处的绝缘毯，使用绝缘锁杆锁住中间相柱上开关引线待搭接的一端，提升至搭接处主导线上可靠固定。

（5）斗内电工使用线夹安装工具安装线夹，将开关两侧引线分别与主导线可靠连接，完成后分别撤除绝缘锁杆、绝缘吊杆 1，恢复接续线夹处的绝缘、密封和绝缘遮蔽。

（6）其余两相（远边相 C 相和近边相 A 相）引线的搭接按相同的方法进行，三相引线的搭接可按先中间相、再两边相的顺序进行，或根据现场工况选择，三相引线搭接完成后拆除绝缘吊杆 2。

步骤 9：柱上开关投入运行，如图 4-63 所示。斗内电工确认柱上开关引线连接可靠无误后，合上柱上开关使其投入运行，使用电流检测仪逐相检测柱上开关引线电流，确认通流正常。

步骤 10：旁路回路退出运行，如图 4-64 所示。

（1）地面电工使用绝缘操作杆断开旁路负荷开关，旁路回路退出运行，插上闭锁销钉，锁死闭锁机构。

（2）斗内电工调整绝缘斗分别至三相导线外侧的合适位置，按照“近边相、中间相、远边相”的顺序，在地面电工的配合下，斗内电工对拆除的引流线夹使用绝缘毯遮蔽后，使用斗臂车的小吊绳将三相旁路引下电缆吊至地面盘圈回收，完成后斗内电工恢复导线搭接处的绝缘、密封和绝缘遮蔽（导线遮蔽罩恢复搭接重合）。

（3）地面电工使用绝缘操作杆合上旁路负荷开关，使用放电棒对旁路电缆充分放电后，拉开旁路负荷开关，断开旁路引下电缆与旁路负荷开关的连接，拆除余缆支架和旁路负荷开关。

步骤 11：远边相 C 相导线遮蔽拆除，斗内电工调整绝缘斗至远边相 C 相

导线外侧适当位置，按照“从远到近、先接地体后带电体”的原则，拆除远边相 C 相导线上的绝缘遮蔽用具。

步骤 12：中间相 B 相导线遮蔽拆除，斗内电工调整绝缘斗至中间相 B 相导线外侧适当位置，按照“从远到近、先接地体后带电体”的原则，拆除中间相 B 相导线上的绝缘遮蔽用具。

步骤 13：近边相 A 相导线遮蔽拆除，斗内电工调整绝缘斗至近边相 A 相导线外侧适当位置，按照“从远到近、先接地体后带电体”的原则，拆除近边相 A 相导线上的绝缘遮蔽用具。

步骤 14：斗内电工向工作负责人汇报确认本项工作已完成。

步骤 15：检查杆上无遗留物，绝缘斗退出带电作业区域，斗内电工返回地面，工作结束。

4.9　带负荷更换柱上开关 3（绝缘手套作业法＋旁路作业法，斗臂车作业）

以图 4-67 所示的柱上开关杆（双侧有隔离刀闸，导线三角排列）为例，图解采用绝缘手套作业法＋旁路作业法（斗臂车作业）带负荷更换柱上开关工作，生产中务必结合现场实际工况参照适用，并积极推广绝缘手套作业法融合绝缘杆作业法（俗称短杆作业）在绝缘斗臂车的工作斗或其他绝缘平台如绝缘脚手架上的应用。

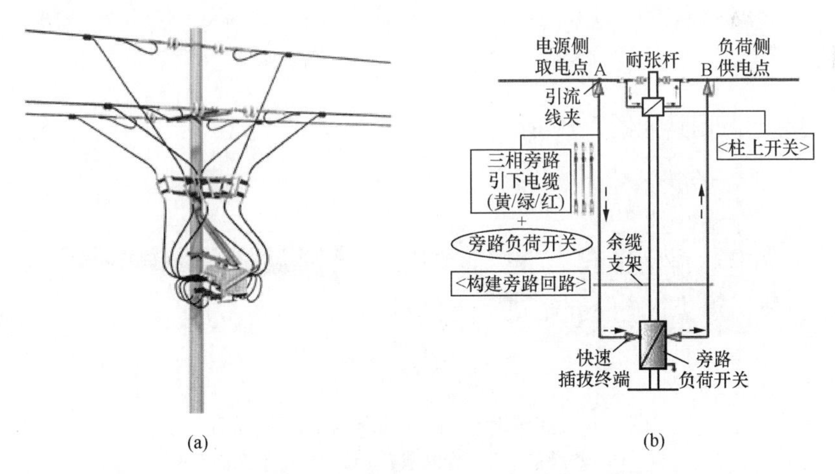

图 4-67　绝缘手套作业法（斗臂车作业）带负荷更换柱上开关

（a）杆头外形图；（b）旁路作业法示意图

4.9.1 人员组成

本项目工作人员共计 7 人，如图 4-68 所示，人员分工为：工作负责人（兼工作监护人）1 人、斗内电工（1 号和 2 号绝缘斗臂车配合作业）4 名，地面电工 2 人。

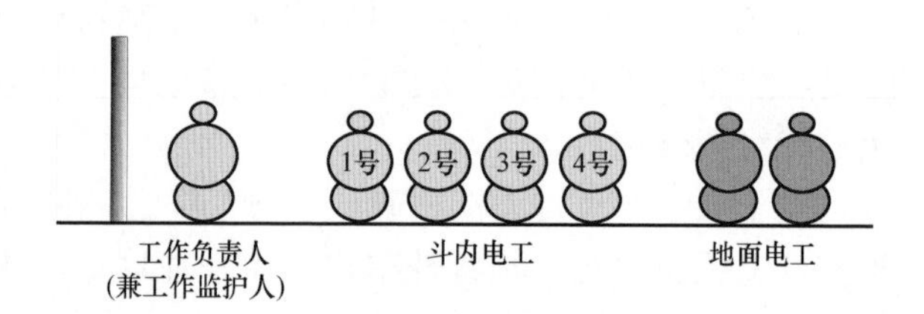

图 4-68 人员组成

4.9.2 主要工器具

绝缘防护用具如图 4-69 所示。

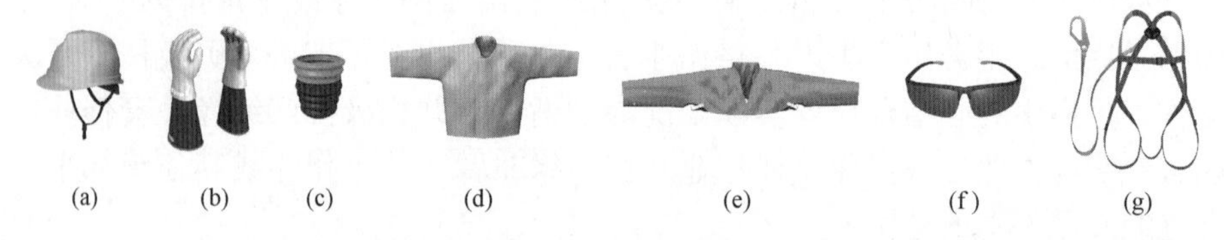

图 4-69 绝缘防护用具（根据实际工况选择）
（a）绝缘安全帽；（b）绝缘手套＋羊皮或仿羊皮保护手套；（c）绝缘手套充压气检测器；（d）绝缘服；（e）绝缘披肩；（f）护目镜；（g）安全带

绝缘遮蔽用具如图 4-70 所示。

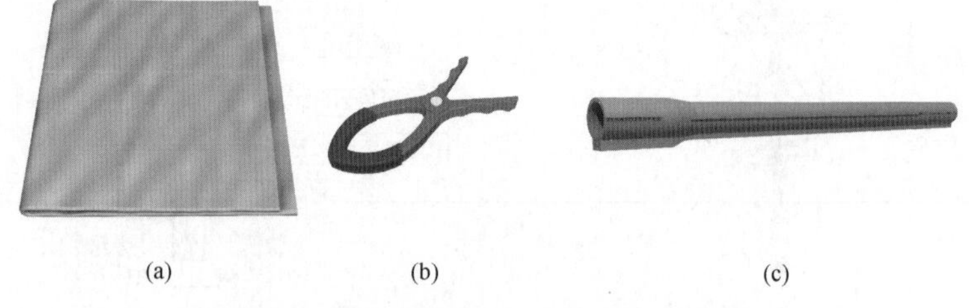

图 4-70 绝缘遮蔽用具（根据实际工况选择）
（a）绝缘毯；（b）绝缘毯夹；（c）导线遮蔽罩

绝缘工具如图 4-71 所示。

旁路设备如图 4-72 所示。

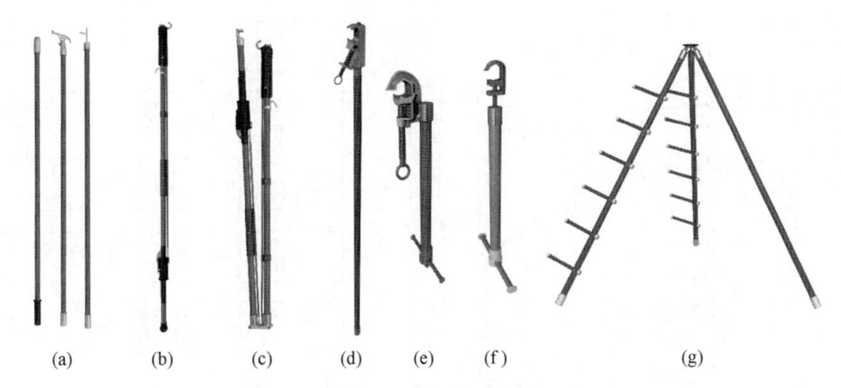

图 4-71　绝缘工具（根据实际工况选择）

（a）绝缘操作杆；（b）伸缩式绝缘锁杆；（c）伸缩式折叠绝缘锁杆；（d）绝缘（双头）锁杆；（e）绝缘吊杆 1；（f）绝缘吊杆 2；（g）绝缘工具支架

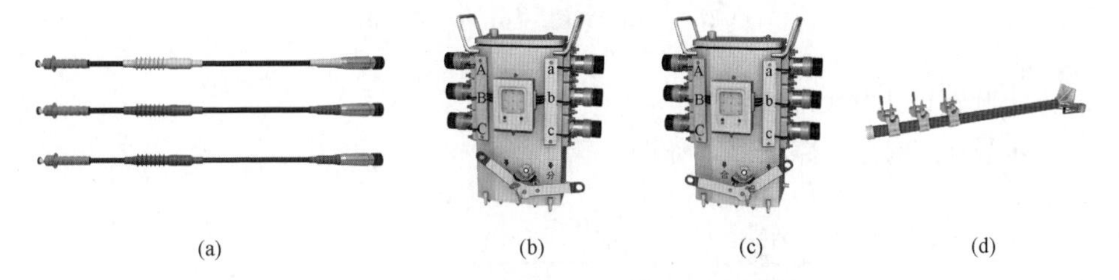

图 4-72　旁路设备（根据实际工况选择）

（a）旁路引下电缆；（b）旁路负荷开关分闸位置；（c）旁路负荷开关合闸位置；（d）余缆支架

4.9.3　操作步骤

本项目操作前的准备工作已完成，工作负责人已检查确认作业装置和现场环境符合带电作业条件，具有配网自动化功能的柱上开关，其电压互感器确已退出运行。

如图 4-73 所示，采用绝缘手套作业法＋旁路作业法（斗臂车作业）带负荷更换柱上开关，可分为以下步骤进行。

步骤 1：遮蔽近边相 A 相导线，斗内电工调整绝缘斗至近边相 A 相导线外侧适当位置，按照“从近到远、先带电体后接地体”的原则，使用导线遮蔽罩对近边相 A 相导线进行绝缘遮蔽，考虑到后续挂接旁路引下电缆的需要，两侧导线上的遮蔽罩至少是 2 根搭接。

步骤 2：遮蔽中间相 B 相导线，斗内电工按照遮蔽近边相 A 相导线相同的方法遮蔽中间相 B 相导线。

步骤 3：遮蔽远边相 C 相导线，斗内电工按照遮蔽近边相 A 相导线相同

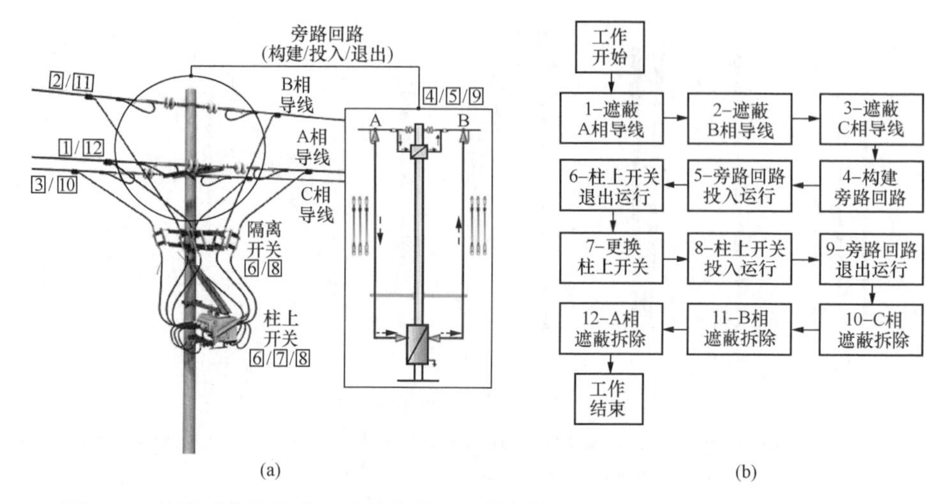

(a)　(b)

图 4-73　绝缘手套作业法（斗臂车作业）带负荷更换柱上开关工作示意图（推荐）

（a）作业步骤示意图；（b）作业流程图

的方法遮蔽远边相 C 相导线。

步骤 4：构建旁路回路，如图 4-74 所示。

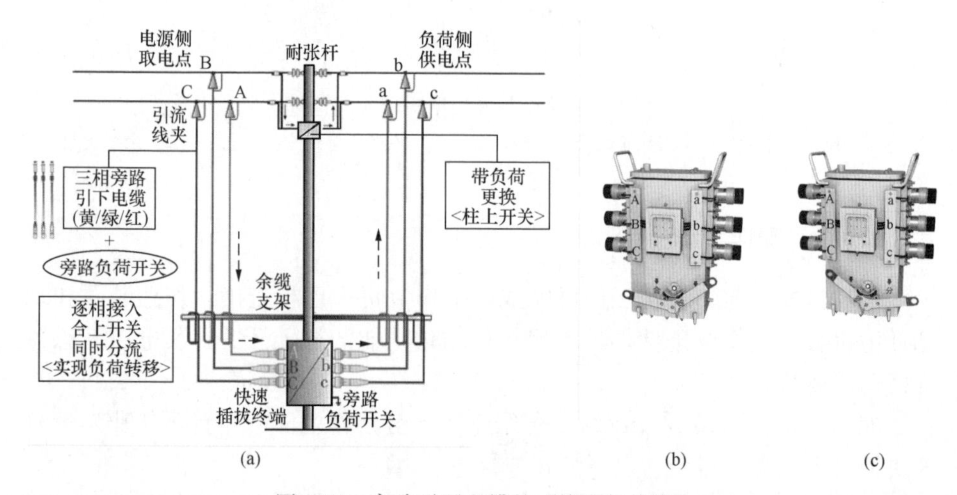

(a)　(b)　(c)

图 4-74　旁路引下电缆的“接入与分流”

（a）“逐相接入、合上开关、同时分流”示意图；（b）合上开关，分流开始；（c）断开开关，分流结束

（1）地面电工在电杆的合适位置（离地）安装好旁路负荷开关和余缆支架，确认旁路负荷开关处于“分”闸、闭锁状态，将开关外壳可靠接地。

（2）地面电工在工作负责人的指挥下，先将一端安装有快速插拔终端的旁路引下电缆与旁路负荷开关同相位（黄）A、（绿）B、（红）C 可靠连接，如图 4-74（a）所示，多余的旁路引下电缆规范地挂在余缆支架上，确认连接

可靠后，将一端安装有与架空导线连接的引流线夹用绝缘毯可靠遮蔽好，在其合适位置系上长度适宜的起吊绳（防坠绳）。

（3）地面电工按照相同的方法，将旁路负荷开关另一侧三相旁路引下电缆与旁路负荷开关同相位（黄）A、（绿）B、（红）C可靠连接，多余的旁路引下电缆规范地挂在余缆支架上，确认连接可靠后，将一端安装有与架空导线连接的引流线夹用绝缘毯可靠遮蔽好，在其合适位置系上长度适宜的起吊绳（防坠绳）。

（4）地面电工确认旁路负荷开关两侧（黄、绿、红）三相旁路引下电缆相色标记正确连接无误，用绝缘操作杆合上旁路负荷开关进行绝缘检测（绝缘电阻应不小于500MΩ），检测合格后用放电棒进行充分的放电。

（5）地面电工使用绝缘操作杆断开旁路负荷开关，确认开关处于“分闸”状态，插上闭锁销钉，锁死闭锁机构。

（6）斗内电工调整绝缘斗至远边相C相导线外侧适当位置，在地面电工的配合下使用小吊绳将旁路引下电缆吊至导线处，如图4-75所示，移开对接重合的两根导线遮蔽罩，将旁路引下电缆的引流线夹挂接到架空导线上，并挂好防坠绳（起吊绳），完成后使用绝缘毯对导线和引流线夹进行遮蔽。如导线为绝缘导线，应先剥除导线的绝缘层，再清除连接处导线上的氧化层。

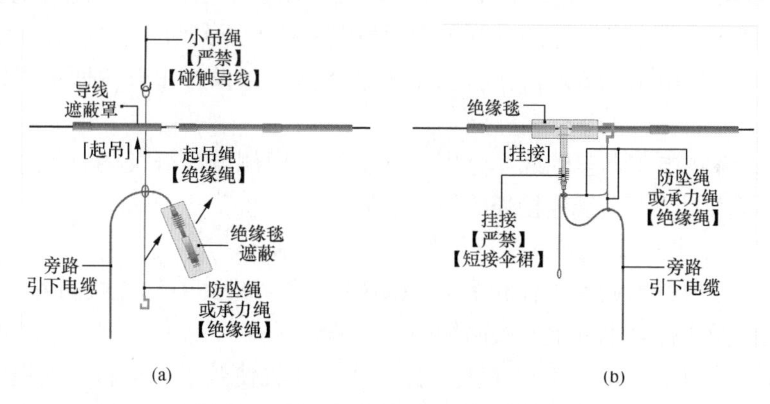

图4-75　旁路引下电缆的起吊与挂接示意图

（a）起吊；（b）挂接

（7）按照相同的方法，依次将其余两相（中间相B相和近边相A相）旁路引线电缆与同相位的中间相、近边相架空导线可靠连接，按照“远边相、中间相、近边相”的顺序挂接时，应确保相色标记为“黄、绿、红”的旁路引下电缆与同相位的（黄）A、（绿）B、（红）C三相导线可靠连接，相序保持一致。

步骤5：旁路回路投入运行，如图4-74所示。

（1）地面电工使用核相工具确认核相正确无误后，用绝缘操作杆合上旁路负荷开关，旁路回路投入运行，插上闭锁销钉，锁死闭锁机构。

（2）斗内电工用电流检测仪逐相测量三相旁路电缆电流，确认每一相分流的负荷电流应不小于原线路负荷电流的 1/3。

步骤 6：柱上开关退出运行，如图 4-73 所示。

（1）斗内电工确认旁路回路工作正常，用绝缘操作杆拉开柱上开关使其退出运行。

（2）斗内电工调整绝缘斗分别至隔离开关外侧的合适位置，使用绝缘操作杆依次断开三相隔离开关，使用绝缘毯对三相隔离开关的上引线连接处进行绝缘遮蔽。

步骤 7：更换柱上开关，如图 4-73 所示。

（1）斗内电工调整绝缘斗分别至柱上开关两侧的合适位置，断开柱上开关两侧引线，或直接断开三相隔离开关下引线。

（2）地面电工对新安装的柱上开关进行分、合试操作后，将柱上开关置于断开位置。

（3）1 号斗臂车斗内电工调整绝缘斗至柱上开关安装位置前方合适位置，2 号斗臂车斗内电工调整绝缘斗至柱上开关安装位置的上方，在地面电工的配合下，使用斗臂车的小吊绳和开关专用吊绳将柱上开关调至安装位置，配合 1 号斗臂车斗内电工完成新柱上开关的安装工作，以及柱上开关两侧引线的连接工作。

（4）斗内电工调整绝缘斗分别至柱上开关两侧隔离开关的合适位置，拆除三相隔离开关上引线连接处的绝缘遮蔽。

步骤 8：柱上开关投入运行，如图 4-73 所示。

（1）斗内电工调整工作位置，检测确认柱上开关引线连接可靠无误后，使用绝缘操作杆合上柱上开关两侧的三相隔离开关。

（2）斗内电工调整工作位置，合上柱上开关使其投入运行，使用电流检测仪逐相检测柱上开关引线电流，确认通流正常，更换柱上开关工作结束。

步骤 9：旁路回路退出运行，如图 4-74 所示。

（1）地面电工使用绝缘操作杆断开旁路负荷开关，旁路回路退出运行，插上闭锁销钉，锁死闭锁机构。

（2）斗内电工调整绝缘斗分别至三相导线外侧的合适位置，按照“近边相、中间相、远边相”的顺序，在地面电工的配合下，斗内电工对拆除的引流线夹使用绝缘毯遮蔽后，使用斗臂车的小吊绳将三相旁路引下电缆吊至地面盘圈回收，完成后斗内电工恢复导线搭接处的绝缘、密封和绝缘遮蔽（导线遮蔽罩恢复搭接重合）。

(3) 地面电工使用绝缘操作杆合上旁路负荷开关，使用放电棒对旁路电缆充分放电后，拉开旁路负荷开关，断开旁路引下电缆与旁路负荷开关的连接，拆除余缆支架和旁路负荷开关。

步骤 10：远边相 C 相导线遮蔽拆除，斗内电工调整绝缘斗至远边相 C 相导线外侧适当位置，按照“从远到近、先接地体后带电体”的原则，拆除远边相 C 相导线上的绝缘遮蔽用具。

步骤 11：中间相 B 相导线遮蔽拆除，斗内电工调整绝缘斗至中间相 B 相导线外侧适当位置，按照“从远到近、先接地体后带电体”的原则，拆除中间相 B 相导线上的绝缘遮蔽用具。

步骤 12：近边相 A 相导线遮蔽拆除，斗内电工调整绝缘斗至近边相 A 相导线外侧适当位置，按照“从远到近、先接地体后带电体”的原则，拆除近边相 A 相导线上的绝缘遮蔽用具。

步骤 13：斗内电工向工作负责人汇报确认本项工作已完成。

步骤 14：检查杆上无遗留物，绝缘斗退出带电作业区域，斗内电工返回地面，工作结束。

4.10　带负荷更换柱上开关 4（绝缘手套作业法＋桥接施工法，斗臂车作业）

以图 4-76 所示的柱上开关杆（双侧无隔离刀闸，导线三角排列）为例，图解采用绝缘手套作业法＋桥接施工法（斗臂车作业）带负荷更换柱上开关工作，生产中务必结合现场实际工况参照适用，并积极推广绝缘手套作业法融合绝缘杆作业法（俗称短杆作业）在绝缘斗臂车的工作斗或其他绝缘平台如绝缘脚手架上的应用。

4.10.1　人员组成

本项目工作人员共计 8 人（不含地面配合人员和停电作业人员），如图 4-77 所示，人员分工为：项目总协调人 1 人、带电工作负责人（兼工作监护人）1 人、斗内电工（1 号和 2 号绝缘斗臂车配合作业）4 人、地面电工 2 人，地面配合人员和停电作业人员根据现场情况确定。

4.10.2　主要工器具

绝缘防护用具如图 4-78 所示。
绝缘遮蔽用具如图 4-79 所示。
绝缘工具如图 4-80 所示。

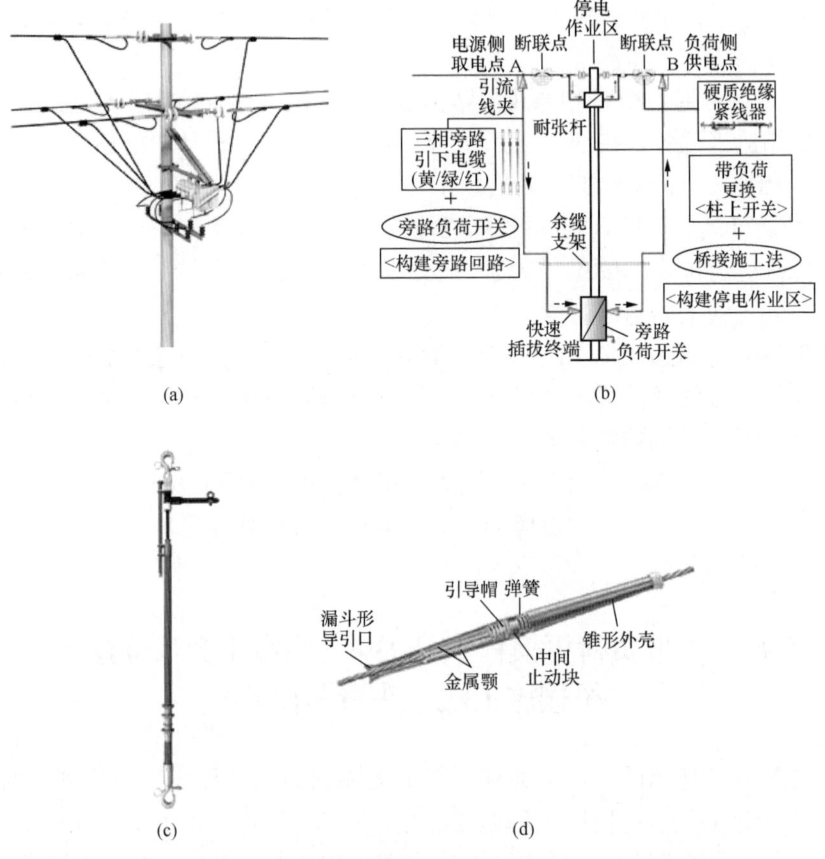

(a) (b)

(c) (d)

图 4-76 绝缘手套作业法＋桥接施工法（斗臂车作业）带负荷更换柱上开关

（a）杆头外形图；（b）旁路作业法示意图；（c）桥接工具之硬质绝缘紧线器外形图；（d）桥接工具之专用快速接头构造图

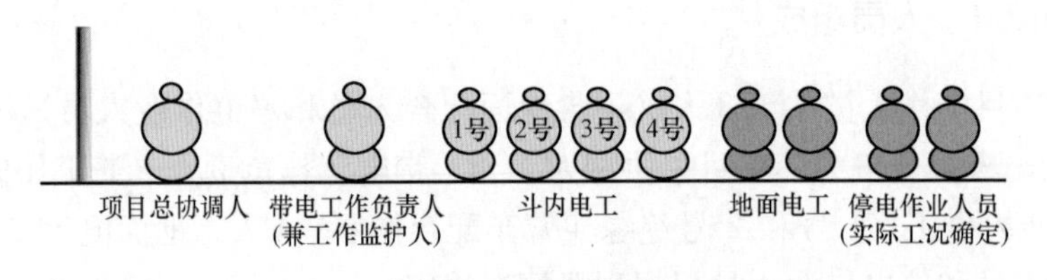

图 4-77 人员组成

旁路设备如图 4-81 所示。

4.10.3 操作步骤

本项目操作前的准备工作已完成，工作负责人已检查确认作业装置和现

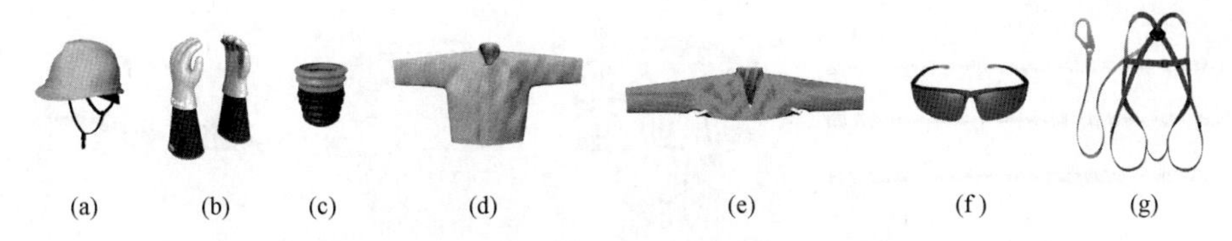
(a)　(b)　(c)　(d)　(e)　(f)　(g)

图 4-78　绝缘防护用具（根据实际工况选择）

（a）绝缘安全帽；（b）绝缘手套＋羊皮或仿羊皮保护手套；（c）绝缘手套充压气检测器；（d）绝缘服；（e）绝缘披肩；（f）护目镜；（g）安全带

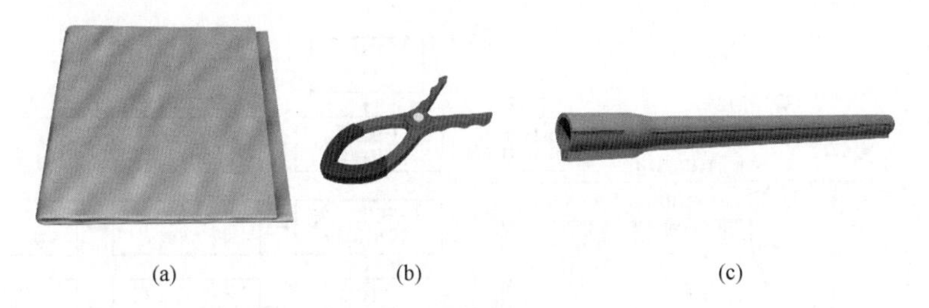
(a)　(b)　(c)

图 4-79　绝缘遮蔽用具（根据实际工况选择）

（a）绝缘毯；（b）绝缘毯夹；（c）导线遮蔽罩

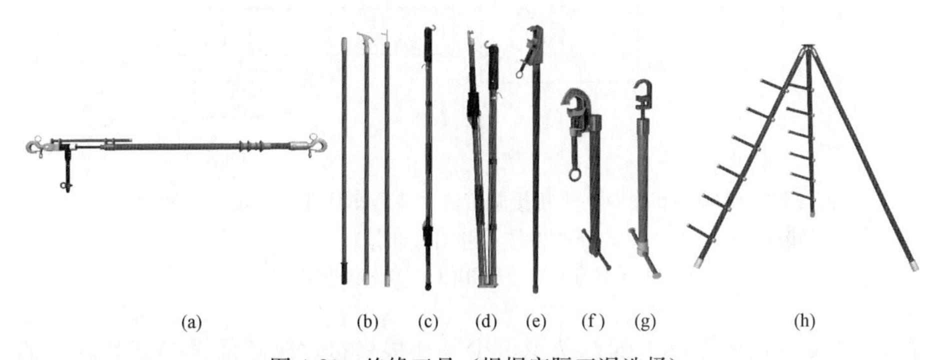
(a)　(b)　(c)　(d)　(e)　(f)　(g)　(h)

图 4-80　绝缘工具（根据实际工况选择）

（a）硬质绝缘紧线器；（b）绝缘操作杆；（c）伸缩式绝缘锁杆；（d）伸缩式折叠绝缘锁杆；（e）绝缘（双头）锁杆；（f）绝缘吊杆 1；（g）绝缘吊杆 2；（h）绝缘工具支架

场环境符合带电作业条件，具有配网自动化功能的柱上开关，其电压互感器退出运行。

如图 4-82 所示，采用绝缘手套作业法＋桥接施工法（斗臂车作业）带负荷更换柱上开关工作，可分为以下步骤进行。

步骤 1：遮蔽近边相 A 相导线，斗内电工调整绝缘斗至近边相 A 相导线外侧适当位置，按照“从近到远、先带电体后接地体”的原则，使用导线遮蔽罩对近边相 A 相导线进行绝缘遮蔽，考虑到后续挂接旁路引下电缆和开断

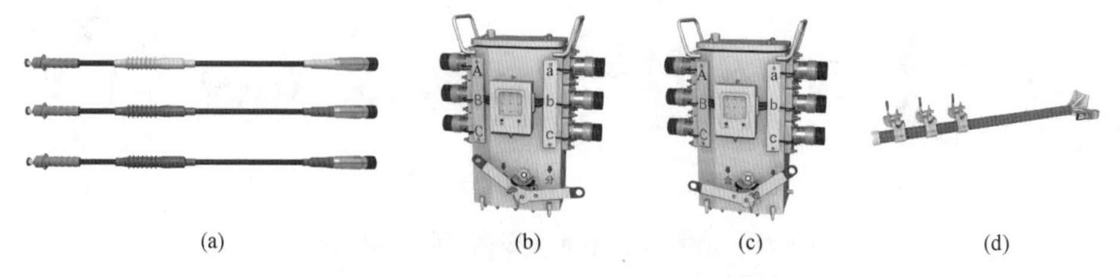

图 4-81 旁路设备（根据实际工况选择）

(a) 旁路引下电缆；(b) 旁路负荷开关分闸位置；(c) 旁路负荷开关合闸位置；(d) 余缆支架

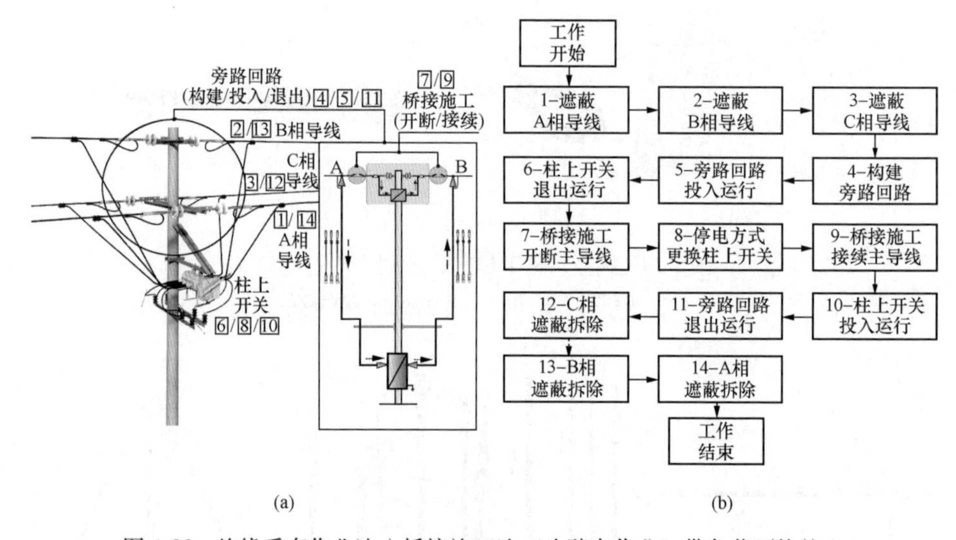

图 4-82 绝缘手套作业法+桥接施工法（斗臂车作业）带负荷更换柱上开关工作示意图（推荐）

(a) 作业步骤示意图；(b) 作业流程图

导线的需要，两侧导线上的遮蔽罩至少是 3 根搭接，遮蔽前选择好断联点的位置，便于后续开断导线拆除绝缘遮蔽。

步骤 2：遮蔽中间相 B 相导线，斗内电工按照遮蔽近边相 A 相导线相同的方法遮蔽中间相 B 相导线。

步骤 3：遮蔽远边相 C 相导线，斗内电工按照遮蔽近边相 A 相导线相同的方法遮蔽远边相 C 相导线。

步骤 4：构建旁路回路，如图 4-83 所示。

(1) 地面电工在电杆的合适位置（离地）安装好旁路负荷开关和余缆支架，确认旁路负荷开关处于“分”闸、闭锁状态，将开关外壳可靠接地。

(2) 地面电工在工作负责人的指挥下，先将一端安装有快速插拔终端的旁路引下电缆与旁路负荷开关同相位（黄）A、（绿）B、（红）C 可靠连接，

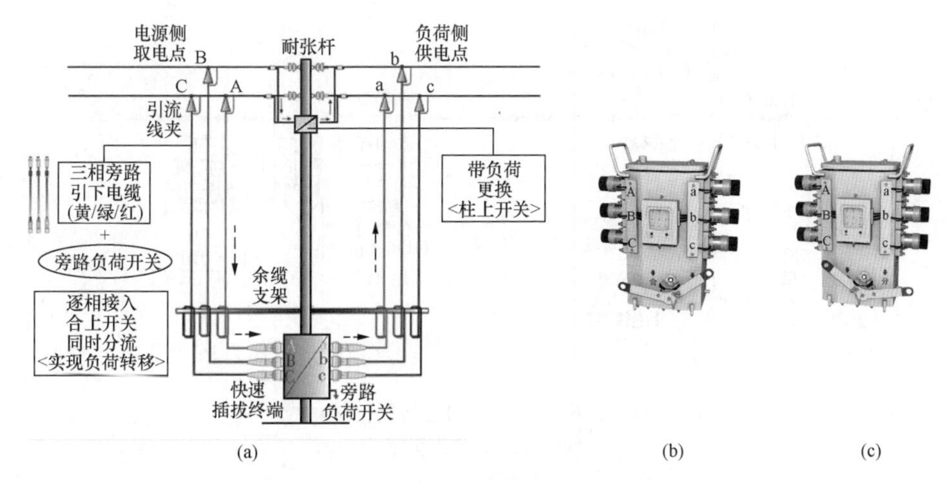

图 4-83　旁路引下电缆的“接入与分流”

（a）“逐相接入、合上开关、同时分流”示意图；（b）合上开关，分流开始；（c）断开开关，分流结束

如图 4-83（a）所示，多余的旁路引下电缆规范地挂在余缆支架上，确认连接可靠后，将一端安装有与架空导线连接的引流线夹用绝缘毯可靠遮蔽好，在其合适位置系上长度适宜的起吊绳（防坠绳）。

（3）地面电工按照相同的方法，将旁路负荷开关另一侧三相旁路引下电缆与旁路负荷开关同相位（黄）A、（绿）B、（红）C 可靠连接，多余的旁路引下电缆规范地挂在余缆支架上，确认连接可靠后，将一端安装有与架空导线连接的引流线夹用绝缘毯可靠遮蔽好，在其合适位置系上长度适宜的起吊绳（防坠绳）。

（4）地面电工确认旁路负荷开关两侧（黄、绿、红）三相旁路引下电缆相色标记正确连接无误，用绝缘操作杆合上旁路负荷开关进行绝缘检测（绝缘电阻应不小于 500MΩ），检测合格后用放电棒进行充分的放电。

（5）地面电工使用绝缘操作杆断开旁路负荷开关，确认开关处于“分闸”状态，插上闭锁销钉，锁死闭锁机构。

（6）斗内电工调整绝缘斗至远边相 C 相导线外侧适当位置，在地面电工的配合下使用小吊绳将旁路引下电缆吊至导线处，如图 4-84 所示，移开对接重合的两根导线遮蔽罩，将旁路引下电缆的引流线夹安装（挂接）到架空导线上，并挂好防坠绳（起吊绳），完成后使用绝缘毯对导线和引流线夹进行遮蔽。如导线为绝缘导线，应先剥除导线的绝缘层，再清除连接处导线上的氧化层。

（7）按照相同的方法，依次将其余两相（中间相 B 相和近边相 A 相）旁

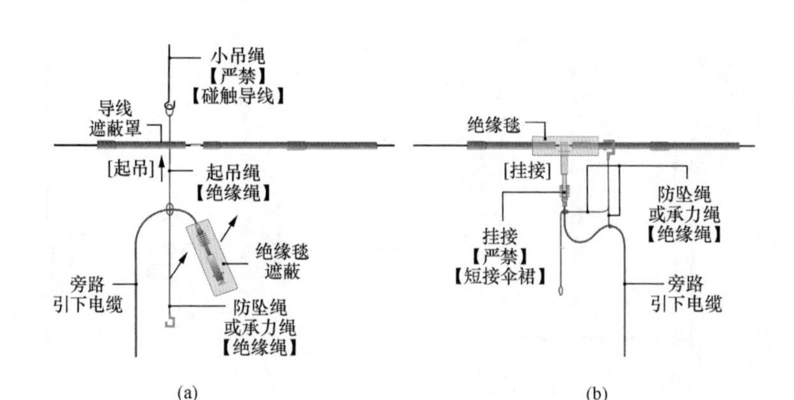

图 4-84 旁路引下电缆的起吊与挂接示意图

（a）起吊；（b）挂接

路引线电缆与同相位的中间相、近边相架空导线可靠连接，按照“远边相、中间相、近边相”的顺序挂接时，应确保相色标记为“黄、绿、红”的旁路引下电缆与同相位的（黄）A、（绿）B、（红）C 三相导线可靠连接，相序保持一致。

步骤 5：旁路回路投入运行，如图 4-83 所示。

（1）地面电工使用核相工具确认核相正确无误后，用绝缘操作杆合上旁路负荷开关，旁路回路投入运行，插上闭锁销钉，锁死闭锁机构。

（2）斗内电工用电流检测仪逐相测量三相旁路电缆电流，确认每一相分流的负荷电流应不小于原线路负荷电流的 1/3。

步骤 6：柱上开关退出运行，如图 4-82（a）所示。斗内电工确认旁路回路工作正常，用绝缘操作杆拉开柱上开关使其退出运行。

步骤 7：桥接施工，安装桥接工具，开断主导线，如图 4-82（a）所示。

（1）斗内电工调整绝缘斗分别至近边相导线断联点（或称为桥接点）处拆除导线遮蔽罩，将硬质绝缘紧线器和绝缘保护绳安装在断联点两侧的导线上，操作绝缘紧线器将导线收紧至便于开断状态。

（2）斗内电工检查确认硬质绝缘紧线器承力无误后，用断线剪断开导线并使断头导线向上弯曲，完成后使用导线端头遮蔽罩和绝缘毯进行遮蔽。

（3）斗内电工按照相同的方法开断中间相 B 相导线，近边相 A 相导线，开断工作完成后，退出带电作业区域，返回地面。

步骤 8：按照停电作业方式更换柱上开关。

（1）带电工作负责人在项目总协调人的组织下，与停电工作负责人完成工作任务交接。

（2）停电工作负责人带领作业班组执行《配电线路第一种工作票》，按照停电作业方式完成柱上开关更换工作。

（3）停电工作负责人在项目总协调人的组织下，与带电工作负责人完成工作任务交接。

步骤 9：桥接施工，安使用导线接续管或专用快速接头接续主导线。

（1）斗内电工获得工作负责人许可后，穿戴好绝缘防护用具，经工作负责人检查合格后进入绝缘斗、挂好安全带保险钩。

（2）斗内电工调整绝缘斗分别至近边相 A 相导线的断联点处，操作硬质绝缘紧线器使主导线处于接续状态，斗内电工相互配合使用导线接续管或专用快速接头、液压压接工具完成断联点两侧主导线的承力接续工作。

（3）斗内电工缓慢操作硬质绝缘紧线器使主导线处于松弛状态，确认导线接续管或专用快速接头承力无误后，拆除硬质绝缘紧线器及绝缘保护绳，恢复导线绝缘遮蔽。

（4）斗内电工按照相同的方法接续其他两相（远边相 A 相和中间相 A 相）导线。

步骤 10：柱上开关投入运行，如图 4-82（a）所示。斗内电工调整绝缘斗至合适位置，使用绝缘操作杆合上柱上开关使其投入运行，使用电流检测仪逐相检测柱上开关引线电流和主导线电流，确认通流正常。

步骤 11：旁路回路退出运行，如图 4-83 所示。

（1）地面电工使用绝缘操作杆断开旁路负荷开关，旁路回路退出运行，插上闭锁销钉，锁死闭锁机构。

（2）斗内电工调整绝缘斗分别至三相导线外侧的合适位置，按照“近边相、中间相、远边相”的顺序，在地面电工的配合下，斗内电工对拆除的引流线夹使用绝缘毯遮蔽后，使用斗臂车的小吊绳将三相旁路引下电缆吊至地面盘圈回收，完成后斗内电工恢复导线搭接处的绝缘、密封和绝缘遮蔽（导线遮蔽罩恢复搭接重合）。

（3）地面电工使用绝缘操作杆合上旁路负荷开关，使用放电棒对旁路电缆充分放电后，拉开旁路负荷开关，断开旁路引下电缆与旁路负荷开关的连接，拆除余缆支架和旁路负荷开关。

步骤 12：远边相 C 相导线遮蔽拆除，斗内电工调整绝缘斗至远边相 C 相导线外侧适当位置，按照“从远到近、先接地体后带电体”的原则，拆除远边相 C 相导线上的绝缘遮蔽用具。

步骤 13：中间相 B 相导线遮蔽拆除，斗内电工调整绝缘斗至中间相 B 相导线外侧适当位置，按照“从远到近、先接地体后带电体”的原则，拆除中间相 B 相导线上的绝缘遮蔽用具。

步骤 14：近边相 A 相导线遮蔽拆除，斗内电工调整绝缘斗至近边相 A 相导线外侧适当位置，按照“从远到近、先接地体后带电体”的原则，拆除近边相A相导线上的绝缘遮蔽用具。

步骤15：斗内电工向工作负责人汇报确认本项工作已完成。

步骤16：检查杆上无遗留物，绝缘斗退出带电作业区域，斗内电工返回地面，工作结束。

第 5 章　转供电类项目作业图解

5.1　旁路作业检修架空线路（综合不停电作业法）

以图 5-1 所示的旁路作业检修架空线路（综合不停电作业法）工作为例，图解人员组成、主要工器具和操作步骤等，适用于线路负荷电流不大于 200A 的工况，生产中务必结合现场实际工况参照适用。

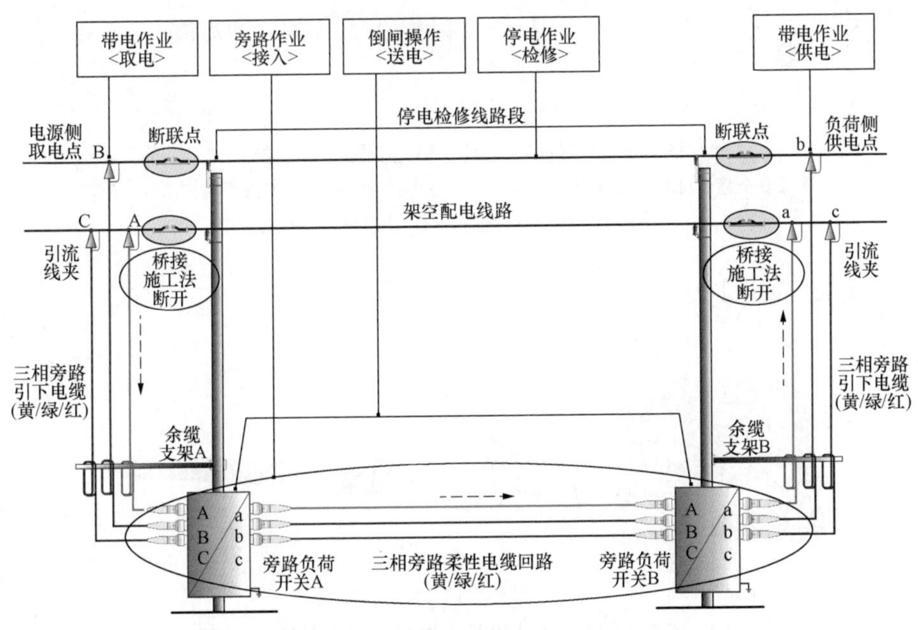

图 5-1　旁路作业检修架空线路（综合不停电作业法）

5.1.1　人员组成

本项目工作人员共计 12 人（不含地面配合人员和停电作业人员），如图 5-2 所示，人员分工为：项目总协调人 1 人、带电工作负责人（兼工作监护人）1 人、斗内电工（1 号和 2 号绝缘斗臂车配合作业）4 人、地面电工 4 人（兼旁路作业人员），倒闸（运行）操作人员（含专责监护人）2 人，地面配合人员和停电作业人员根据现场情况确定。

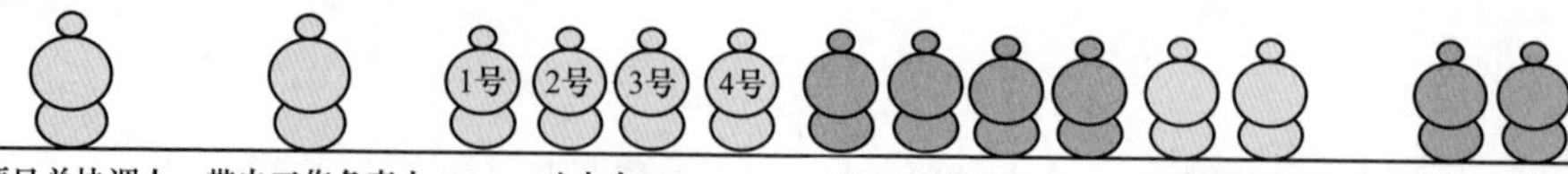

图 5-2 人员组成

5.1.2 主要工器具

绝缘防护用具如图 5-3 所示。

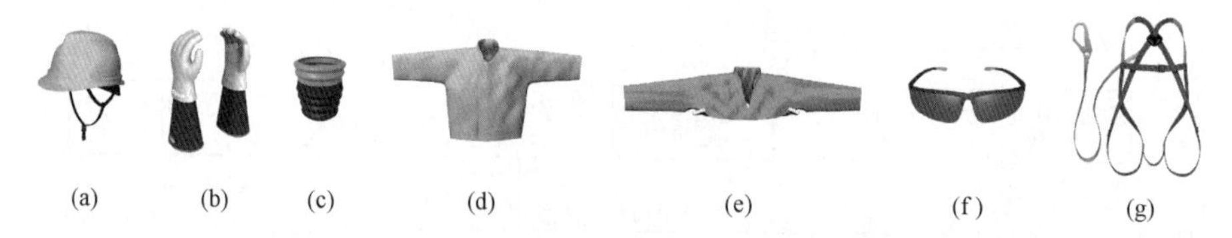

图 5-3 绝缘防护用具（根据实际工况选择）
（a）绝缘安全帽；（b）绝缘手套+羊皮或仿羊皮保护手套；（c）绝缘手套充压气检测器；（d）绝缘服；（e）绝缘披肩；（f）护目镜；（g）安全带

绝缘遮蔽用具如图 5-4 所示。

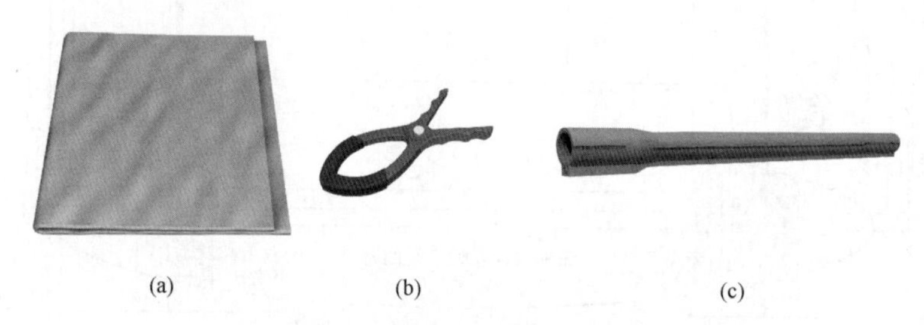

图 5-4 绝缘遮蔽用具（根据实际工况选择）
（a）绝缘毯；（b）绝缘毯夹；（c）导线遮蔽罩

绝缘工具和旁路设备如图 5-5 所示。

5.1.3 操作步骤

本项目操作前的准备工作已完成，工作负责人已检查确认线路负荷电流不大于 200A，作业装置和现场环境符合带电作业和旁路作业条件。

如图 5-6 所示，旁路作业检修架空线路（综合不停电作业法）工作，可分为以下分项作业步骤进行。

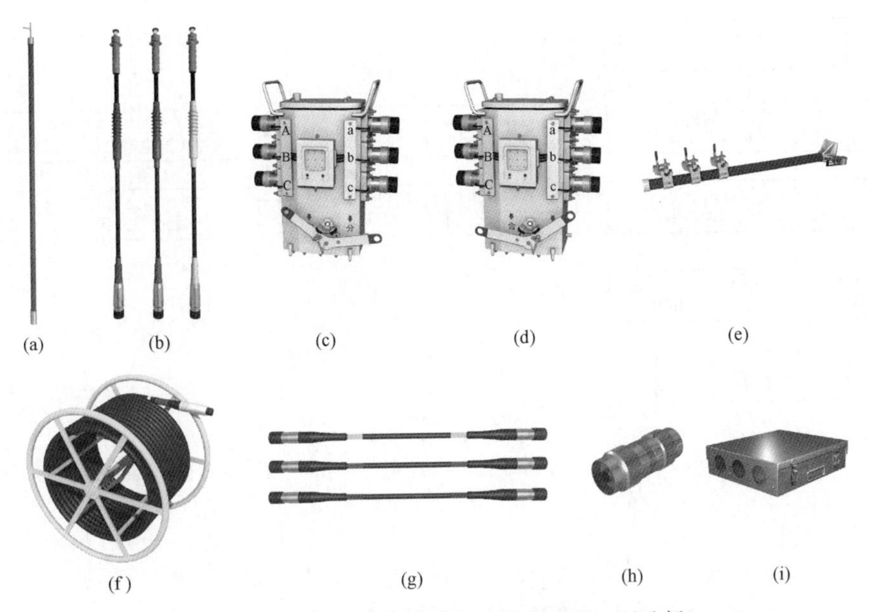

图 5-5　绝缘工具和旁路设备（根据实际工况选择）

（a）绝缘操作杆；（b）高压旁路引下电缆；（c）高压旁路负荷开关分闸位置；
（d）高压旁路负荷开关合闸位置；（e）余缆支架；（f）高压旁路柔性电缆盘；
（g）三相高压旁路柔性电缆；（h）高压旁路电缆快速插拔直通接头；（i）接头保护架

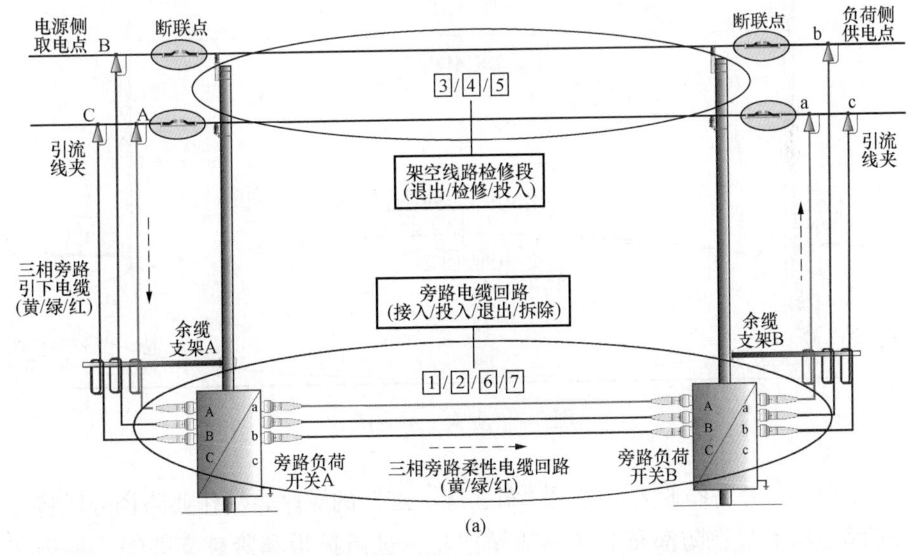

图 5-6　旁路作业检修架空线路（综合不停电作业法）工作示意图（推荐）（一）

（a）分项作业示意图

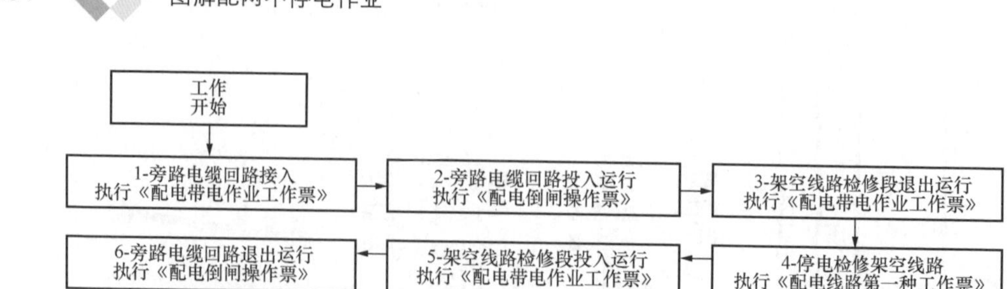

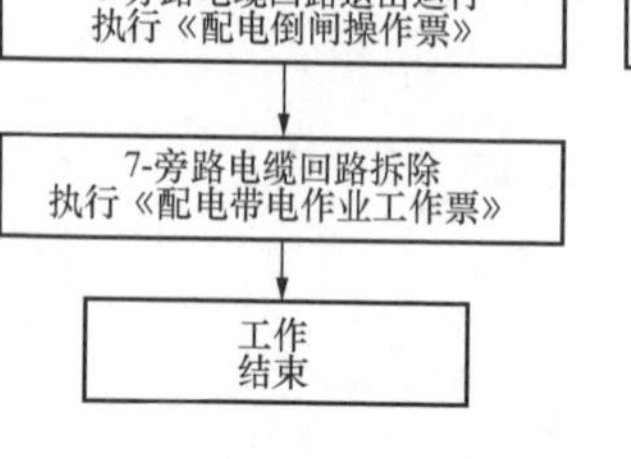

(b)

图 5-6 旁路作业检修架空线路（综合不停电作业法）工作示意图（推荐）（二）

（b）分项作业流程图

1. 旁路电缆回路接入，执行《配电带电作业工作票》

步骤 1：旁路作业人员在电杆的合适位置（离地）安装好旁路负荷开关和余缆支架，旁路负荷开关置于“分”闸、闭锁位置，使用接地线将旁路负荷外壳接地，如图 5-7 所示。

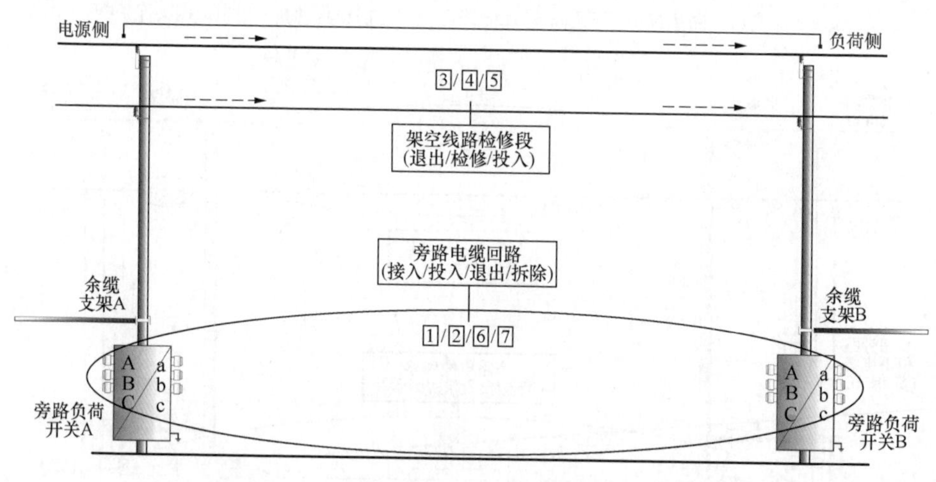

图 5-7 步骤 1 示意图

步骤 2：旁路作业人员按照“黄、绿、红”的顺序，沿作业路径分段将三相旁路电缆展放在防潮布上（包括保护盒、过街护板和跨越支架等，根据实际情况选用），如图 5-8 所示。

步骤 3：旁路作业人员使用快速插拔中间接头，将同相色（黄、绿、红）旁路电缆的快速插拔终端可靠连接，接续好的终端接头放置专用铠装接头保

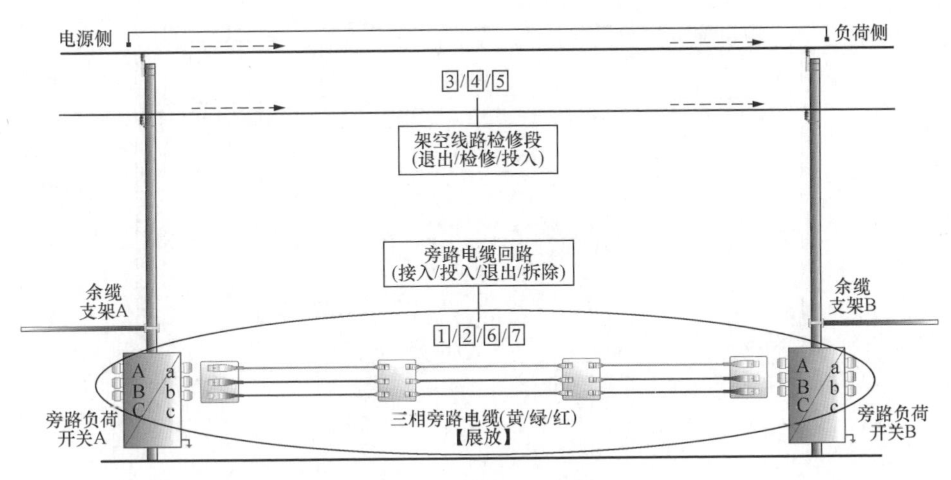

图 5-8　步骤 2 示意图

护盒内，如图 5-9 所示。

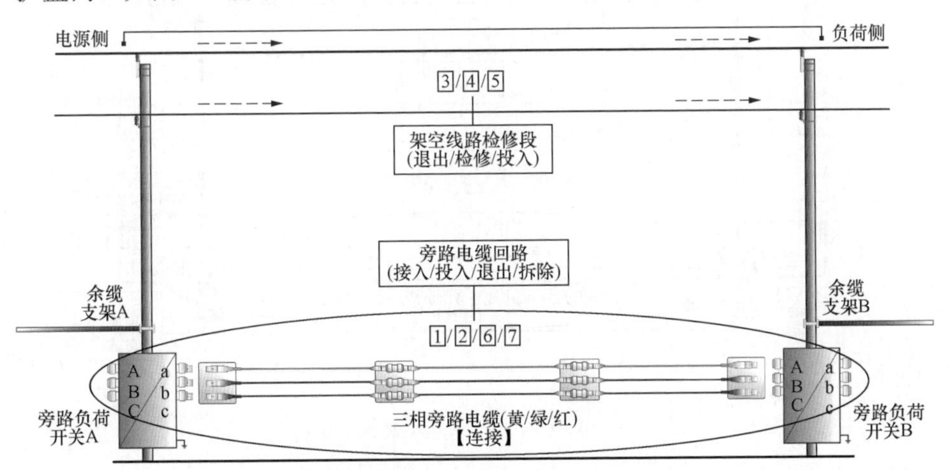

图 5-9　步骤 3 示意图

步骤 4：旁路作业人员将三相旁路电缆快速插拔接头与旁路负荷开关的同相位快速插拔接口 A（黄）、B（绿）、C（红）可靠连接，如图 5-10 所示。

步骤 5：旁路作业人员将三相旁路引下电缆快速插拔接头与旁路负荷开关同相位快速插拔接口 A（黄）、B（绿）、C（红）可靠连接，与架空导线连接的引流线夹用绝缘毯遮蔽好，并系上长度适宜的起吊绳（防坠绳），如图 5-11 所示。

步骤 6：运行操作人员使用绝缘操作杆“合上”电源侧旁路负荷开关＋闭锁、负荷侧旁路负荷开关＋闭锁，检测旁路电缆回路绝缘电阻不小于

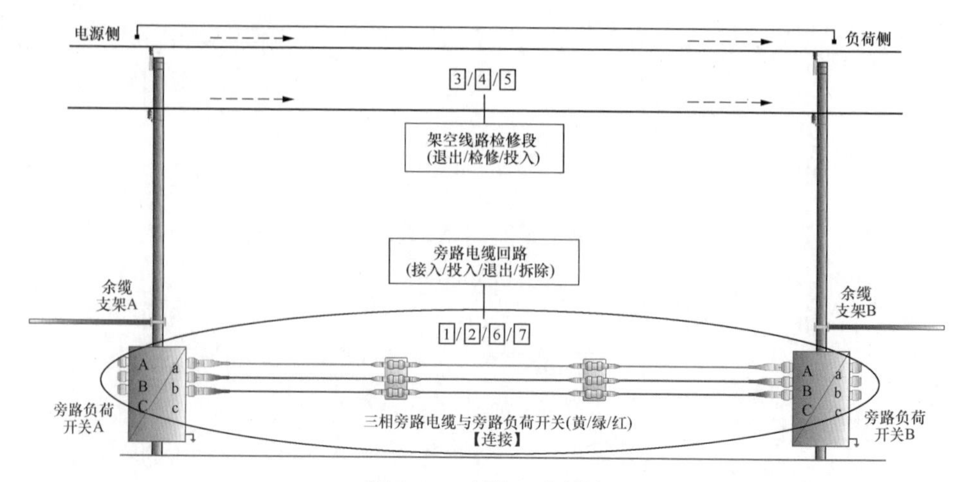

图 5-10　步骤 4 示意图

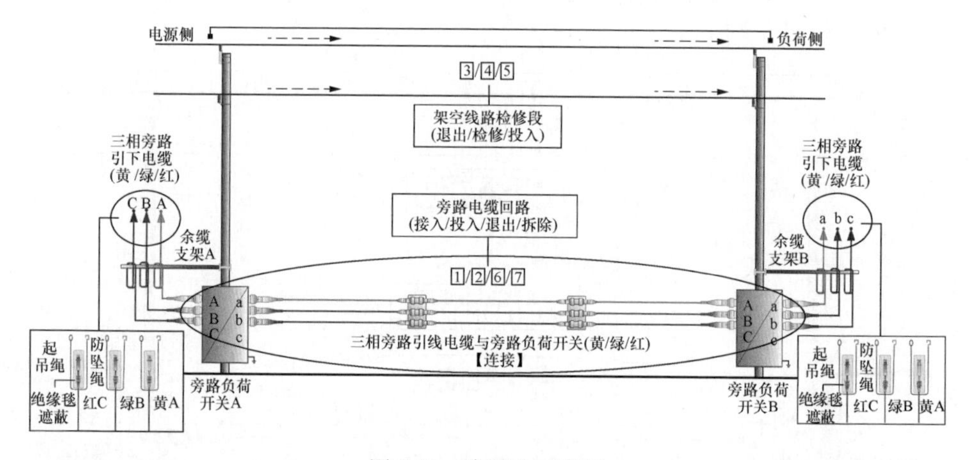

图 5-11　步骤 5 示意图

500MΩ，使用放电棒充分放电后，断开负荷侧旁路负荷开关＋闭锁、电源侧旁路负荷开关＋闭锁，如图 5-12 所示。

步骤 7：带电作业人员按照“近边相、中间相、远边相”的顺序，使用导线遮蔽罩完成三相导线的绝缘遮蔽工作，按照“远边相、中间相、近边相”的顺序，完成三相旁路引下电缆与同相位的架空导线 A（黄）、B（绿）、C（红）的“接入”工作，接入后使用绝缘毯对引流线夹处进行绝缘遮蔽，挂好防坠绳（起吊绳），多余的电缆规范地放置在余缆支架上，如图 5-13 所示，旁路电缆回路“接入”工作结束。

2. 旁路电缆回路投入运行，执行《配电倒闸操作票》

步骤 8：运行操作人员使用绝缘操作杆合上（电源侧）旁路负荷开关＋闭

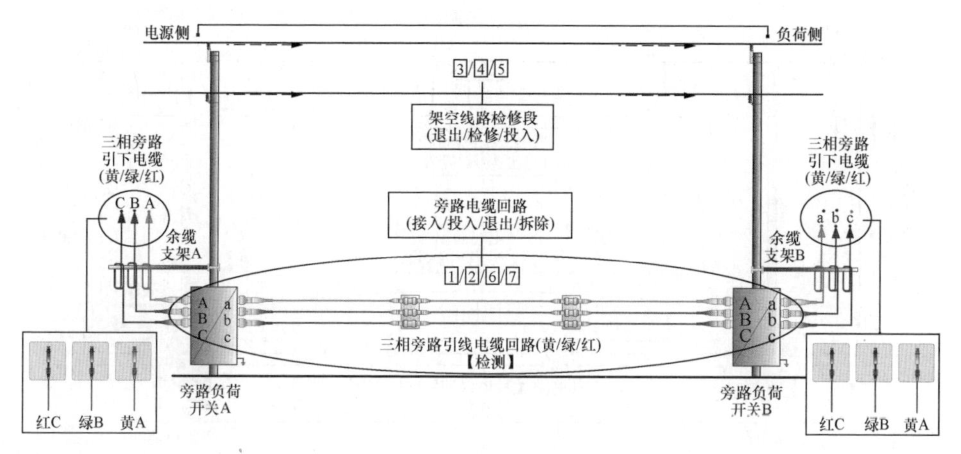

图 5-12　步骤 6 示意图

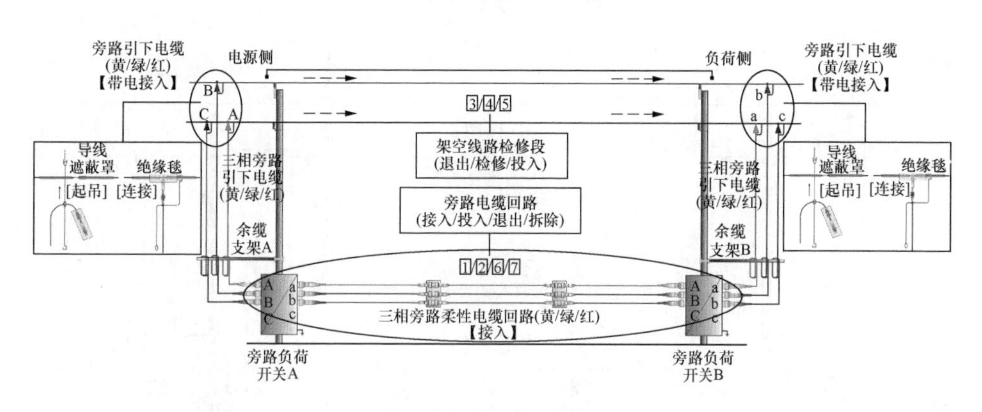

图 5-13　步骤 7 示意图

锁，在（负荷侧）旁路负荷开关处完成核相工作；确认相位无误、相序无误后，断开（电源侧）旁路负荷开关＋闭锁，核相工作结束，如图 5-14 所示。

步骤 9：运行操作人员使用绝缘操作杆合上电源侧旁路负荷开关＋闭锁、负荷侧旁路负荷开关＋闭锁，旁路电缆回路投入运行，检测旁路电缆回路电流确认运行正常。依据 GB/T 34577《配电线路旁路作业技术导则》附录 C 的规定：一般情况下，旁路电缆分流约占总电流的 1/4～3/4。如图 5-15 所示。

3. 架空线路检修段退出运行，执行《配电带电作业工作票》

步骤 10：带电作业人员调整绝缘斗分别至近边相导线断联点（或称为桥接点）处拆除导线遮蔽罩，将硬质绝缘紧线器和绝缘保护绳安装在断联点两侧的导线上，操作绝缘紧线器将导线收紧至便于开断状态，如图 5-16 所示。

步骤 11：带电作业人员检查确认硬质绝缘紧线器承力无误后，用断线剪断开导线并使断头导线向上弯曲，完成后使用导线端头遮蔽罩和绝缘毯进行

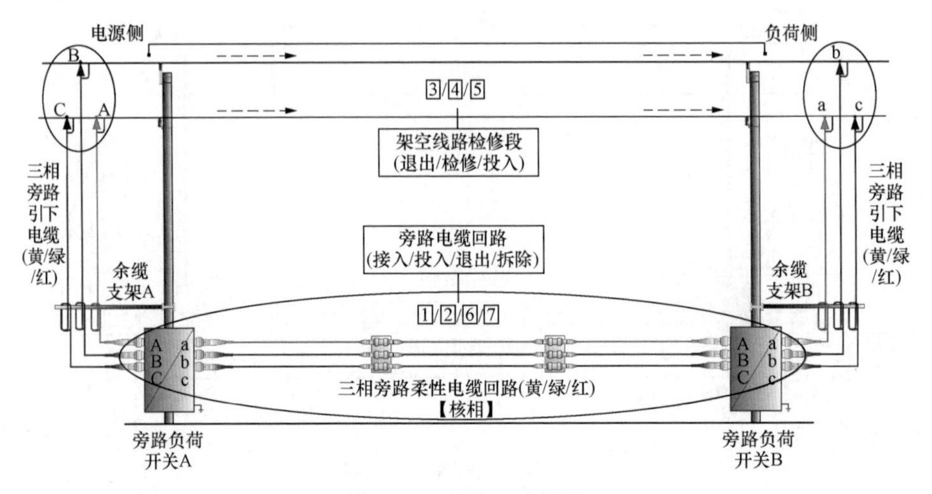

图 5-14　步骤 8 示意图

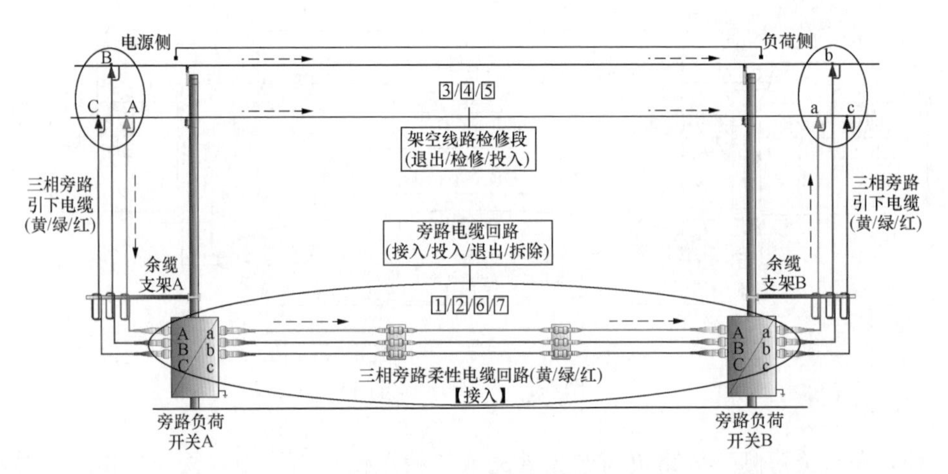

图 5-15　步骤 9 示意图

遮蔽，如图 5-16 所示。

步骤 12：带电作业人员按照相同的方法开断其他两相导线，开断工作完成后，退出带电作业区域，返回地面，“桥接施工法”开断导线工作结束，如图 5-16 所示。

4. 停电检修架空线路，办理工作任务交接，执行《配电线路第一种工作票》

步骤 13：带电工作负责人在项目总协调人的组织下，与停电工作负责人完成工作任务交接。

步骤 14：停电工作负责人带领作业班组执行《配电线路第一种工作票》，按照停电作业方式完成架空线路检修工作。

步骤 15：停电工作负责人在项目总协调人的组织下，与带电工作负责人

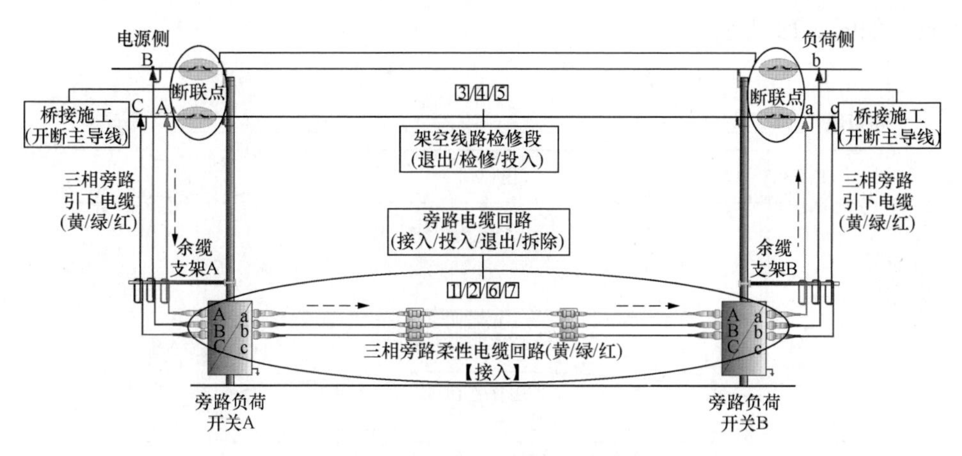

图 5-16　步骤 10～步骤 12 示意图

完成工作任务交接。

5. 架空线路检修段接入主线路投入运行，执行《配电带电作业工作票》

步骤 16：带电作业人员获得工作负责人许可后，穿戴好绝缘防护用具，经工作负责人检查合格后进入绝缘斗、挂好安全带保险钩。

步骤 17：带电作业人员调整绝缘斗分别至三相导线的断联点处，操作硬质绝缘紧线器使主导线处于接续状态，使用导线接续管或专用快速接头、液压压接工具完成断联点两侧主导线的承力接续工作，如图 5-17 所示。

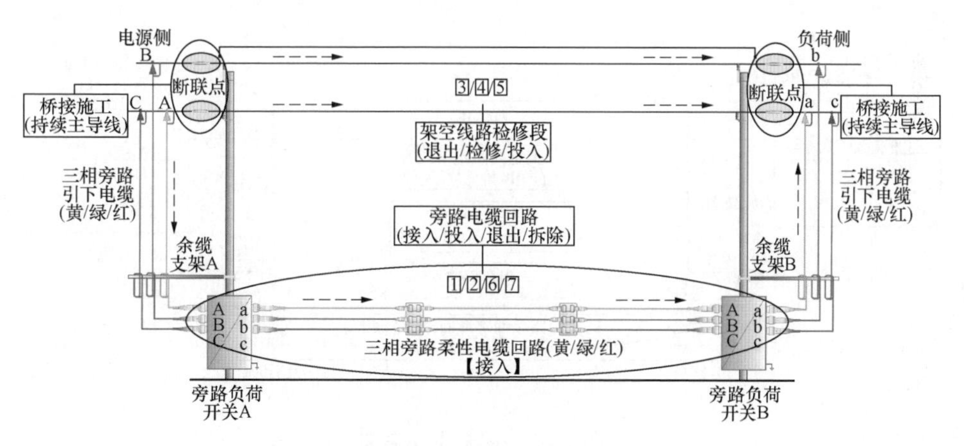

图 5-17　步骤 17 示意图

6. 旁路电缆回路退出运行，执行《配电倒闸操作票》

步骤 18：运行操作人员断开负荷侧旁路负荷开关＋闭锁、电源侧旁路负荷开关＋闭锁，旁路电缆回路退出运行，架空线路检修段接入主线路投入运行，如图 5-18 所示。

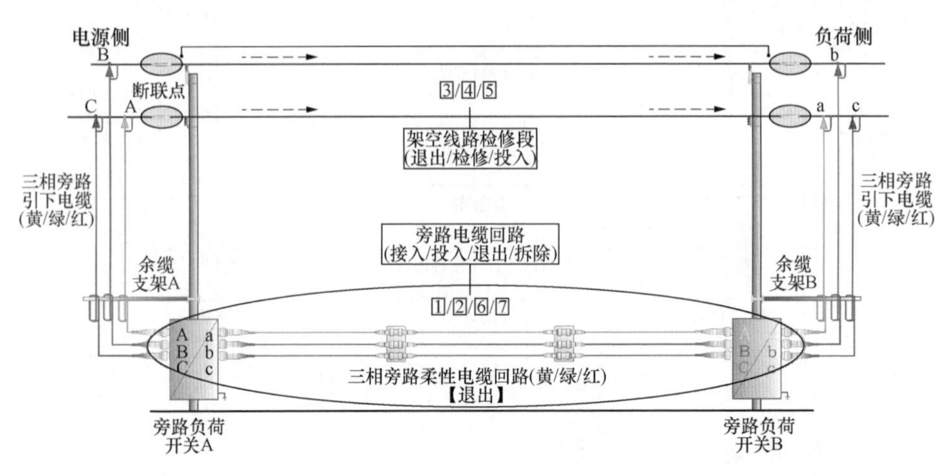

图 5-18　步骤 18 示意图

7. 拆除旁路电缆回路，执行《配电带电作业工作票》

步骤 19：带电作业人员按照“近边相、中间相、远边相”的顺序，拆除三相旁路引下电缆，地面运行操作人员使用放电棒对三相旁路电缆回路充分放电，带电作业人员按照“远边相、中间相、近边相”的顺序，拆除三相导线上的绝缘遮蔽，如图 5-19 所示。

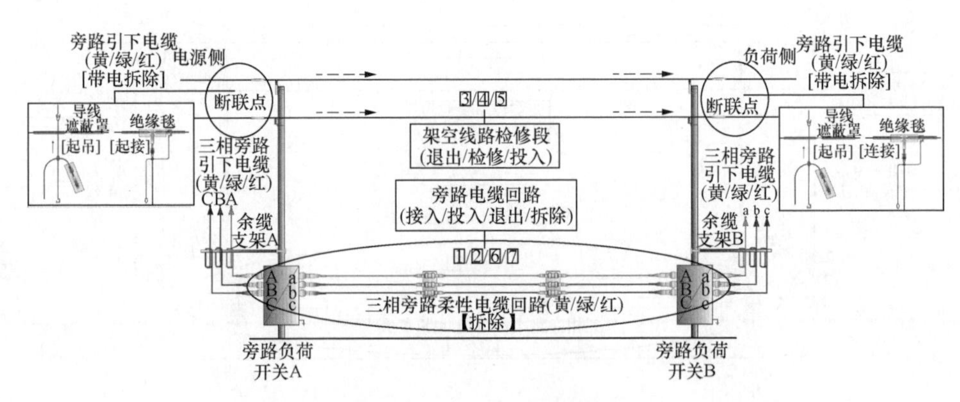

图 5-19　步骤 19 示意图

步骤 20：旁路作业人员在地面辅助电工的配合下，拆除旁路电缆回路并收回，旁路作业检修架空线路工作结束，如图 5-20 所示。

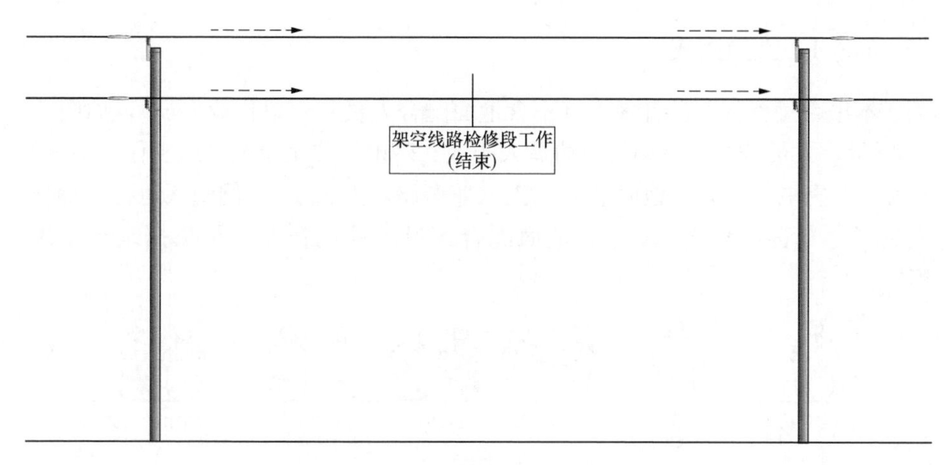

图 5-20　步骤 20 示意图

5.2　不停电更换柱上变压器（综合不停电作业法）

以图 5-21 所示的不停电更换 10kV 柱上变压器（变压器侧装，电缆引线）工作为例，图解人员组成、主要工器具和操作步骤等，适用于线路负荷电流不大于 200A 的工况，生产中务必结合现场实际工况参照适用，若旁路变压器与柱上变压器并联运行条件不满足：①采用短时停电更换柱上变压器，是指在旁路变压器投运前、柱上变压器停运 1 次、用户短时停电 1 次，柱上变压器投运前、旁路变压器停运 1 次、用户短时停电 1 次；②采用不停电更换柱上变压器，是指从低压（0.4kV）发电车取电或合环操作向用户连续供电。

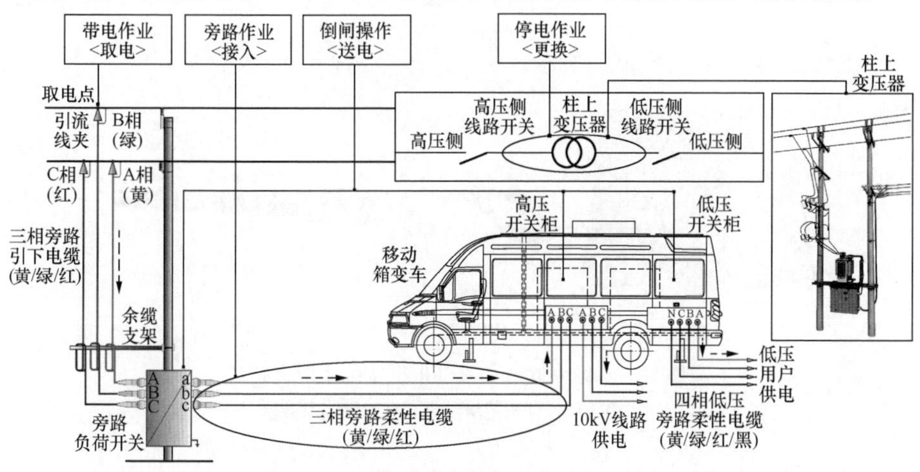

图 5-21　不停电更换柱上变压器（综合不停电作业法）

5.2.1 人员组成

本项目工作人员共计 8 人（不含地面配合人员和停电作业人员），如图 5-22 所示，人员分工为：项目总协调人 1 人、带电工作负责人（兼工作监护人）1 人、斗内电工 2 人、地面电工 2 人（兼旁路作业人员），倒闸（运行）操作人员（含专责监护人）2 人，地面配合人员和停电作业人员根据现场情况确定。

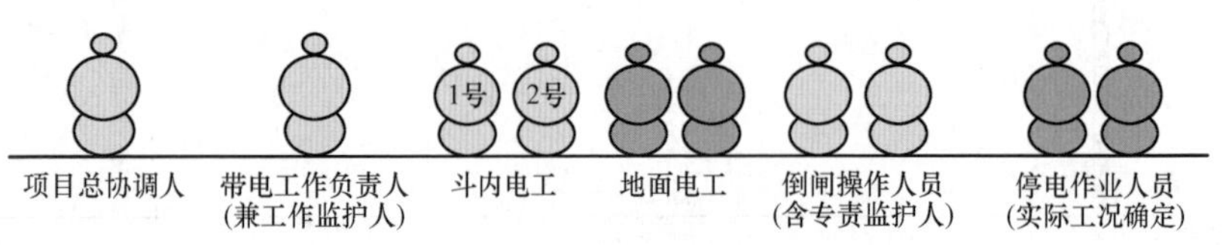

图 5-22 人员组成

5.2.2 主要工器具

绝缘防护用具如图 5-23 所示。

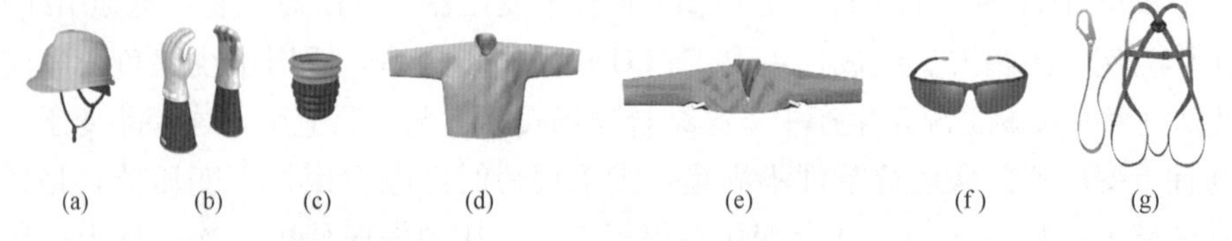

图 5-23 绝缘防护用具（根据实际工况选择）

（a）绝缘安全帽；（b）绝缘手套+羊皮或仿羊皮保护手套；（c）绝缘手套充压气检测器；（d）绝缘服；（e）绝缘披肩；（f）护目镜；（g）安全带

绝缘遮蔽用具如图 5-24 所示。

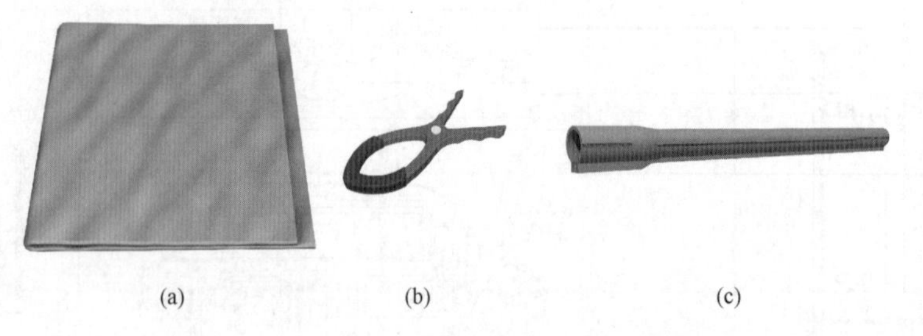

图 5-24 绝缘遮蔽用具（根据实际工况选择）

（a）绝缘毯；（b）绝缘毯夹；（c）导线遮蔽罩

绝缘工具和旁路设备如图 5-25 和图 5-26 所示。

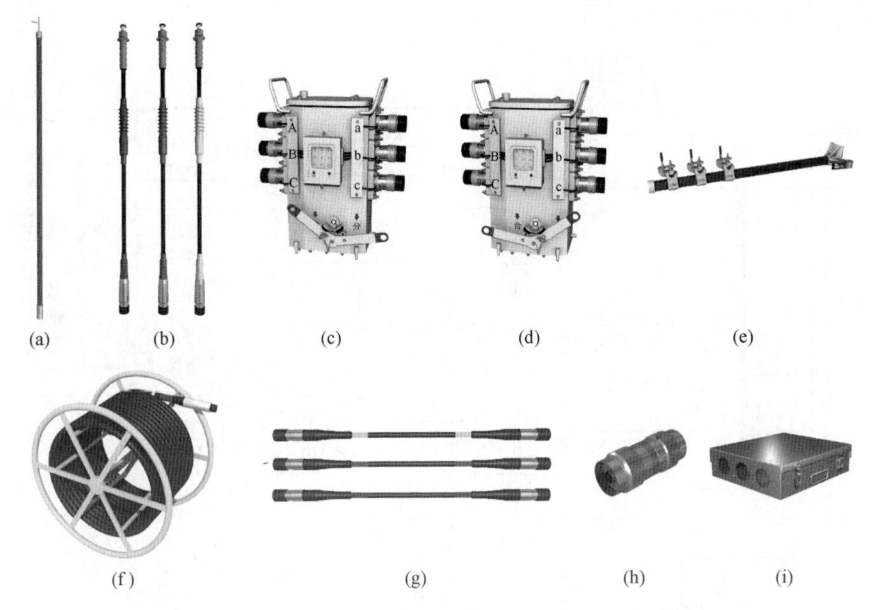

图 5-25　绝缘工具和旁路设备（根据实际工况选择）

（a）绝缘操作杆；（b）高压旁路引下电缆；（c）高压旁路负荷开关分闸位置；
（d）高压旁路负荷开关合闸位置；（e）余缆支架；（f）高压旁路柔性电缆盘；
（g）三相高压旁路柔性电缆；（h）高压旁路电缆快速插拔直通接头；（i）接头保护架

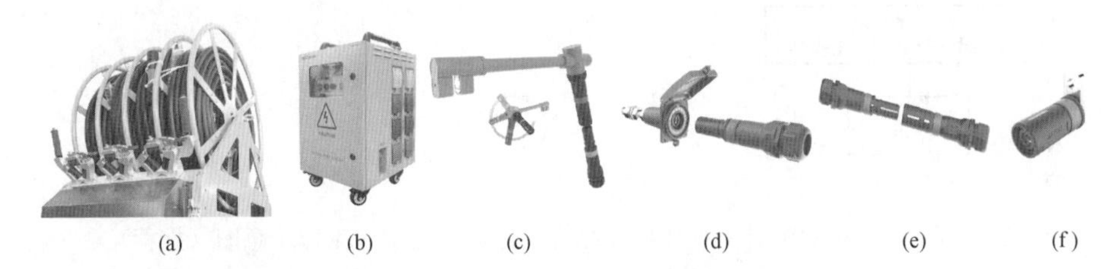

图 5-26　0.4kV 低压旁路设备（根据实际工况选择）

（a）低压旁路柔性电缆；（b）400V 快速连接箱；（c）变台 JP 柜低压输出端母排用专用快速接头；
（d）低压旁路电缆快速接入箱用专用快速接头；（e）低压旁路电缆用专用快速接头；
（f）箱变车、发电车用低压输出端母排专用快速接头

5.2.3　操作步骤

本项目操作前的准备工作已完成，工作负责人已检查确认线路负荷电流不大于 200A，作业装置和现场环境符合旁路作业条件，依据 GB/T 34577《配电线路旁路作业技术导则》附录 D 的规定，已检查确认旁路变压器与柱上变压器满足并联运行条件：接线组别要求、变比要求和容量要求。

如图 5-27 所示，旁路作业检修架空线路（综合不停电作业法）工作，可

分为以下分项作业步骤进行。

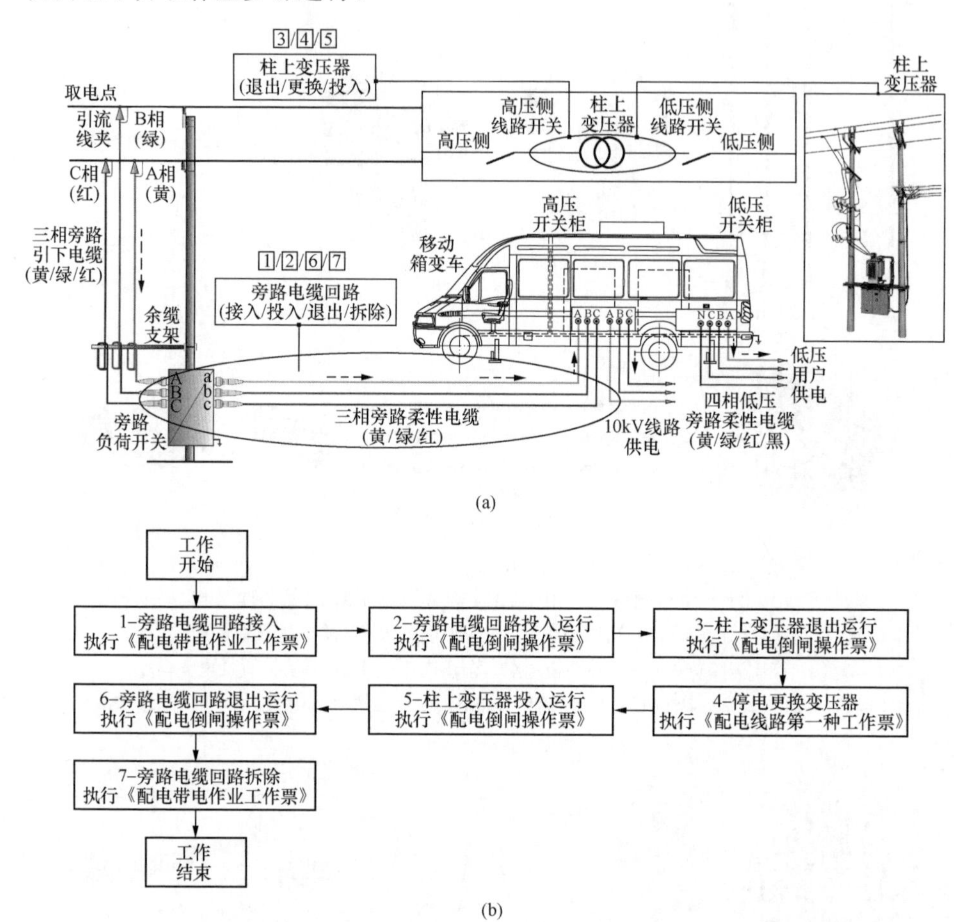

图 5-27 不停电更换柱上变压器（综合不停电作业法）工作示意图（推荐）

（a）分项作业示意图；（b）分项作业流程图

1. 旁路电缆回路接入，执行《配电带电作业工作票》

步骤 1：旁路作业人员在电杆的合适位置（离地）安装好旁路负荷开关和余缆支架，旁路负荷开关置于“分”闸、闭锁位置，使用接地线将旁路负荷开关外壳接地，移动箱变车就位并可靠接地，如图 5-28 所示。

步骤 2：旁路作业人员按照“黄、绿、红”的顺序，分段将三相旁路电缆展放在防潮布上或保护盒内（根据实际情况选用），如图 5-29 所示。

步骤 3：旁路作业人员将三相旁路电缆快速插拔接头与旁路负荷开关的同相位快速插拔接口 A（黄）、B（绿）、C（红）可靠连接，如图 5-30 所示。

步骤 4：旁路作业人员将三相旁路引下电缆与旁路负荷开关同相位快速插拔接口 A（黄）、B（绿）、C（红）可靠连接，与架空导线连接的引流线夹用

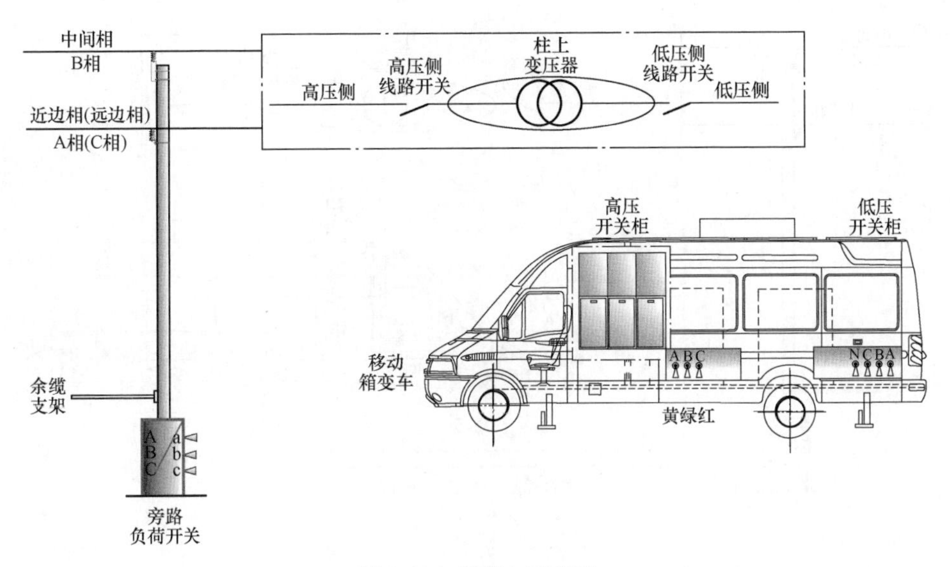

图 5-28　步骤 1 示意图

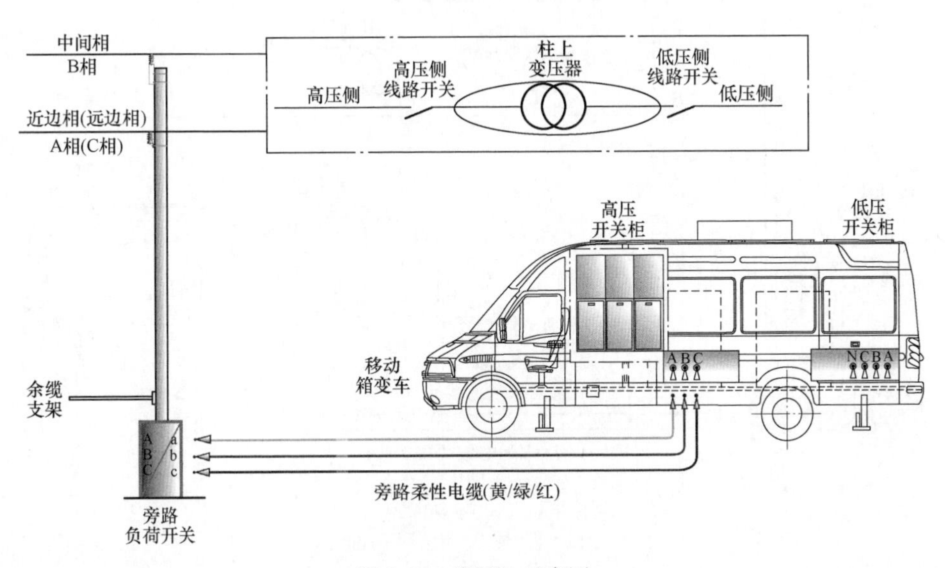

图 5-29　步骤 2 示意图

绝缘毯遮蔽好，并系上长度适宜的起吊绳（防坠绳），如图 5-31 所示。

步骤 5：运行操作人员使用绝缘操作杆合上旁路负荷开关＋闭锁，检测旁路电缆回路绝缘电阻不小于 500MΩ，使用放电棒对三相旁路电缆充分放电后，断开旁路负荷开关＋闭锁，如图 5-31 所示。

步骤 6：运行操作人员检查确认移动箱变车车体接地和工作接地、低压柜开关处于断开位置、高压柜的进线间隔开关、出线间隔开关以及变压器间隔

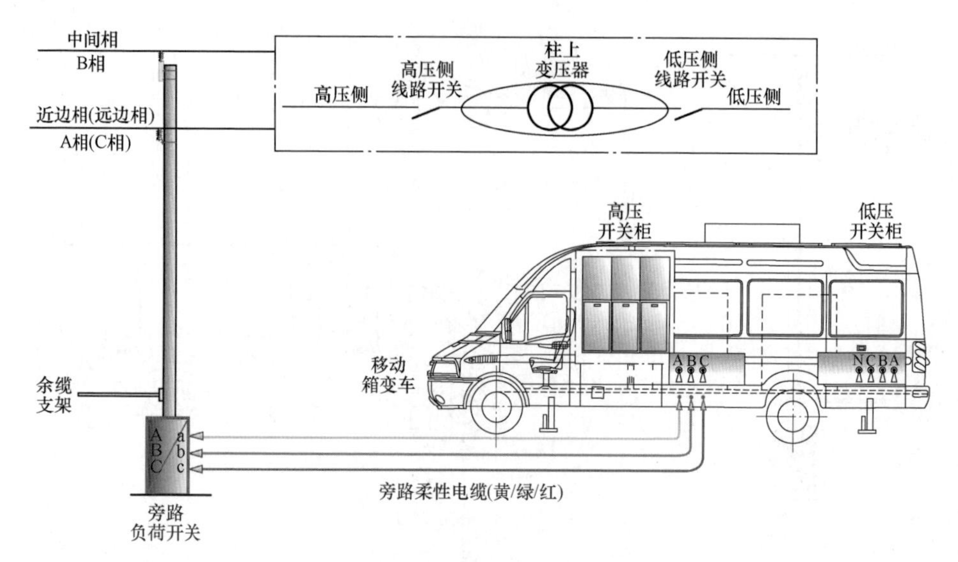

图 5-30 步骤 3 示意图

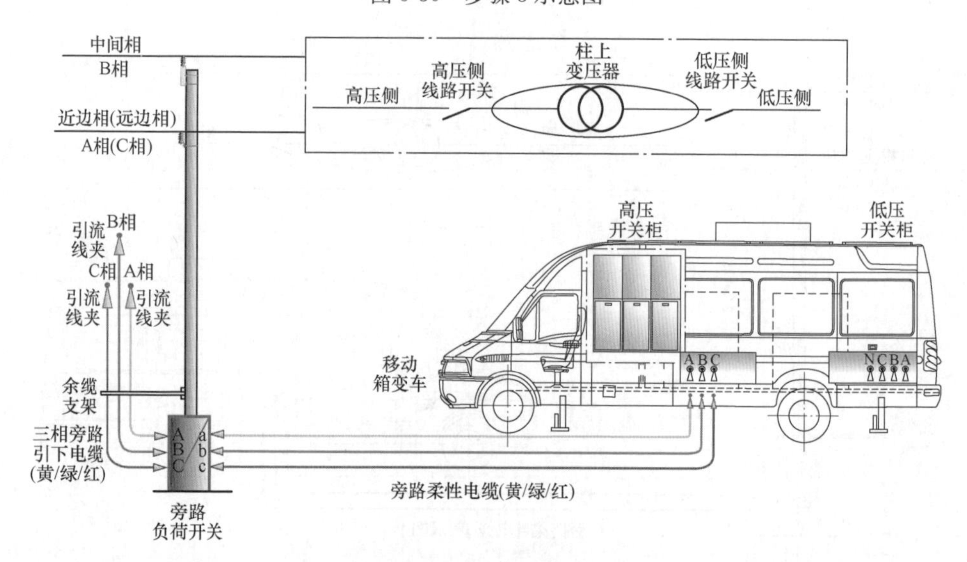

图 5-31 步骤 4、步骤 5 示意图

开关处于断开位置，如图 5-32 所示。

步骤 7：旁路作业人员将三相旁路电缆快速插播接头与移动箱变车的同相位高压输入端快速插拔接口 A（黄）、B（绿）、C（红）可靠连接，如图 5-32 所示。

步骤 8：旁路作业人员将三相四线低压旁路电缆专用接头与移动箱变车的同相位低压输入端接口“（黄）A、B（绿）、C（红）、N（黑）”可靠连接，如图 5-32 所示。

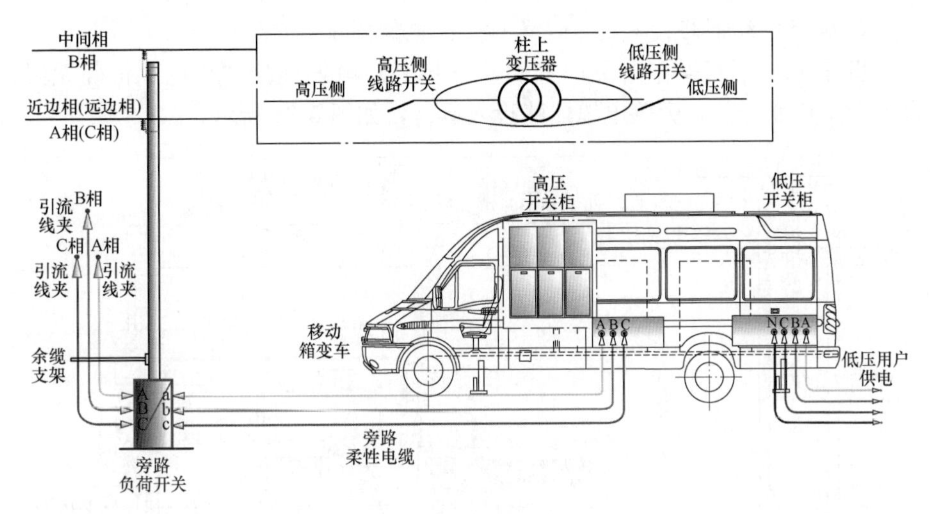

图 5-32　步骤 6～步骤 8 示意图

步骤 9：带电作业人员按照“近边相、中间相、远边相”的顺序，使用导线遮蔽罩完成三相导线的绝缘遮蔽工作，按照“远边相、中间相、近边相”的顺序，完成三相旁路引下电缆与同相位的架空导线 A（黄）、B（绿）、C（红）的“接入”工作，接入后使用绝缘毯对引流线夹处进行绝缘遮蔽，挂好防坠绳（起吊绳），多余的电缆规范地放置在余缆支架上，如图 5-33 所示。

步骤 10：带电作业人员使用低压旁路电缆专用接头与 JP 柜（低压综合配电箱）同相位的接头 A（黄）、B（绿）、C（红）、N（黑）可靠连接，如图 5-33 所示。

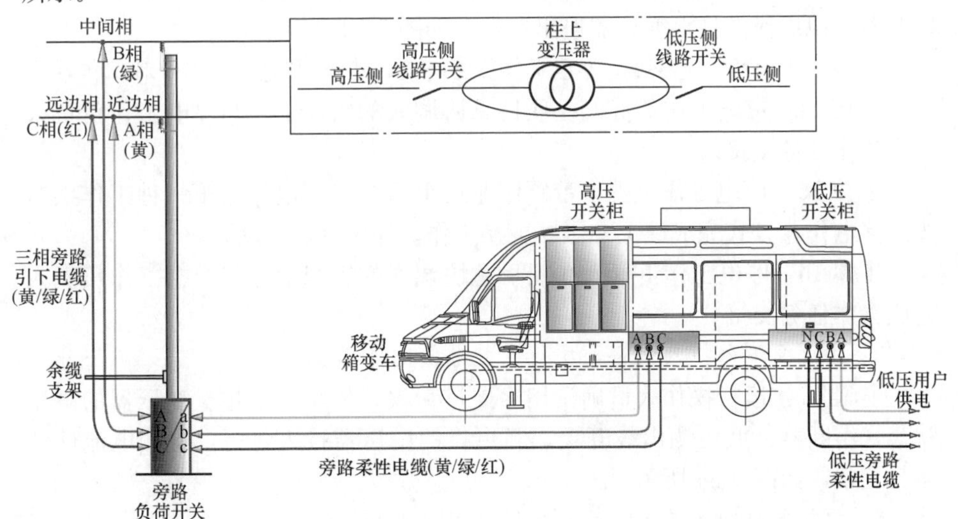

图 5-33　步骤 9、步骤 10 示意图

2. 旁路电缆回路投入运行，执行《配电倒闸操作票》

步骤 11：运行操作人员检查确认三相旁路电缆连接“相色”正确无误，合上旁路负荷开关，旁路电缆回路投入运行，如图 5-34 所示。

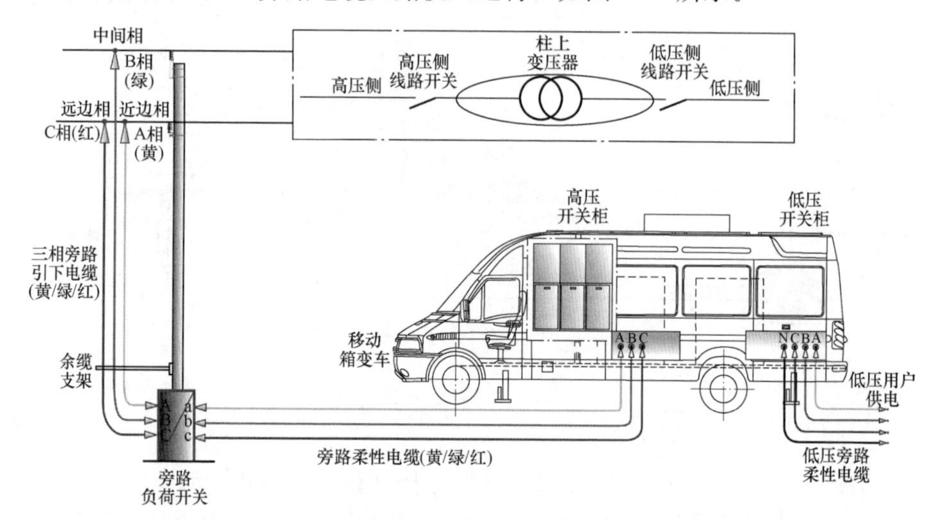

图 5-34 步骤 11～步骤 13、步骤 15、步骤 17、步骤 18 示意图

步骤 12：运行操作人员合上移动箱变车的高压进线间隔开关、变压器间隔开关、低压开关，移动箱变车投入运行，每隔半小时检测 1 次旁路电缆回路电流，确认移动箱变运行正常，如图 5-34 所示。

3. 柱上变压器退出运行，执行《配电倒闸操作票》

步骤 13：运行操作人员断开柱上变压器的低压侧出线开关、高压跌落式熔断器，待更换的柱上变压器退出运行，如图 5-34 所示。

4. 停电更换柱上变压器，办理工作任务交接，执行《配电线路第一种工作票》

步骤 14：带电工作负责人在项目总协调人的组织下，与停电工作负责人完成工作任务交接。

步骤 15：停电工作负责人带领作业班组执行《配电线路第一种工作票》，按照停电作业方式完成柱上变压器更换工作，如图 5-34 所示。

步骤 16：停电工作负责人在项目总协调人的组织下，与带电工作负责人完成工作任务交接。

5. 柱上变压器投入运行，执行《配电倒闸操作票》

步骤 17：运行操作人员确认相序连接无误，依次合上柱上变压器的高压跌落式熔断器、低压侧出线开关，新更换的变压器投入运行，检测电流确认运行正常，如图 5-34 所示。

6. 旁路电缆回路退出运行，执行《配电倒闸操作票》

步骤 18：运行操作人员断开移动箱变车的低压开关、高压开关，移动箱

变车退出运行；运行操作人员断开旁路负荷开关，旁路电缆回路退出运行，如图 5-34 所示。

7. 拆除旁路电缆回路，执行《配电带电作业工作票》

步骤 19：带电作业人员按照“近边相、中间相、远边相”的顺序，拆除三相旁路引下电缆，地面运行操作人员使用放电棒对三相旁路电缆回路充分放电（包括低压旁路电缆回路），带电作业人员按照“远边相、中间相、近边相”的顺序，拆除三相导线上的绝缘遮蔽，如图 5-35 所示。

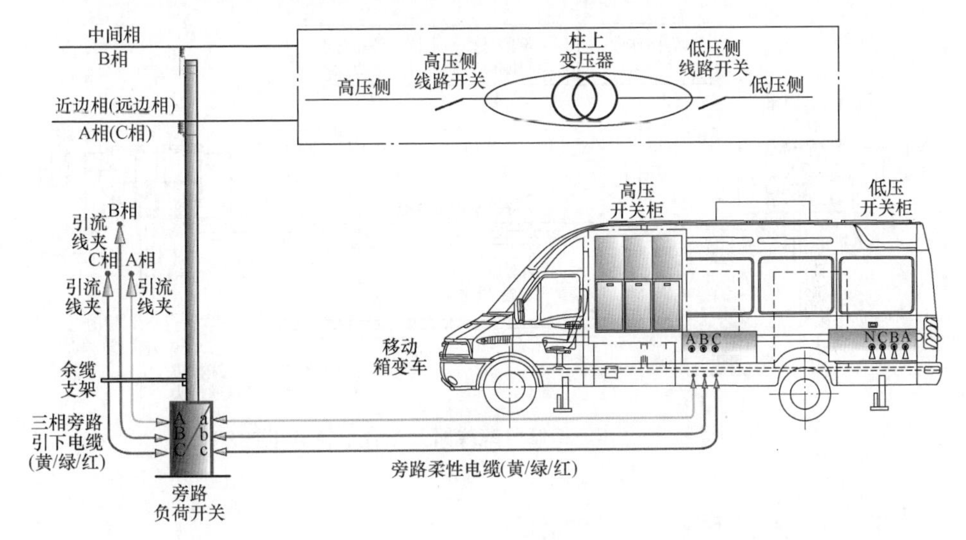

图 5-35　步骤 19 示意图

步骤 20：旁路作业人员在地面辅助电工的配合下，拆除旁路电缆回路并收回，如图 5-36 所示，不停电更换柱上变压器工作工作结束。

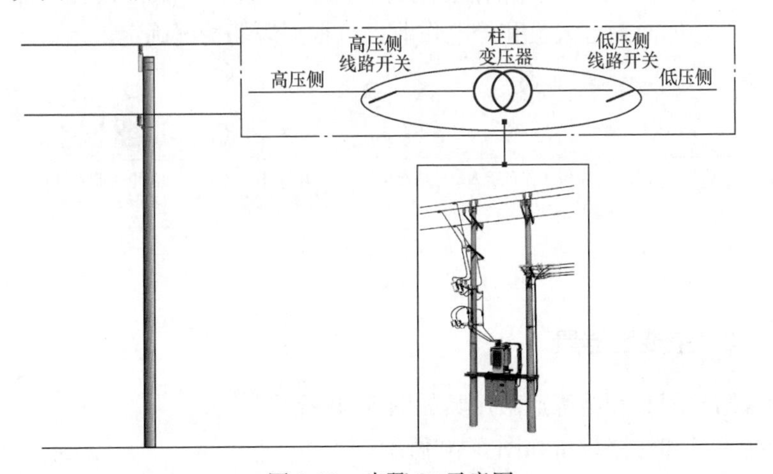

图 5-36　步骤 20 示意图

5.3 旁路作业检修电缆线路（综合不停电作业法）

以图 5-37 所示的旁路作业检修电缆线路工作为例，图解人员组成、主要工器具和操作步骤等，适用于线路负荷电流不大于 200A 的工况，生产中务必结合现场实际工况参照适用。

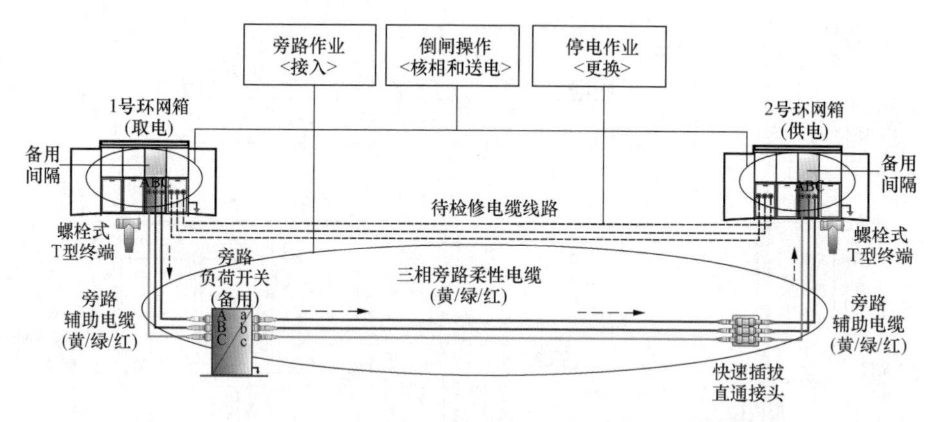

图 5-37 旁路作业检修电缆线路（综合不停电作业法）

5.3.1 人员组成

本项目工作人员共计 6 人（不含地面配合人员和停电作业人员），如图 5-38 所示，人员分工为：项目总协调人 1 人、电缆工作负责人（兼工作监护人）1 人、地面电工 2 人（兼旁路作业人员），倒闸（运行）操作人员（含专责监护人）2 人，地面配合人员和停电作业人员根据现场情况确定。

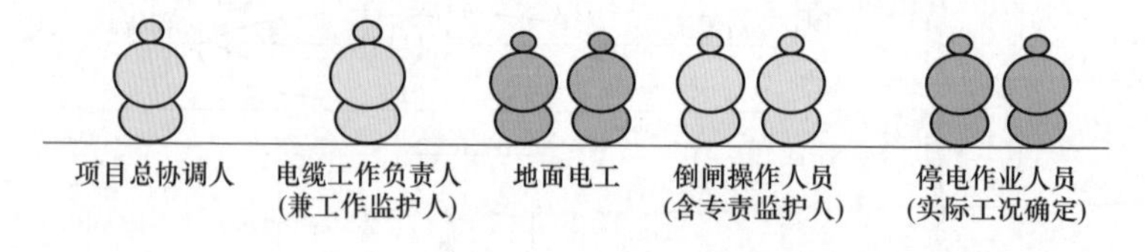

图 5-38 人员组成

5.3.2 主要工器具

绝缘防护用具和绝缘遮蔽用具如图 5-39 所示。

绝缘工具和旁路设备如图 5-40 所示。

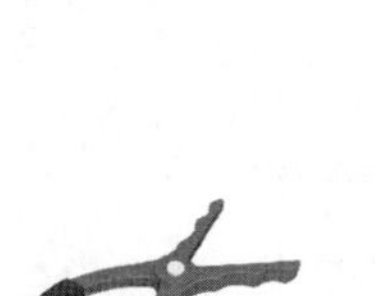
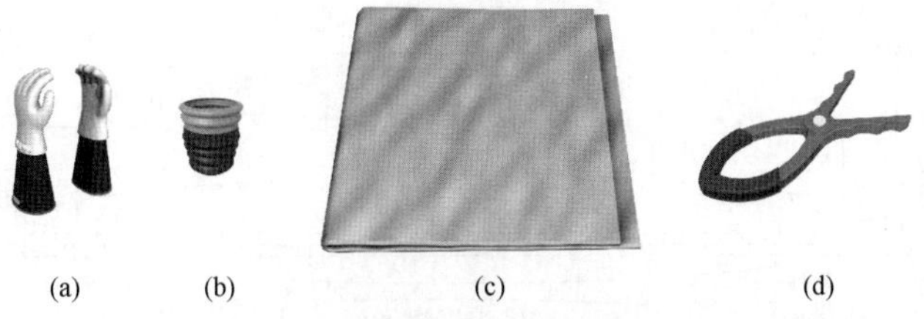

图5-39　绝缘防护用具和绝缘防护用具（根据实际工况选择）
（a）绝缘手套＋羊皮或仿羊皮保护手套；（b）绝缘手套充压气检测器；
（c）绝缘毯；（d）绝缘毯夹

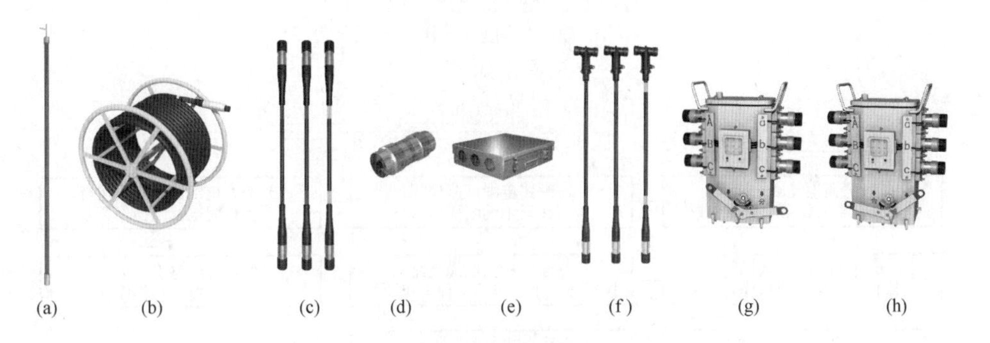

图5-40　绝缘工具和旁路设备（根据实际工况选择）
（a）绝缘操作杆；（b）高压旁路柔性电缆盘；（c）三相高压旁路柔性电缆；
（d）高压旁路电缆快速插拔直通接头；（e）接头保护架；（f）带螺栓式（T型）
接头的旁路辅助电缆；（g）高压旁路负荷开关分闸位置；（h）高压旁路负荷开关合闸位置

5.3.3　操作步骤

本项目操作前的准备工作已完成，工作负责人已检查确认线路负荷电流不大于200A，作业装置和现场环境符合旁路作业条件。

如图5-41所示，旁路作业检修电缆线路（综合不停电作业法）工作，可分为以下分项作业步骤进行。

1．旁路电缆回路接入，执行《配电线路第一种工作票》

步骤1：旁路作业人员按照“黄、绿、红”的顺序，分段将三相旁路电缆展放在防潮布上或保护盒内（根据实际情况选用），如图5-42所示。若采用在旁路负荷开关处核组，可在1号环网箱侧选择放置旁路负荷开关（备用）。

步骤2：旁路作业人员使用快速插拔中间接头，将同相色（黄、绿、红）旁路电缆的快速插拔终端可靠连接，接续好的终端接头放置专用铠装接头保护盒内，与取（供）电环网箱备用间隔连接的螺栓式（T型）终端接头规范

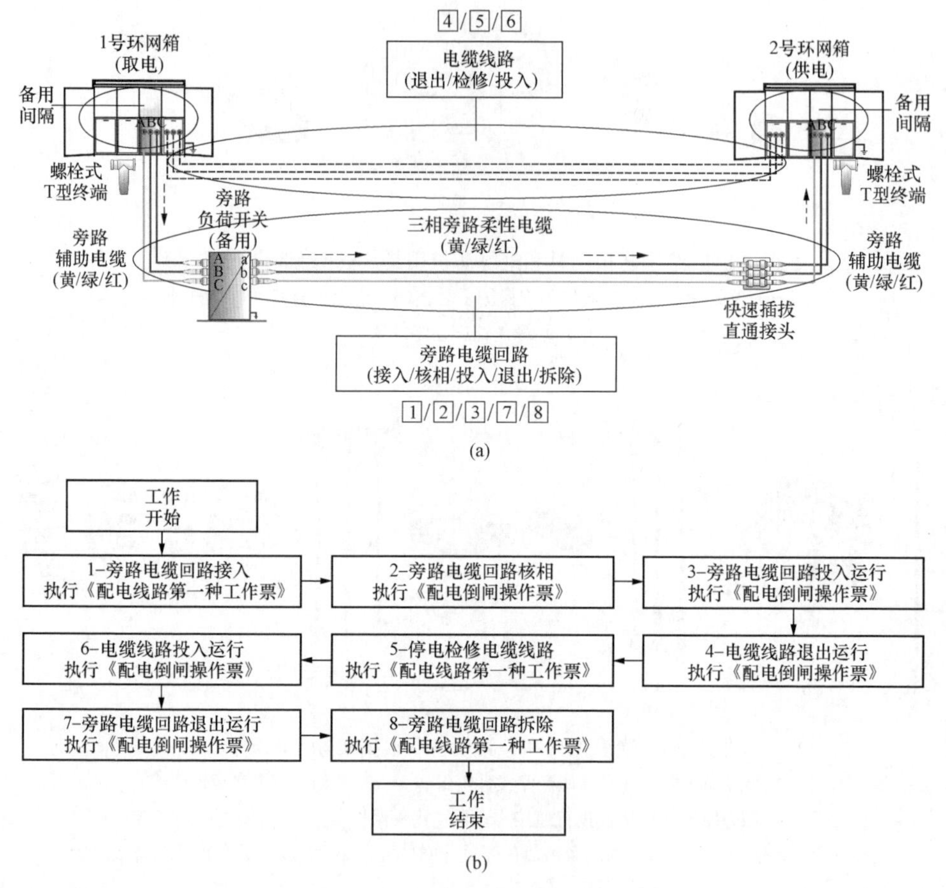

图 5-41　旁路作业检修电缆线路（综合不停电作业法）工作示意图（推荐）
（a）分项作业示意图；（b）分项作业流程图

地放置在绝缘毯上，如图 5-42 所示。

步骤 3：运行操作人员检测旁路电缆回路绝缘电阻不小于 500MΩ，使用放电棒对三相旁路电缆充分放电，如图 5-42 所示。

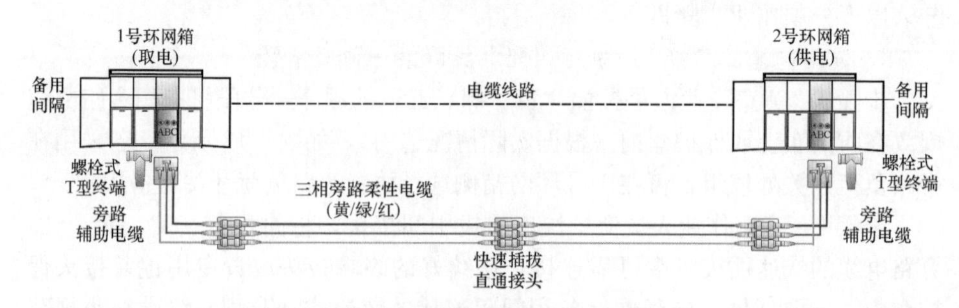

图 5-42　步骤 1～步骤 3 示意图

注：在Q/GDW 10520—2016《10kV配网不停电停业规范》中，将配电网中的“环网柜”称其为“环网箱”。为便于生产，本书中所指的“环网箱”即为“环网柜”，下同。

步骤4：运行操作人员断开取电环网箱的备用间隔开关，合上接地开关，打开柜门，使用验电器验电确认间隔三相输入端螺栓接头无电后，将螺栓式（T形）终端接头与取电环网箱备用间隔上的同相位高压输入端螺栓接口A（黄）、B（绿）、C（红）可靠连接，三相旁路电缆屏蔽层接地，合上柜门，断开接地开关，如图5-43所示。

步骤5：运行操作人员断开供电环网箱的备用间隔开关，合上接地开关，打开柜门，使用验电器验电确认间隔三相输入端螺栓接头无电后，将螺栓式（T形）终端接头与供电环网箱备用间隔上的同相位高压输入端螺栓接口A（黄）、B（绿）、C（红）可靠连接，三相旁路电缆屏蔽层接地，合上柜门，断开接地开关，如图5-43所示。

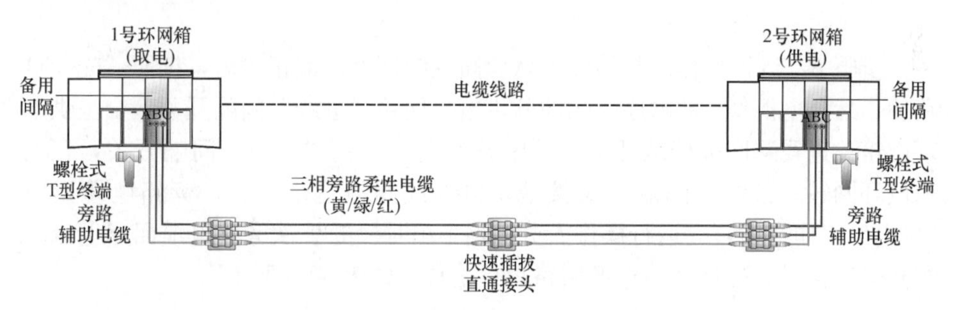

图5-43　步骤4、步骤5示意图

2. 旁路电缆回路核相，执行《配电倒闸操作票》

步骤6：运行操作人员断开“供电”环网箱备用间隔接地开关、合上“供电”环网箱备用间隔开关，在“取电”环网箱备用间隔面板上的带电指示器（二次核相孔L1、L2、L3）处“核相”，如图5-44所示，运行操作人员确认相位无误后，断开取电环网箱备用间隔开关，核相工作结束。

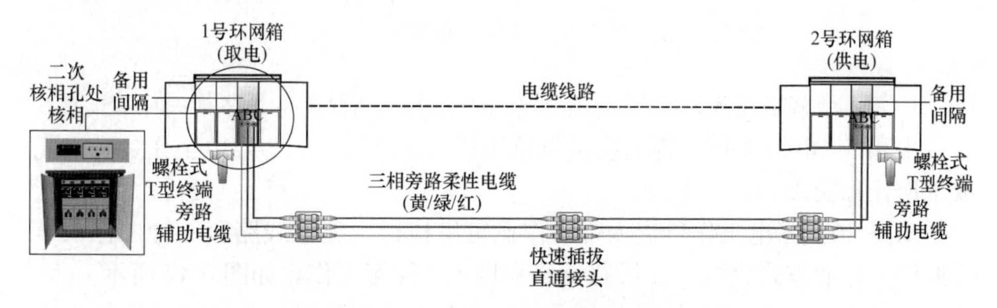

图5-44　步骤6示意图

3. 旁路电缆回路投入运行，电缆线路段退出运行，执行《配电倒闸操作票》

步骤 7：运行操作人员按照“先送电源侧，后送负荷侧”的顺序：①断开取电环网箱备用间隔的接地开关、合上取电环网箱备用间隔开关；②断开供电环网箱备用间隔的接地开关、合上供电环网箱备用间隔开关，旁路电缆回路投入运行，如图 5-45 所示。

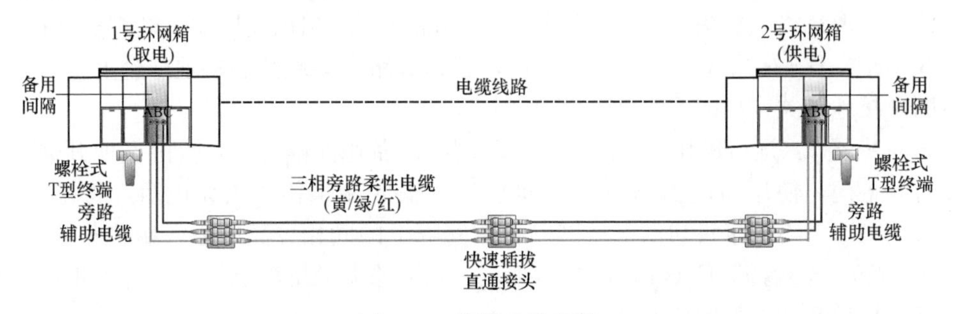

图 5-45 步骤 7 示意图

步骤 8：运行操作人员检测确认旁路电缆回路通流正常后，按照“先断负荷侧，后断电源侧”的顺序：①断开供电环网箱“进线”间隔开关，合上供电环网箱“进线”间隔接地开关；②断开取电环网箱“出线”间隔开关，合上取电环网箱“进线”间隔开关接地，电缆线路段退出运行，旁路电缆回路“供电”工作开始；③运行操作人员每隔半小时检测 1 次旁路电缆回路电流监视其运行情况，确认旁路电缆回路运行正常。如图 5-46 所示。

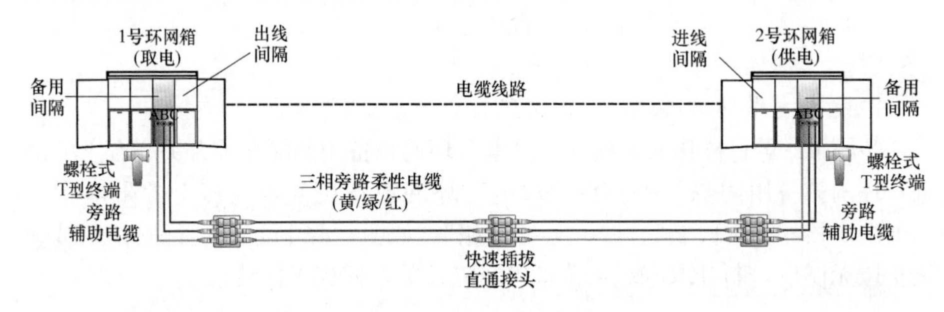

图 5-46 步骤 8 示意图

4. 停电检修电缆线路工作，办理工作任务交接，执行《配电线路第一种工作票》

步骤 9：电缆工作负责人在项目总协调人的组织下，与停电工作负责人完成工作任务交接。

步骤 10：停电工作负责人带领作业班组执行《配电线路第一种工作票》，按照停电作业方式完成电缆线路检修和接入环网箱工作，如图 5-47 所示。

步骤 11：停电工作负责人在项目总协调人的组织下，与电缆工作负责人完成工作任务交接。

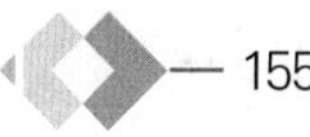

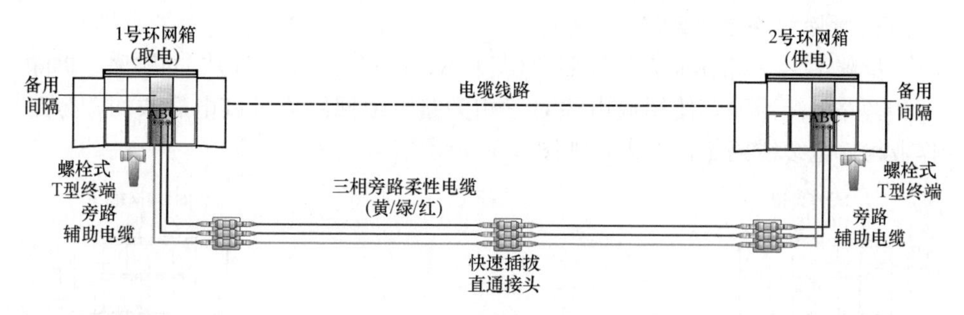

图5-47　步骤10示意图

5. 电缆线路投入运行，执行《配电倒闸操作票》

步骤12：运行操作人员按照“先送电源侧，后送负荷侧”的顺序：①断开取电环网箱“出线”间隔接地开关，合上取电环网箱“出线”间隔开关；②断开供电环网箱“进线”间隔接地开关，合上供电环网箱“进线”间隔开关，电缆线路投入运行。如图5-48所示。

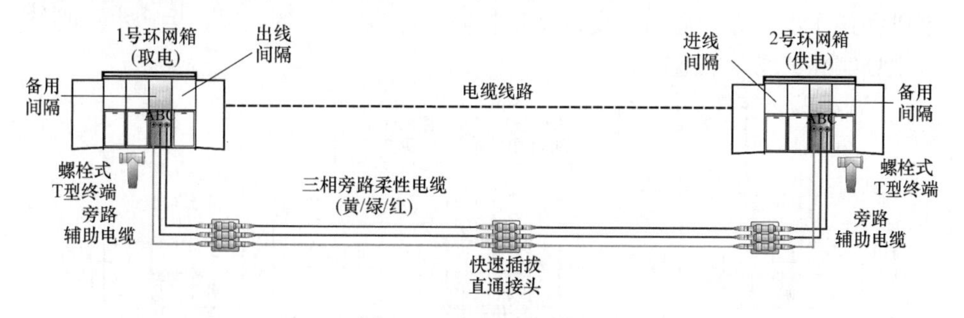

图5-48　步骤12示意图

6. 旁路电缆回路退出运行，执行《配电倒闸操作票》

步骤13：运行操作人员按照“先断负荷侧，后断电源侧”的顺序：①断开供电环网箱间隔开关，合上供电环网箱间隔接地开关；②断开取电环网箱间隔开关，合上取电环网箱间隔开关接地，旁路电缆回路退出运行。如图5-49所示。

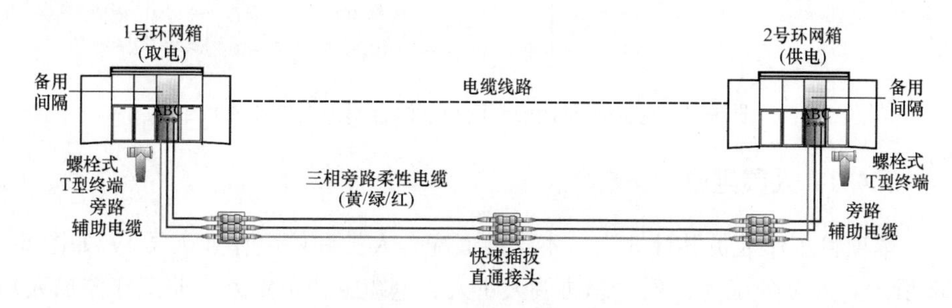

图5-49　步骤13示意图

7. 拆除旁路电缆回路

步骤 14：旁路作业人员按照“(黄) A、B (绿)、C (红)”的顺序，拆除三相旁路电缆回路，使用放电棒对三相旁路电缆回路充分放电后收回，旁路作业检修电缆线路工作结束，如图 5-50 所示。

图 5-50 步骤 14 示意图

5.4 旁路作业检修环网箱（综合不停电作业法）

以图 5-51 所示的旁路作业检修环网箱工作为例，图解人员组成、主要工器具和操作步骤等，适用于线路负荷电流不大于 200A 的工况，生产中务必结合现场实际工况参照适用。

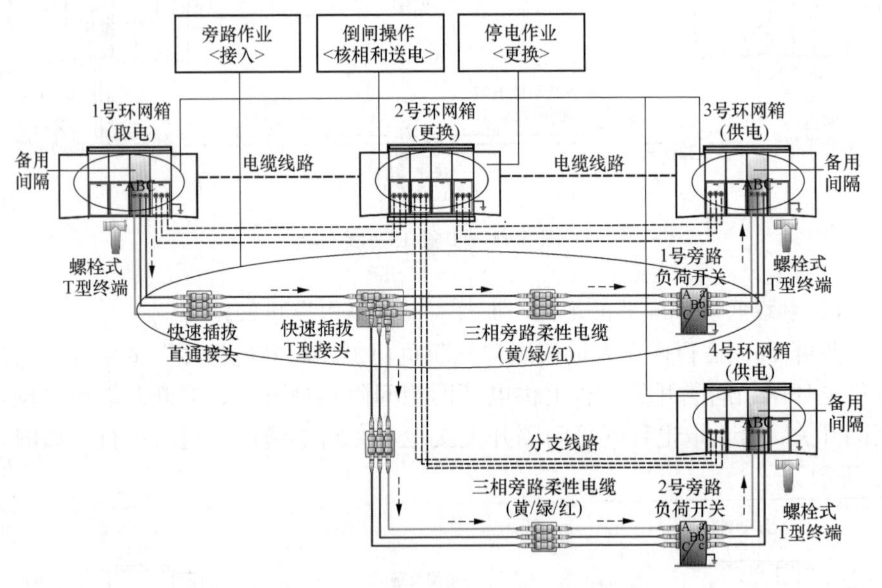

图 5-51 旁路作业检修环网箱（综合不停电作业法）

5.4.1 人员组成

本项目工作人员共计 8 人（不含地面配合人员和停电作业人员），如图 5-52 所示，人员分工为：项目总协调人 1 人、电缆工作负责人（兼工作监护人）

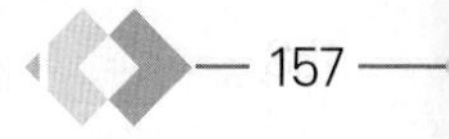

1 人、地面电工 4 人（兼旁路作业人员），倒闸（运行）操作人员（含专责监护人）2 人，地面配合人员和停电作业人员根据现场情况确定。

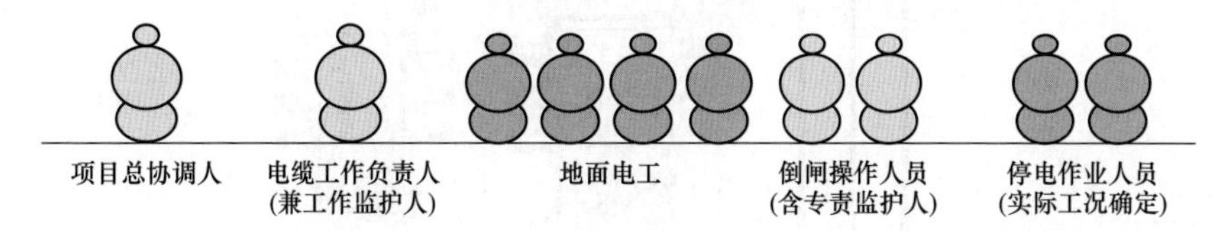

图 5-52　人员组成

5.4.2　主要工器具

绝缘防护用具和绝缘遮蔽用具如图 5-53 所示。

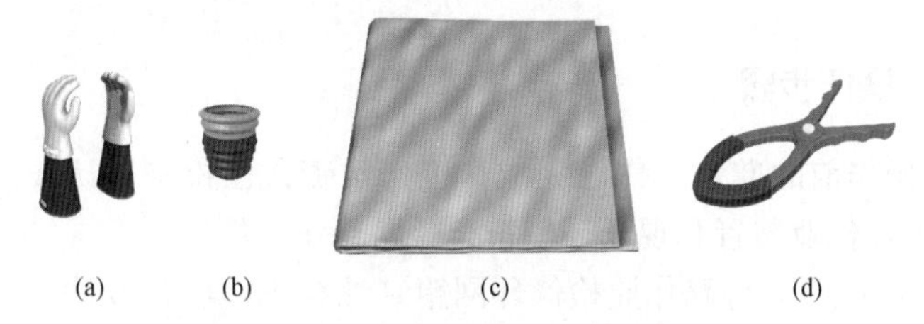

图 5-53　绝缘防护用具和绝缘防护用具（根据实际工况选择）

（a）绝缘手套＋羊皮或仿羊皮保护手套；（b）绝缘手套充压气检测器；（c）绝缘毯；（d）绝缘毯夹

绝缘工具和旁路设备如图 5-54 所示。

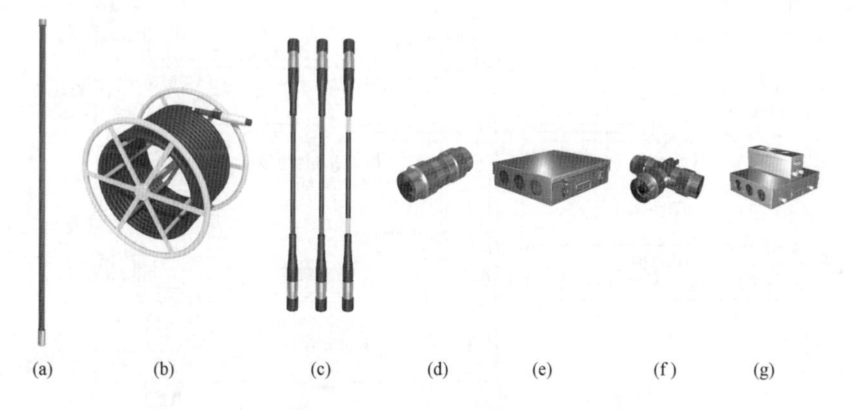

图 5-54　绝缘工具和旁路设备（根据实际工况选择）（一）

（a）绝缘操作杆头；（b）高压旁路柔性电缆盘；（c）三相高压旁路柔性电缆；（d）高压旁路电缆快速插拔直通接头；（e）接头保护架；（f）高压旁路电缆快速插拔 T 型接头；（g）T 型接头保护架；

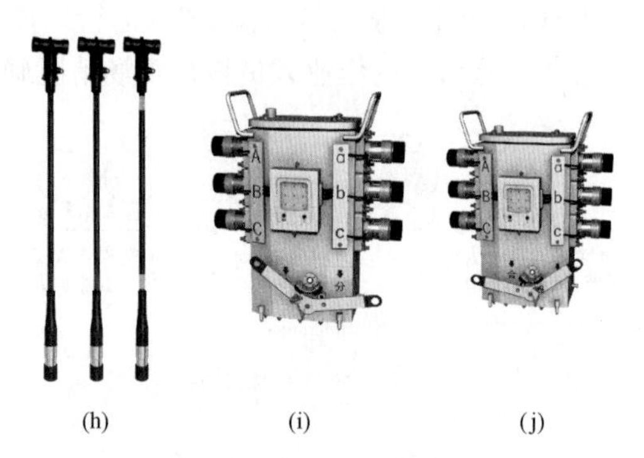

图 5-54 绝缘工具和旁路设备（根据实际工况选择）（二）

（h）带螺栓式（T 型）接头的旁路辅助电缆；（i）高压旁路负荷开关分闸位置；

（j）高压旁路负荷开关合闸位置

5.4.3 操作步骤

本项目操作前的准备工作已完成，工作负责人已检查确认线路负荷电流不大于 200A，作业装置和现场环境符合旁路作业条件。

如图 5-55 所示，旁路作业检修环网箱（综合不停电作业法）工作，可分为以下分项作业步骤进行。

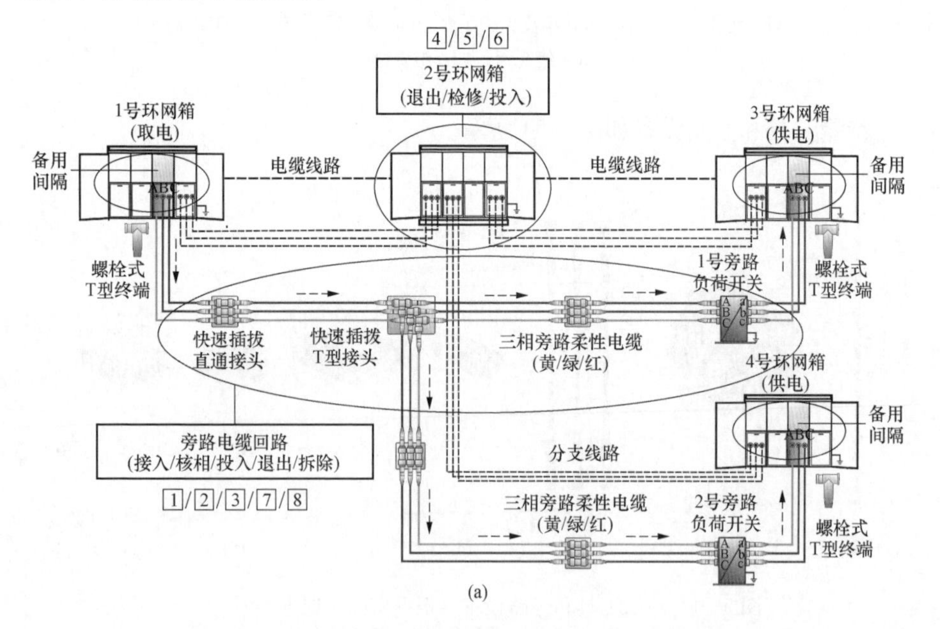

图 5-55 旁路作业检修环网箱（综合不停电作业法）工作示意图（推荐）（一）

（a）分项作业示意图

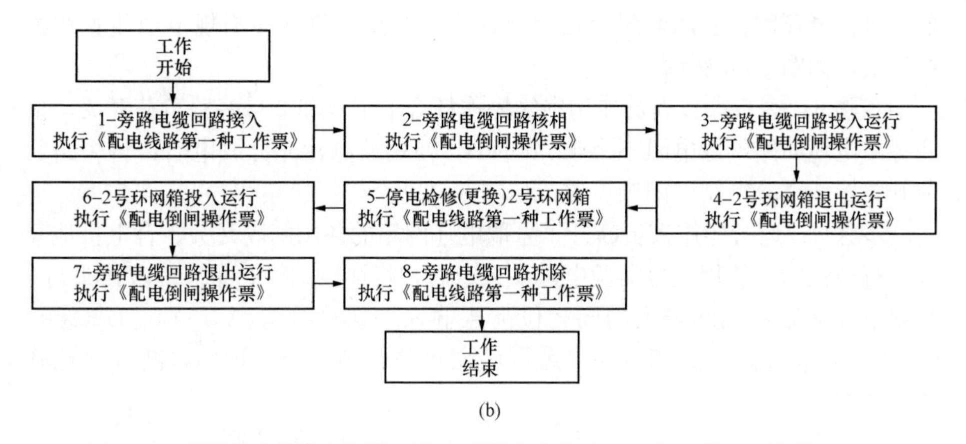

图 5-55 旁路作业检修环网箱（综合不停电作业法）工作示意图（推荐）（二）
（b）分项作业流程图

1. 旁路电缆回路接入，执行《配电线路第一种工作票》

步骤 1：旁路作业人员按照“黄、绿、红”的顺序，分段将三相旁路电缆展放在防潮布上或保护盒内（根据实际情况选用），放置 1 号和 2 号旁路负荷开关（备用），分别置于“分”闸、闭锁位置，使用接地线将旁路负荷开关外壳接地，如图 5-56 所示。

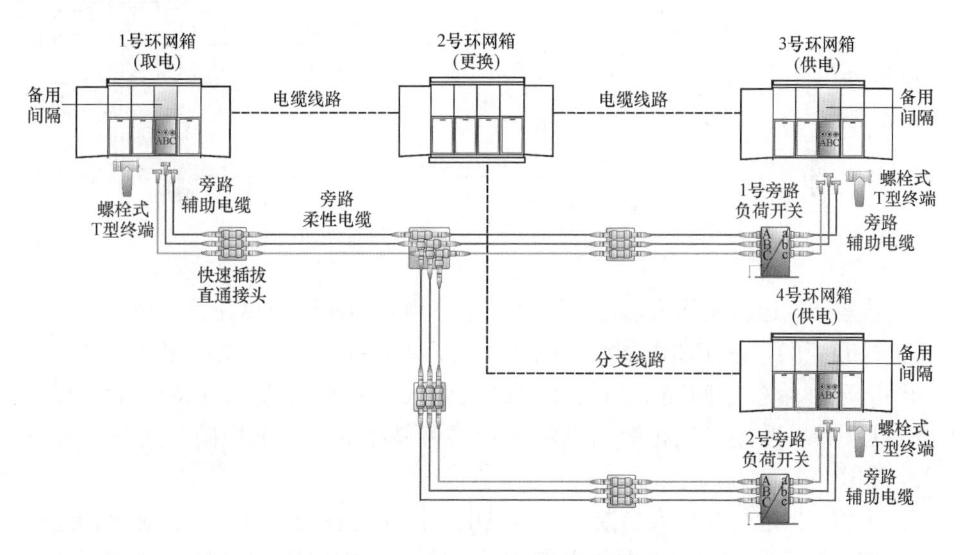

图 5-56 步骤 1～步骤 3 示意图

步骤 2：旁路作业人员将同相色（黄、绿、红）旁路电缆的快速插拔终端可靠连接，以及与 1 号和 2 号旁路负荷开关的同相位快速插拔接口 A（黄）、B（绿）、C（红）连接，接续好的终端接头放置在专用铠装接头保护盒内，与取（供）电环网箱备用间隔连接的螺栓式（T 型）终端接头规范地放置在绝缘毯上，如图 5-56 所示。

步骤 3：运行操作人员使用绝缘操作杆合上 1 号和 2 号旁路负荷开关，检测旁路电缆回路绝缘电阻不小于 500MΩ，使用放电棒充分放电后，将旁路负荷开关置于“分”闸、闭锁位置，如图 5-56 所示。

步骤 4：运行操作人员断开 1 号取电环网箱的备用间隔开关、合上接地开关，打开柜门，使用验电器验电确认无电后，将螺栓式（T 型）终端接头与 1 号取电环网箱备用间隔上的同相位高压输入端螺栓接头 A（黄）、B（绿）、C（红）可靠连接，三相旁路电缆屏蔽层可靠接地，合上柜门，断开接地开关，如图 5-57 所示。

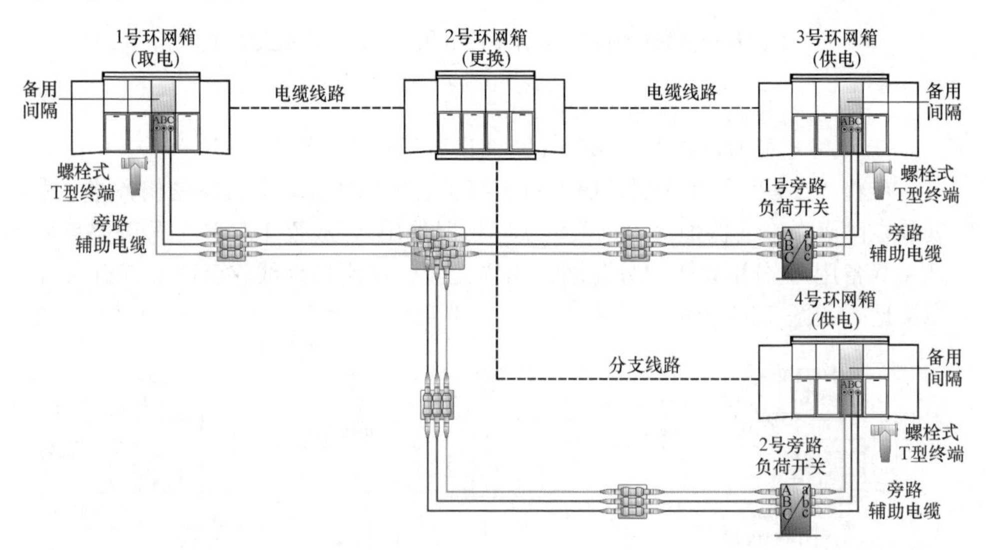

图 5-57 步骤 4～步骤 8 示意图

步骤 5：运行操作人员断开 3 号供电环网箱的备用间隔开关、合上接地开关，打开柜门，使用验电器验电确认无电后，将螺栓式（T 型）终端接头与 3 号供电环网箱备用间隔上的同相位高压输入端螺栓接头 A（黄）、B（绿）、C（红）可靠连接，三相旁路电缆屏蔽层可靠接地，合上柜门，断开接地开关，如图 5-57 所示。

步骤 6：运行操作人员断开 4 号供电环网箱的备用间隔开关、合上接地开关，打开柜门，使用验电器验电确认无电后，将螺栓式（T 型）终端接头与 4 号供电环网箱备用间隔上的同相位高压输入端螺栓接头 A（黄）、B（绿）、C（红）可靠连接，三相旁路电缆屏蔽层可靠接地，合上柜门，断开接地开关，如图 5-57 所示。

2. 旁路电缆回路“核相”，执行《配电倒闸操作票》

步骤 7：旁路负荷开关“核相装置”处核相，如图 5-57 所示。

（1）运行操作人员检查确认 1 号和 2 号旁路负荷开关处于“分闸”、闭锁位置。

（2）运行操作人员断开 1 号取电环网箱备用间隔接地开关，合上 1 号取电环网箱备用间隔开关。

（3）运行操作人员断开 3 号供电环网箱备用间隔接地开关，合上 3 号供电环网箱备用间隔开关。

（4）运行操作人员在 1 号旁路负荷开关两侧进行核相，完成 1 号和 3 号环网箱之间的旁路电缆回路“核相”工作。

（5）运行操作人员断开 3 号供电环网箱备用间隔开关，合上 3 号供电环网箱备用间隔接地开关。

（6）运行操作人员断开 4 号供电环网箱备用间隔接地开关，合上 4 号供电环网箱备用间隔开关。

（7）运行操作人员在 2 号旁路负荷开关两侧进行核相，完成 1 号和 4 号环网箱之间的旁路电缆回路“核相”工作。

（8）运行操作人员确认相位正确无误：使用绝缘操作杆断开 2 号旁路负荷开关+闭锁；断开 4 号供电环网箱备用间隔开关，合上 4 号供电环网箱备用间隔接地开关；断开 1 号取电环网箱备用间隔开关，合上 1 号区电环网箱备用间隔接地开关，旁路负荷开关“核相装置”处核相工作结束。

3. 旁路电缆回路投入运行，执行《配电倒闸操作票》

步骤 8：运行操作人员按照“先送电源侧，后送负荷侧”的顺序，如图 5-57 所示。

（1）断开 1 号取电环网箱备用间隔接地开关，合上 1 号取电环网箱备用间隔开关。

（2）使用绝缘操作杆合上 1 号旁路负荷开关+闭锁。

（3）断开 3 号供电环网箱备用间隔接地开关，合上 3 号供电环网箱备用间隔开关，1 号环网箱与 3 号环网箱间的“旁路电缆回路”投入运行。

（4）使用绝缘操作杆合上 2 号旁路负荷开关+闭锁。

（5）断开 4 号供电环网箱备用间隔接地开关，合上 4 号供电环网箱备用间隔开关，1 号环网箱与 4 号环网箱间的“旁路电缆回路”投入运行。

4. 2 号环网箱退出运行，执行《配电倒闸操作票》

步骤 9：运行操作人员检测确认旁路电缆回路通流正常后，按照“先断负荷侧，后断电源侧”的顺序进行倒闸操作，如图 5-58 所示。

（1）断开 3 号供电环网箱“进线”间隔开关，合上 3 号供电环网箱“进线”间隔接地开关。

（2）断开 4 号供电环网箱“进线”间隔开关，合上 4 号供电环网箱“进线”间隔接地开关。

（3）断开 2 号环网箱上至 3 号供电环网箱的“出线”间隔开关，合上 2 号环网箱上至 3 号供电环网箱的“出线”间隔接地开关。

（4）断开 2 号环网箱上至 4 号供电环网箱的“出线”间隔开关，合上 2 号环网箱上至 4 号供电环网箱的“出线”间隔接地开关。

（5）断开 2 号环网箱上至 1 号供电环网箱的“进线”间隔开关，合上 2 号环网箱上至 1 号供电环网箱的“进线”间隔接地开关。

（6）断开 1 号环网箱上至 2 号供电环网箱的“出线”间隔开关，合上 1 号环网箱上至 2 号供电环网箱的“出线”间隔接地开关，检修环网箱退出运行。

（7）运行操作人员每隔半小时检测 1 次旁路回路电流，确认旁路供电回路运行正常。

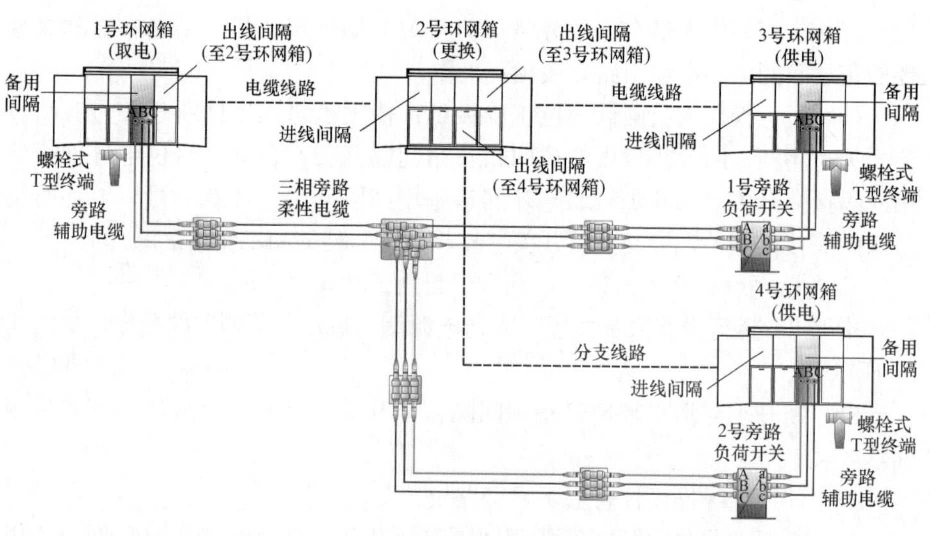

图 5-58　步骤 9 示意图

5. 停电检修（更换）2 号环网箱工作，办理工作任务交接，执行《配电线路第一种工作票》

步骤 10：电缆工作负责人在项目总协调人的组织下，与停电工作负责人完成工作任务交接。

步骤 11：停电工作负责人带领作业班组执行《配电线路第一种工作票》，按照停电作业方式完成 2 号环网箱检修（更换）和电缆线路接入环网箱工作，如图 5-59 所示。

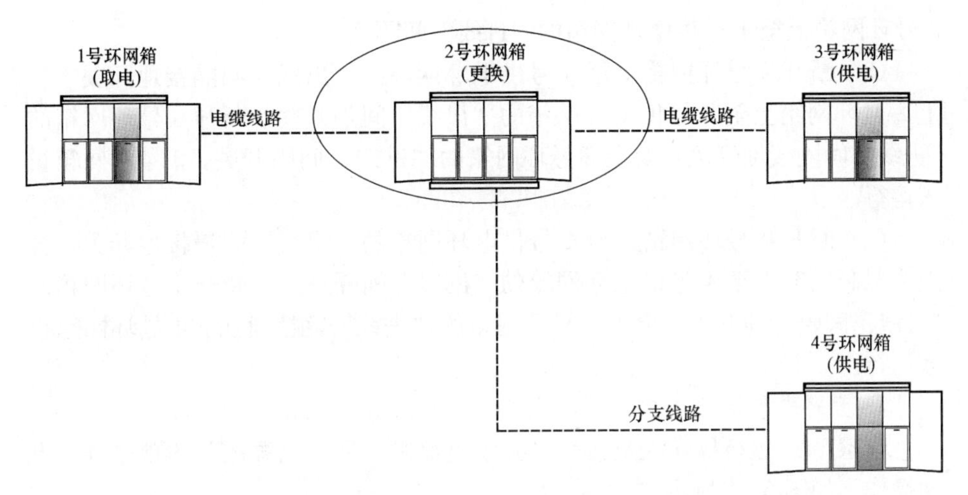

图 5-59 步骤 11 示意图

步骤 12：停电工作负责人在项目总协调人的组织下，与电缆工作负责人完成工作任务交接。

6. 2 号环网箱投入运行，执行《配电倒闸操作票》

步骤 13：运行操作人员按照“先送电源侧，后送负荷侧”的顺序进行倒闸操作，如图 5-60 所示。

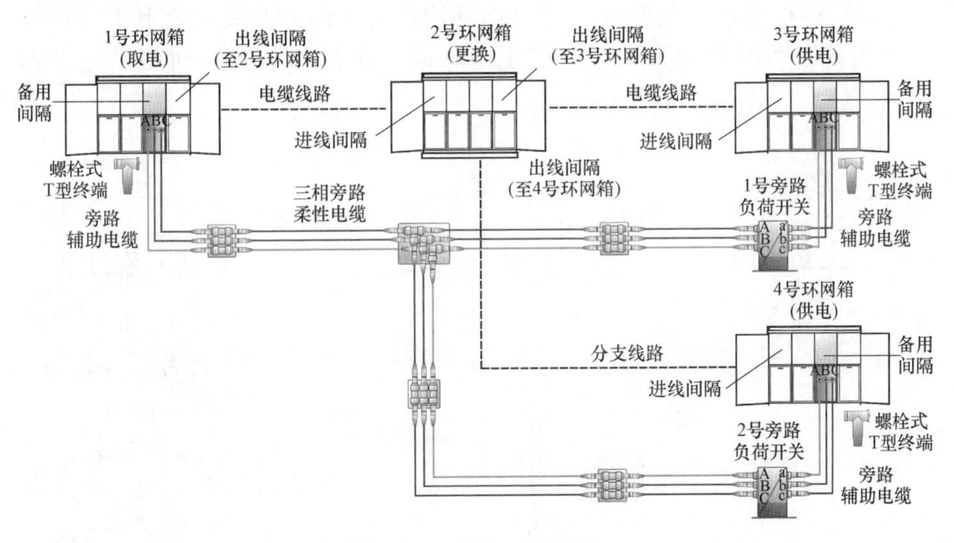

图 5-60 步骤 13 示意图

（1）断开 1 号环网箱上至 2 号供电环网箱的“出线”间隔接地开关，合上 1 号环网箱上至 2 号供电环网箱的“出线”间隔开关。

（2）断开 2 号环网箱上至 1 号供电环网箱的“进线”间隔接地开关，合上

2 号环网箱上至 1 号供电环网箱的“进线”间隔开关。

（3）断开 2 号环网箱上至 3 号供电环网箱的“出线”间隔接地开关，合上 2 号环网箱上至 3 号供电环网箱的“出线”间隔开关，断开 3 号环网箱的“进线”间隔接地开关，合上 3 号环网箱的“进线”间隔开关，3 号环网箱投入运行。

（4）断开 2 号环网箱上至 4 号供电环网箱的“出线”间隔接地开关，合上 2 号环网箱上至 4 号供电环网箱的“出线”间隔开关，断开 4 号环网箱的“进线”间隔接地开关，合上 4 号环网箱的“进线”间隔开关，4 号环网箱投入运行。

7. 旁路电缆回路退出运行，执行《配电倒闸操作票》

步骤 14：运行操作人员按照“先断负荷侧，后断电源侧”的顺序进行倒闸操作，如图 5-61 所示。

（1）运行操作人员断开 4 号供电环网箱备用间隔开关，合上 4 号供电环网箱备用间隔接地开关。

（2）运行操作人员使用绝缘操作杆断开 2 号旁路负荷开关。

（3）运行操作人员断开 3 号供电环网箱备用间隔开关，合上 3 号供电环网箱备用间隔接地开关。

（4）运行操作人员使用绝缘操作杆断开 2 号旁路负荷开关。

（5）运行操作人员断开 1 号供电环网箱备用间隔开关，合上 1 号供电环网箱备用间隔接地开关，旁路电缆回路退出运行，旁路回路供电工作结束。

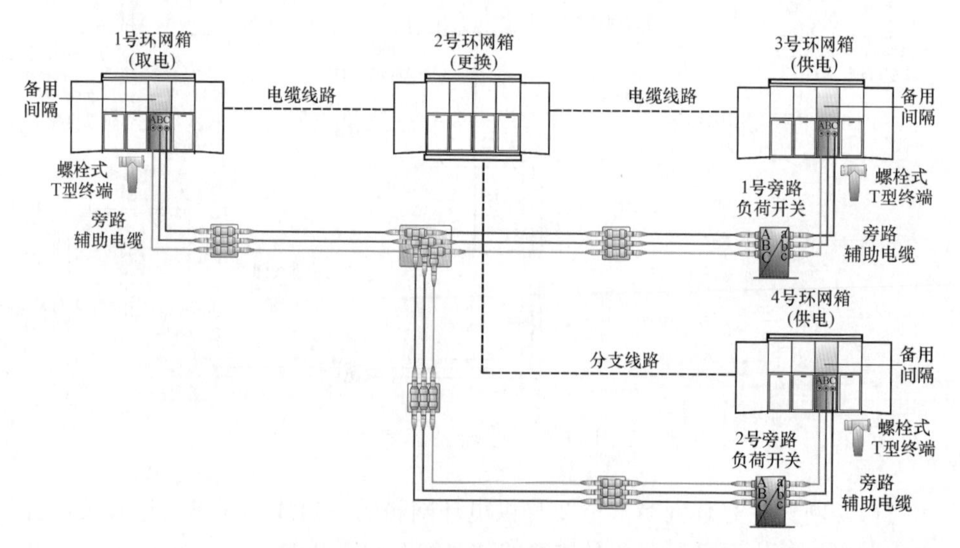

图 5-61 步骤 14 示意图

8. 拆除旁路电缆回路，执行《配电线路第一种工作票》

步骤15：旁路作业人员按照A（黄）、B（绿）、C（红）的顺序，拆除三相旁路电缆回路，使用放电棒对三相旁路电缆回路充分放电后收回，如图5-62所示，旁路作业检修电缆线路工作结束。

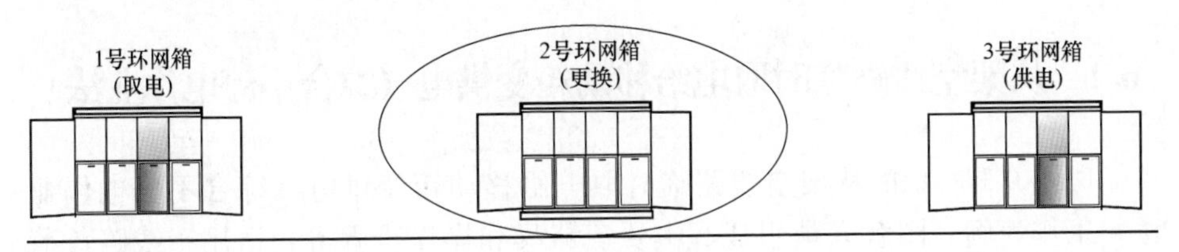

图5-62　步骤15示意图

第 6 章　临时取电类项目作业图解

6.1　从架空线路临时取电给移动箱变供电（综合不停电作业法）

以图 6-1 所示的从架空线路临时取电给移动箱变供电（综合不停电作业法）工作为例，图解人员组成、主要工器具和操作步骤等，适用于线路负荷电流不大于 200A 的工况，生产中务必结合现场实际工况参照适用。

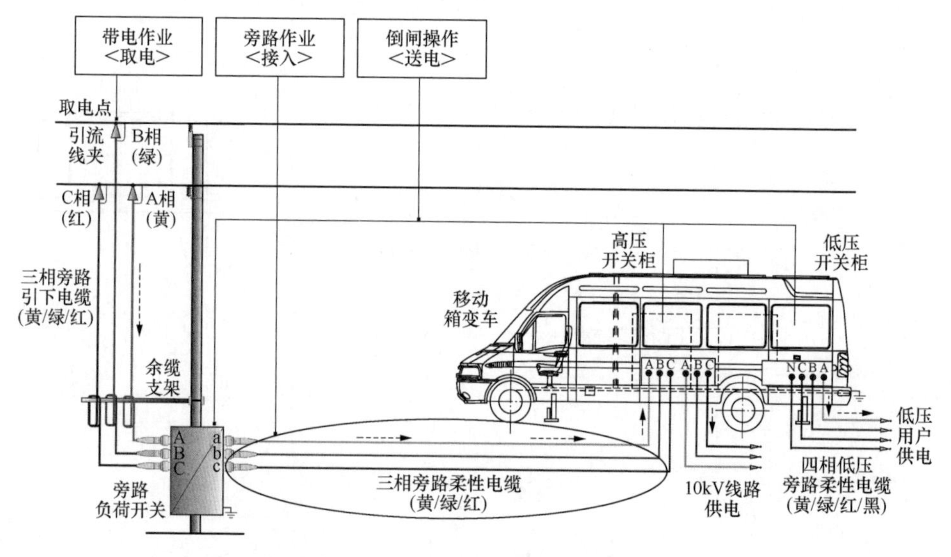

图 6-1　从架空线路临时取电给移动箱变供电（综合不停电作业法）

6.1.1　人员组成

本项目工作人员共计 8 人（不含地面配合人员和停电作业人员），如图 6-2 所示，人员分工为：项目总协调人 1 人、带电工作负责人（兼工作监护人）1 人、斗内电工 2 人、地面电工 2 人（兼旁路作业人员），倒闸（运行）操作人员（含专责监护人）2 人，地面配合人员和停电作业人员根据现场情况确定。

6.1.2　主要工器具

绝缘防护用具如图 6-3 所示。

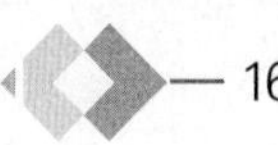

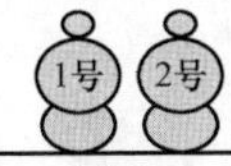

图 6-2　人员组成

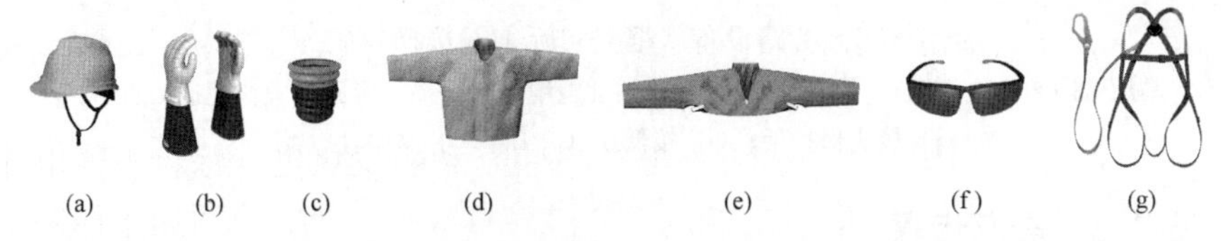

图 6-3　绝缘防护用具（根据实际工况选择）

（a）绝缘安全帽；（b）绝缘手套＋羊皮或仿羊皮保护手套；（c）绝缘手套充压气检测器；（d）绝缘服；（e）绝缘披肩；（f）护目镜；（g）安全带

绝缘遮蔽用具如图 6-4 所示。

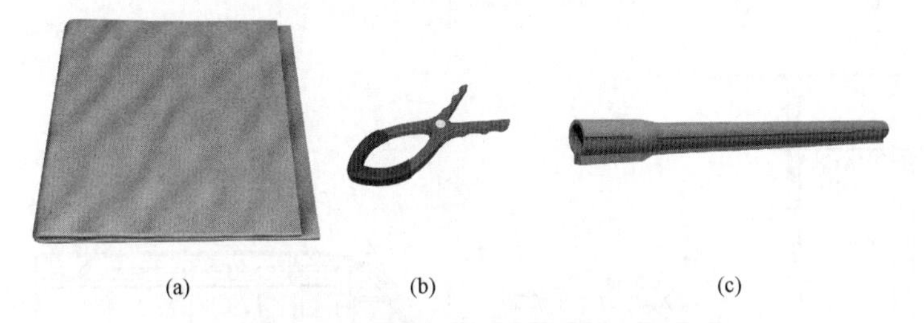

图 6-4　绝缘遮蔽用具（根据实际工况选择）

（a）绝缘毯；（b）绝缘毯夹；（c）导线遮蔽罩

绝缘工具和旁路设备如图 6-5 所示。

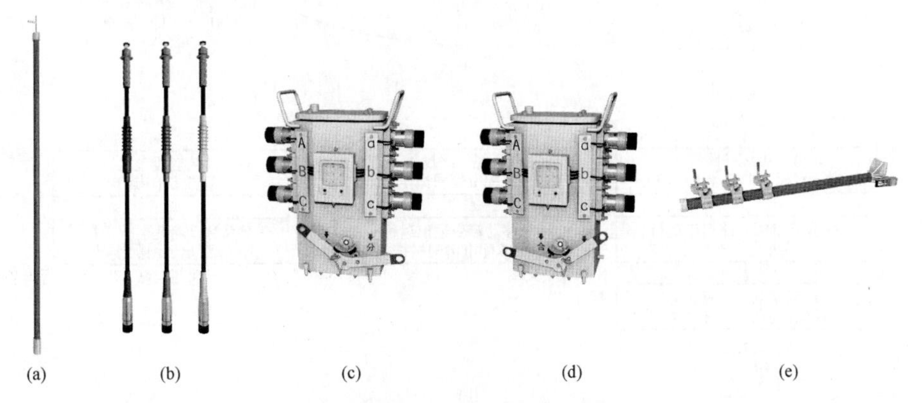

图 6-5　旁路设备（根据实际工况选择）（一）

（a）绝缘操作杆；（b）高压旁路引下电缆；（c）高压旁路负荷开关分闸位置；（d）高压旁路负荷开关合闸位置；（e）余缆支架

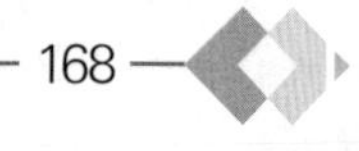

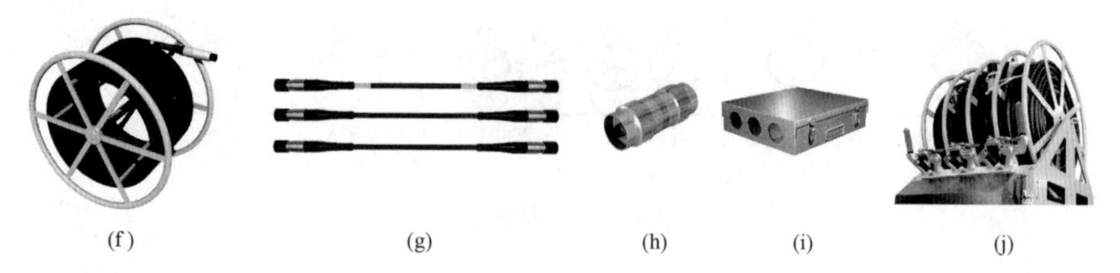

图 6-5　旁路设备（根据实际工况选择）（二）

（f）高压旁路柔性电缆盘；（g）三相高压旁路柔性电缆；（h）高压旁路电缆快速插拔直通接头；（i）接头保护架；（j）接低压（0.4kV）旁路柔性电缆

6.1.3　操作步骤

本项目操作前的准备工作已完成，工作负责人已检查确认线路负荷电流不大于 200A，作业装置和现场环境符合带电作业和旁路作业条件。

如图 6-6 所示，从架空线路临时取电给移动箱变供电（综合不停电作业法）工作，可分为以下分项作业步骤进行。

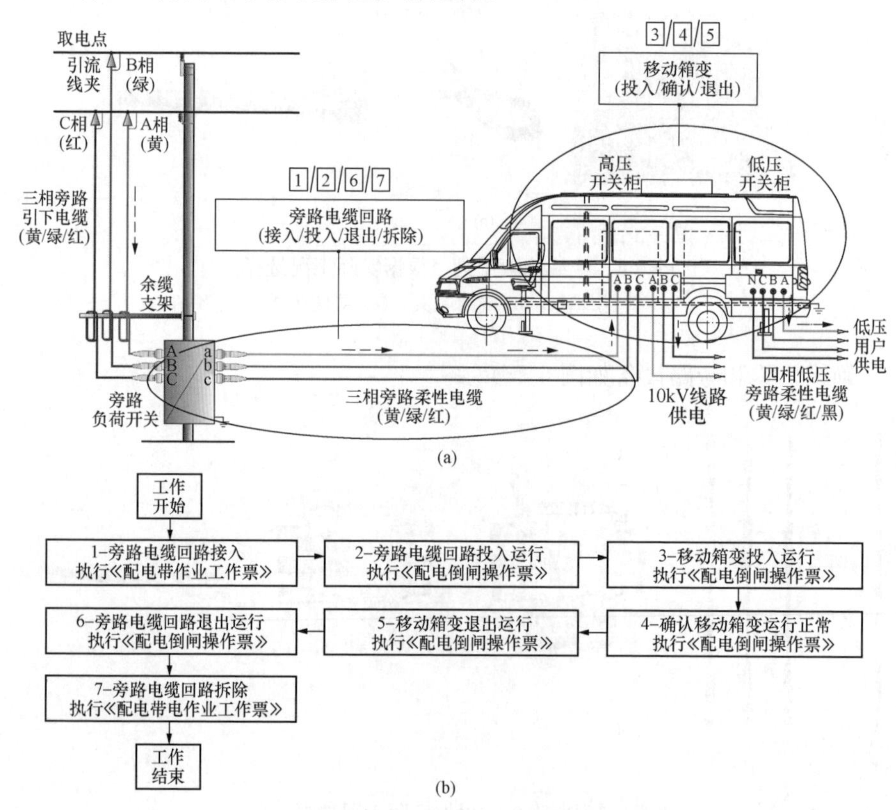

图 6-6　从架空线路临时取电给移动箱变供电（综合不停电作业法）工作示意图（推荐）

（a）分项作业示意图；（b）分项作业流程图

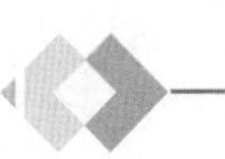

1. 旁路电缆回路接入，执行《配电带电作业工作票》

步骤 1：旁路作业人员在电杆的合适位置（离地）安装好旁路负荷开关和余缆工具，旁路负荷开关置于"分"闸、闭锁位置，使用接地线将旁路负荷开关外壳接地，移动箱变车就位并可靠接地，如图 6-7 所示。

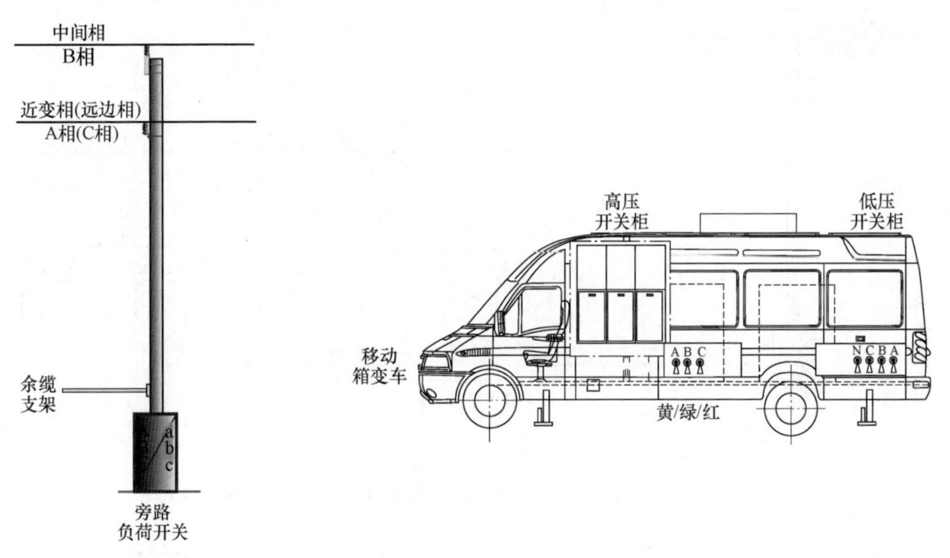

图 6-7　步骤 1 示意图

步骤 2：旁路作业人员按照"黄、绿、红"的顺序，分段将三相旁路电缆展放在防潮布上或保护盒内（根据实际情况选用），如图 6-8 所示。

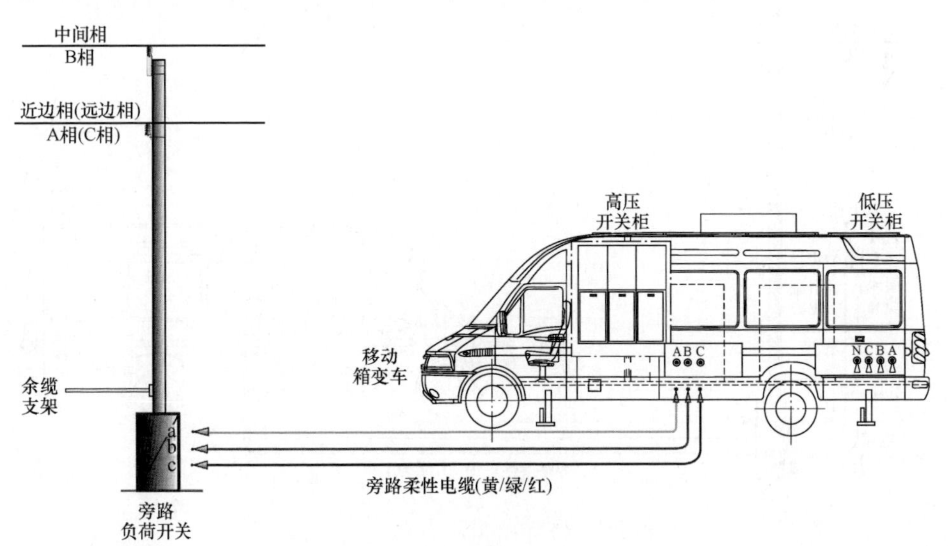

图 6-8　步骤 2 示意图

步骤 3：旁路作业人员将三相旁路电缆快速插拔接头与旁路负荷开关的同相位快速插拔接口 A（黄）、B（绿）、C（红）可靠连接，如图 6-9 所示。

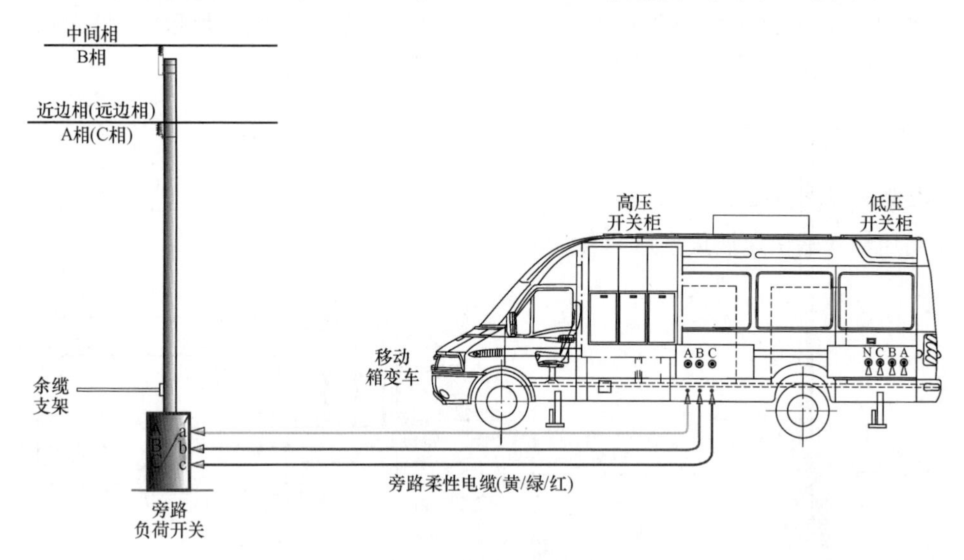

图 6-9　步骤 3 示意图

步骤 4：旁路作业人员将三相旁路引下电缆与旁路负荷开关同相位快速插拔接口 A（黄）、B（绿）、C（红）可靠连接，与架空导线连接的引流线夹用绝缘毯遮蔽好，并系上长度适宜的起吊绳（防坠绳），如图 6-10 所示。

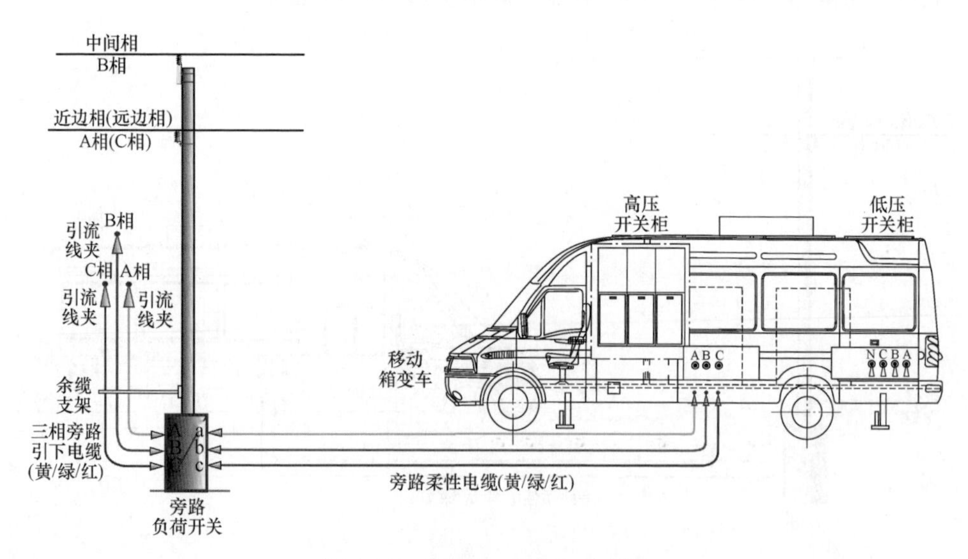

图 6-10　步骤 4、步骤 5 示意图

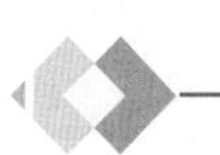

步骤5：运行操作人员使用绝缘操作杆合上旁路负荷开关+闭锁，检测旁路电缆回路绝缘电阻不小于500MΩ，使用放电棒对三相旁路电缆充分放电后，断开旁路负荷开关+闭锁，如图6-10所示。

步骤6：运行操作人员检查确认移动箱变车车体接地和工作接地、低压柜开关处于断开位置、高压柜的进线间隔开关、出线间隔开关以及变压器间隔开关处于断开位置，如图6-11所示。

步骤7：旁路作业人员将三相旁路电缆快速插拔接头与移动箱变车的同相位高压输入端快速插拔接口A（黄）、B（绿）、C（红）可靠连接，如图6-11所示。

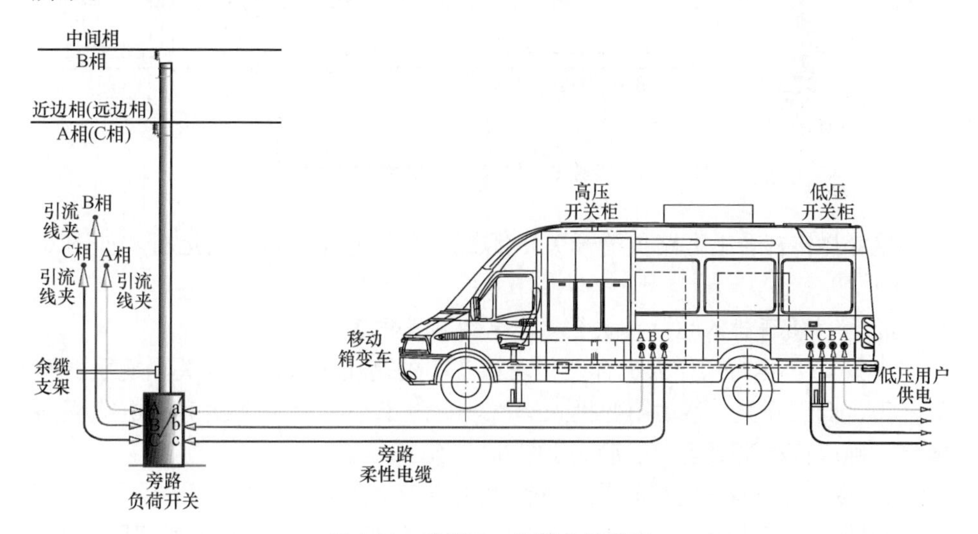

图6-11　步骤6、步骤7示意图

步骤8：旁路作业人员将三相四线低压旁路电缆专用接头与移动箱变车的同相位低压输入端接口“（黄）A、B（绿）、C（红）、N（黑）”可靠连接。

步骤9：带电作业人员按照“近边相、中间相、远边相”的顺序，使用导线遮蔽罩完成三相导线的绝缘遮蔽工作，按照“远边相、中间相、近边相”的顺序，完成三相旁路引下电缆与同相位的架空导线A（黄）、B（绿）、C（红）的“接入”工作，接入后使用绝缘毯对引流线夹处进行绝缘遮蔽，挂好防坠绳（起吊绳），多余的电缆规范地放置在余缆支架上，如图6-12所示。

步骤10：带电作业人员使用低压旁路电缆专用接头与JP柜（低压综合配电箱）同相位的接头A（黄）、B（绿）、C（红）、N（黑）可靠连接。

2. 旁路电缆回路投入运行，执行《配电倒闸操作票》

步骤11：运行操作人员检查确认三相旁路电缆连接“相色”正确无误，

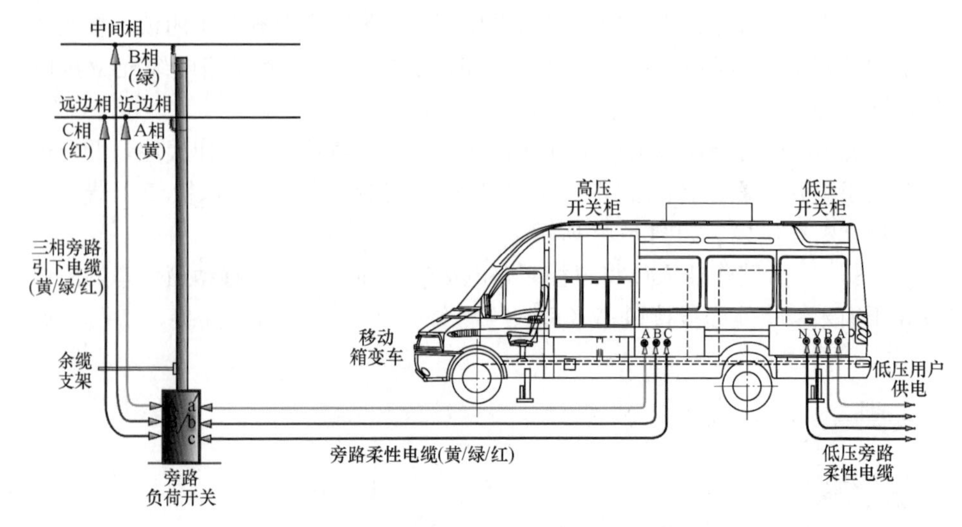

图 6-12　步骤 9、步骤 11～步骤 14 示意图

使用绝缘操作杆合上旁路负荷开关＋闭锁，旁路电缆回路投入运行，如图 6-12 所示。

3. 移动箱变投入运行，执行《配电倒闸操作票》

步骤 12：运行操作人员合上移动箱变车的高压进线间隔开关、变压器间隔开关、低压开关，移动箱变投入运行，每隔半小时检测 1 次旁路电缆回路电流，确认移动箱变运行正常，如图 6-12 所示。

4. 移动箱变退出运行，执行《配电倒闸操作票》

步骤 13：运行操作人员断开移动箱变车的低压开关、变压器间隔开关、高压间隔开关，移动箱变退出运行，如图 6-12 所示。

5. 旁路电缆回路退出运行，执行《配电倒闸操作票》

步骤 14：运行操作人员断开旁路负荷开关＋闭锁，旁路电缆回路退出运行，如图 6-12 所示。

6. 拆除旁路电缆回路

步骤 15：带电作业人员按照“近边相、中间相、远边相”的顺序，拆除三相旁路引下电缆，地面运行操作人员使用放电棒对三相旁路电缆回路充分放电（包括低压旁路电缆回路），带电作业人员按照“远边相、中间相、近边相”的顺序，拆除三相导线上的绝缘遮蔽，如图 6-13 所示。

步骤 16：旁路作业人员在地面辅助电工的配合下，拆除旁路电缆回路并收回，从架空线临时取电给移动箱变供电工作结束，如图 6-14 所示。

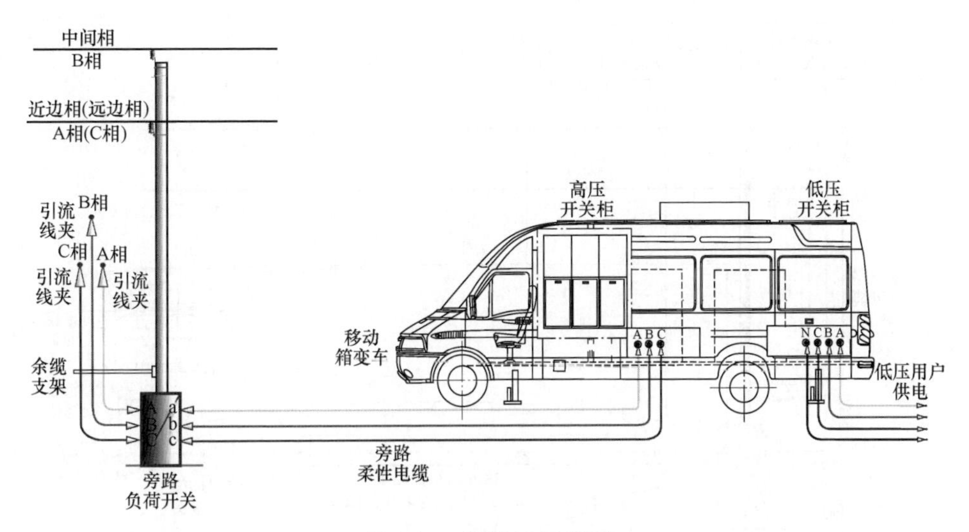

图 6-13　步骤 15 示意图

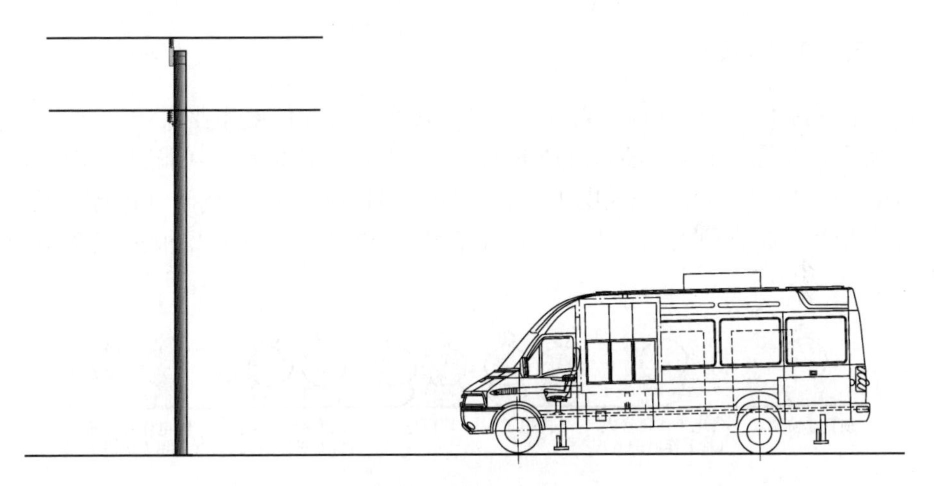

图 6-14　步骤 16 示意图

6.2　从架空线路临时取电给环网箱供电（综合不停电作业法）

以图 6-15 所示的从架空线路临时取电给环网箱供电（综合不停电作业法）工作为例，图解人员组成、主要工器具和操作步骤等，适用于线路负荷电流不大于 200A 的工况，生产中务必结合现场实际工况参照适用。

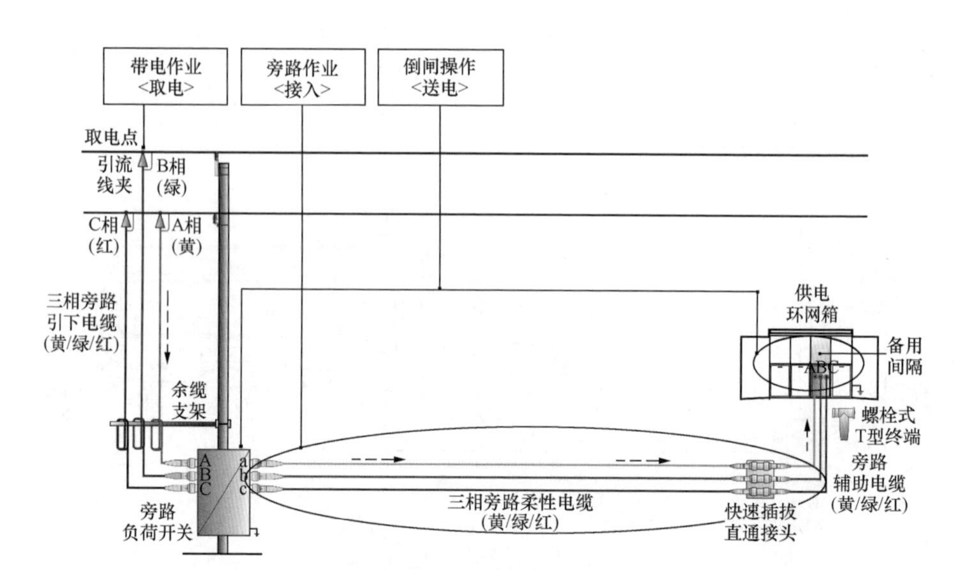

图 6-15 从架空线路临时取电给环网箱供电（综合不停电作业法）

6.2.1 人员组成

本项目工作人员共计 8 人（不含地面配合人员和停电作业人员），如图 6-16 所示，人员分工为：项目总协调人 1 人、带电工作负责人（兼工作监护人）1 人、斗内电工 2 人、地面电工 2 人（兼旁路作业人员），倒闸（运行）操作人员（含专责监护人）2 人，地面配合人员和停电作业人员根据现场情况确定。

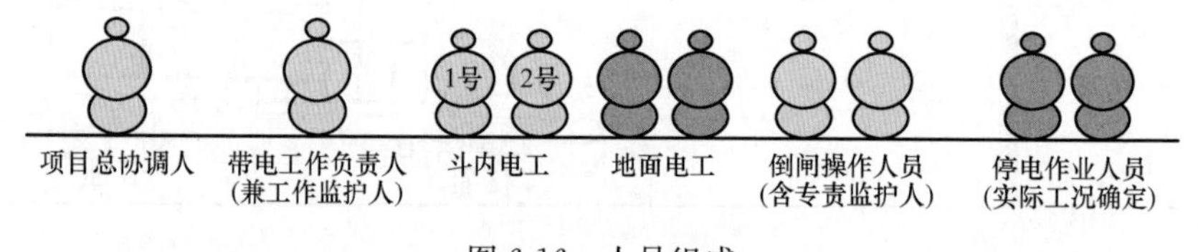

图 6-16 人员组成

6.2.2 主要工器具

绝缘防护用具如图 6-17 所示。

绝缘遮蔽用具如图 6-18 所示。

绝缘工具和旁路设备如图 6-19 所示。

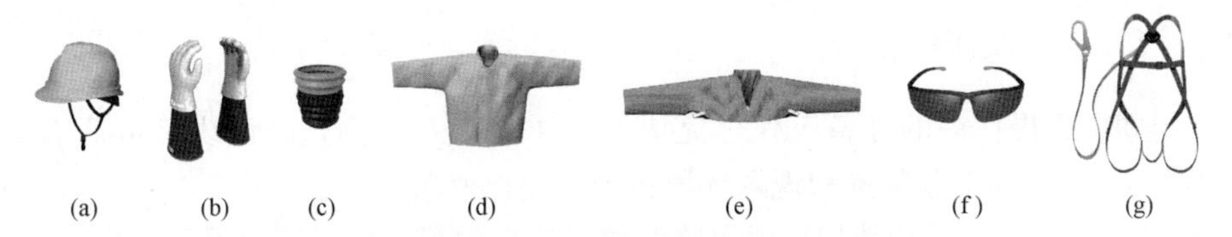

图 6-17　绝缘防护用具（根据实际工况选择）

（a）绝缘安全帽；（b）绝缘手套＋羊皮或仿羊皮保护手套；（c）绝缘手套充压气检测器；（d）绝缘服；（e）绝缘披肩；（f）护目镜；（g）安全带

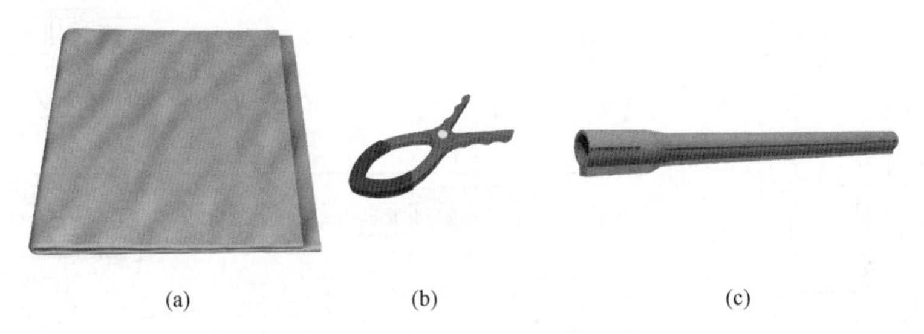

图 6-18　绝缘遮蔽用具（根据实际工况选择）

（a）绝缘毯；（b）绝缘毯夹；（c）导线遮蔽罩

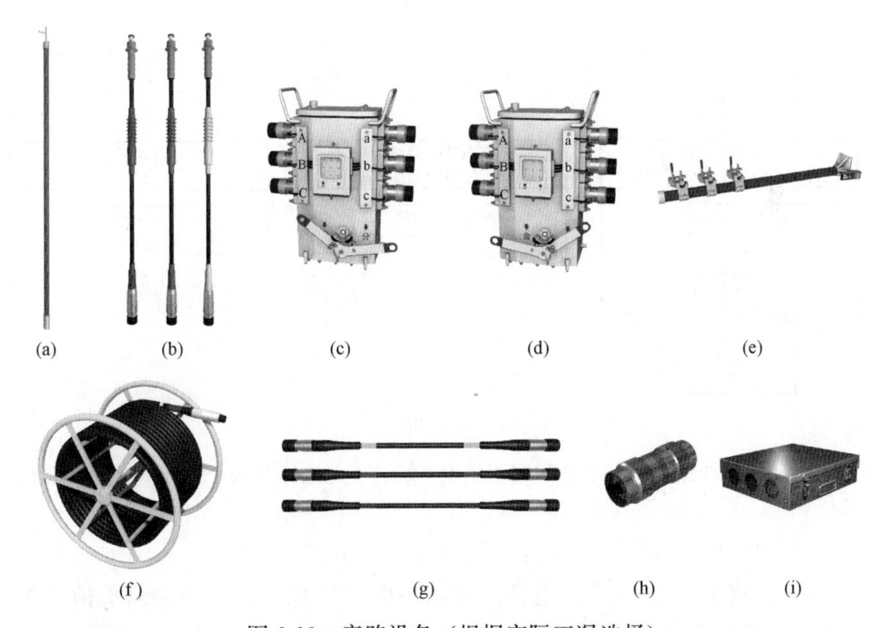

图 6-19　旁路设备（根据实际工况选择）

（a）绝缘操作杆；（b）高压旁路引下电缆；（c）高压旁路负荷开关分闸位置；（d）高压旁路负荷开关合闸位置；（e）余缆支架；（f）高压旁路柔性电缆盘；（g）三相高压旁路柔性电缆；（h）高压旁路电缆快速插拔直通接头；（i）接头保护架

6.2.3 操作步骤

本项目操作前的准备工作已完成，工作负责人已检查确认线路负荷电流不大于 200A，作业装置和现场环境符合旁路作业条件。

如图 6-20 所示，从架空线路临时取电给环网箱供电（综合不停电作业法）工作，可分为以下分项作业步骤进行。

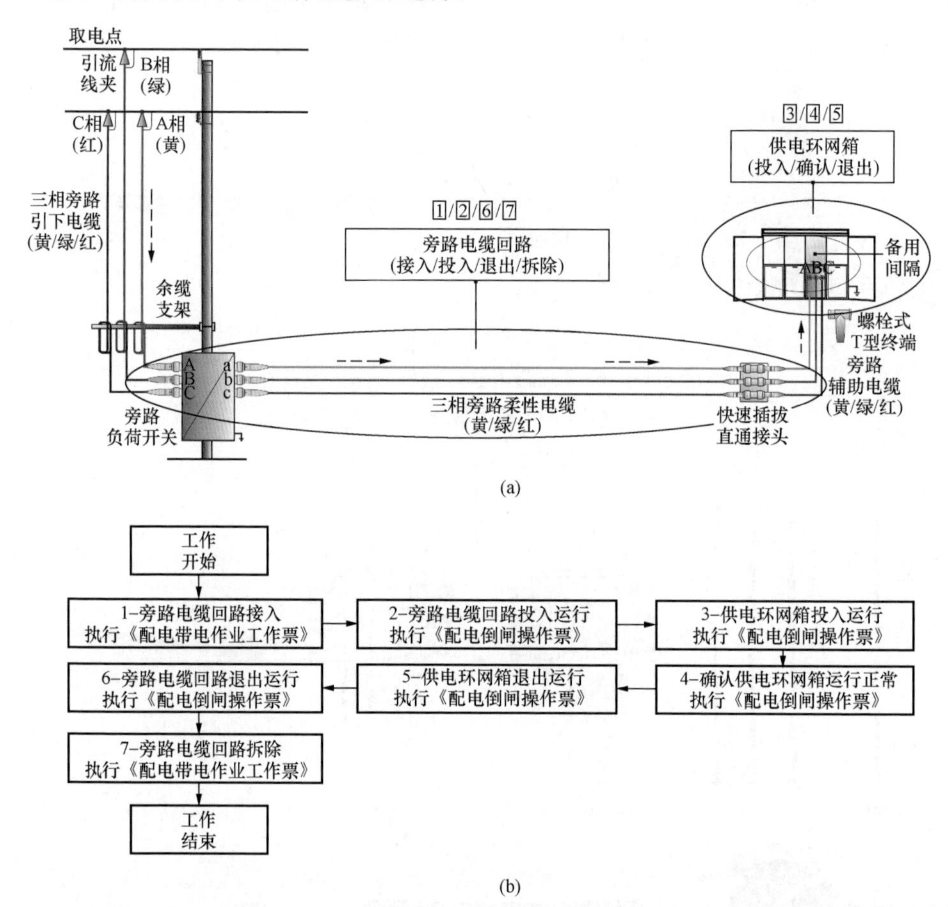

图 6-20 从架空线路临时取电给环网箱供电（综合不停电作业法）工作示意图（推荐）
（a）分项作业示意图；（b）分项作业流程图

1. 旁路电缆回路接入，执行《配电带电作业工作票》

步骤 1：旁路作业人员在电杆的合适位置（离地）安装好旁路负荷开关和余缆支架，将旁路负荷开关置于“分”闸、闭锁位置，使用接地线将旁路负荷开关外壳接地，如图 6-21 所示。

步骤 2：旁路作业人员按照“黄、绿、红”的顺序，分段将三相旁路电缆展放在防潮布上或保护盒内（根据实际情况选用），如图 6-22 所示。

步骤 3：旁路作业人员使用快速插拔中间接头，将同相色（黄、绿、红）旁路电缆的快速插拔终端可靠连接，接续好的终端接头放置专用铠装接头保护盒内，与供电环网箱备用间隔连接的螺栓式（T 型）终端接头规范地放置在绝缘毯上，如图 6-22 所示。

图 6-21　步骤 1 示意图

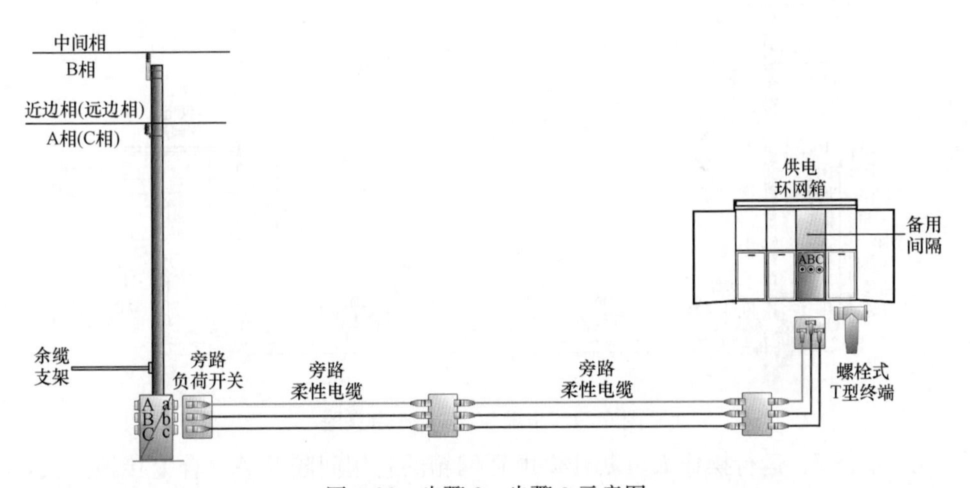

图 6-22　步骤 2、步骤 3 示意图

步骤 4：旁路作业人员将三相旁路电缆快速插拔接头与旁路负荷开关的同相位快速插拔接口 A（黄）、B（绿）、C（红）可靠连接，如图 6-23 所示。

步骤 5：旁路作业人员将三相旁路引下电缆快速插拔接头与旁路负荷开关同相位快速插拔接口 A（黄）、B（绿）、C（红）可靠连接，与架空导线连接的引流线夹用绝缘毯遮蔽好，并系上长度适宜的起吊绳（防坠绳），如图 6-24

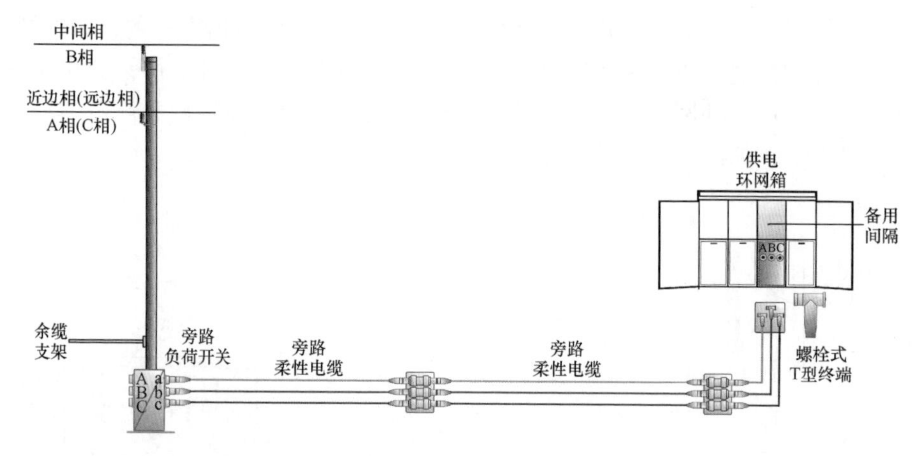

图 6-23　步骤 4 示意图

所示。

步骤 6：运行操作人员合上旁路负荷开关＋闭锁，检测旁路电缆回路绝缘电阻不小于 500MΩ，使用放电棒对三相旁路电缆充分放电后，断开旁路负荷开关＋闭锁，如图 6-24 所示。

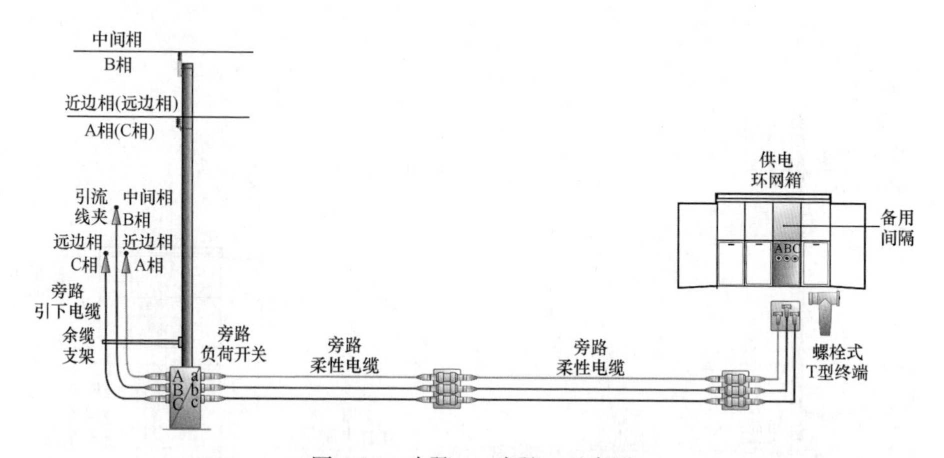

图 6-24　步骤 5、步骤 6 示意图

步骤 7：运行操作人员断开供电环网箱的备用间隔开关、合上接地开关，打开柜门，使用验电器验电确认无电后，将螺栓式（T 型）终端接头与供电环网箱备用间隔上的同相位高压输入端螺栓接头 A（黄）、B（绿）、C（红）可靠连接，三相旁路电缆屏蔽层可靠接地，合上柜门，断开接地开关，如图 6-25 所示。

步骤 8：带电作业人员按照“近边相、中间相、远边相”的顺序，使用导线遮蔽罩完成三相导线的绝缘遮蔽工作，按照“远边相、中间相、近边相”的顺序，完成三相旁路引下电缆与同相位的架空导线 A（黄）、B（绿）、

C（红）的“接入”工作，接入后使用绝缘毯对引流线夹处进行绝缘遮蔽，挂好防坠绳（起吊绳），多余的电缆规范地放置在余缆支架上，如图 6-25 所示。

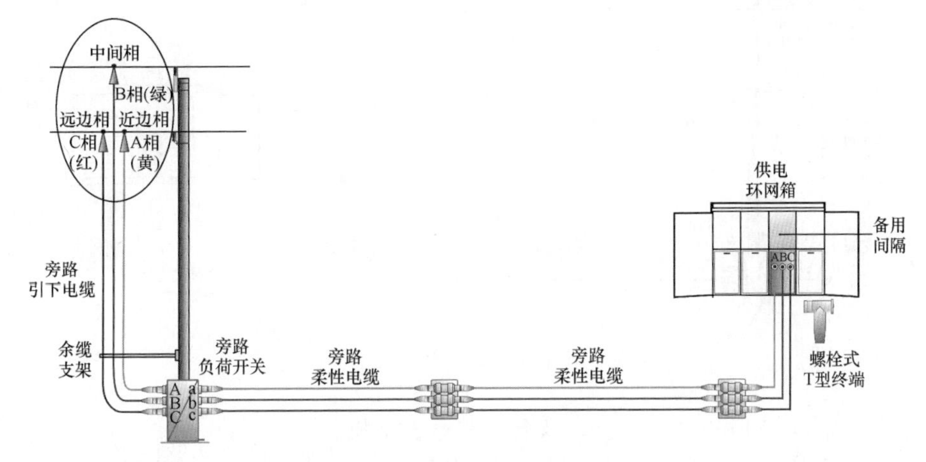

图 6-25　步骤 7、步骤 8 示意图

2. 旁路电缆回路投入运行，执行《配电倒闸操作票》

步骤 9：运行操作人员检查确认三相旁路电缆连接“相色”正确无误，使用绝缘操作杆合上旁路负荷开关＋闭锁，旁路电缆回路投入运行，如图 6-26 所示。

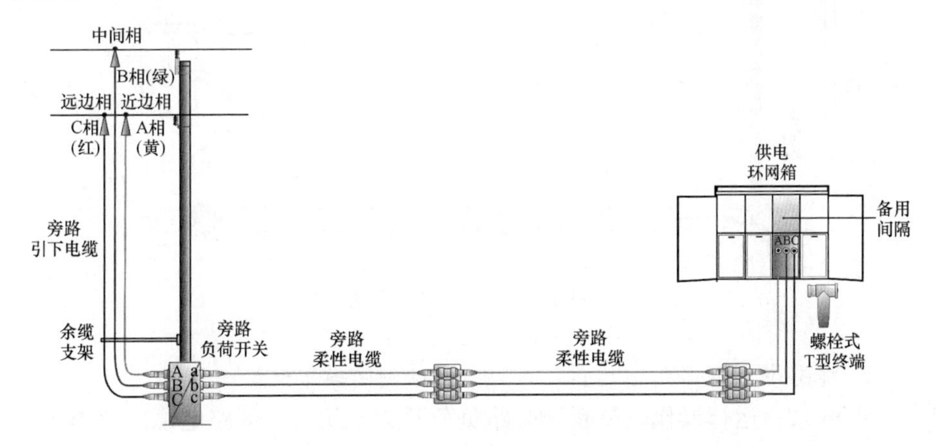

图 6-26　步骤 9 示意图

3. 供电环网箱投入运行，执行《配电倒闸操作票》

步骤 10：运行操作人员断开供电环网箱备用间隔接地开关，合上供电环网箱备用间隔开关，旁路电缆回路投入运行，供电环网箱投入运行，每隔半小时检测 1 次旁路回路电流，确认供电环网箱工作正常，如图 6-27 所示。

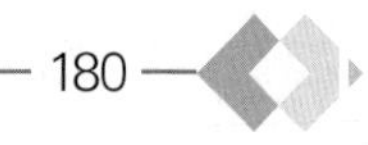

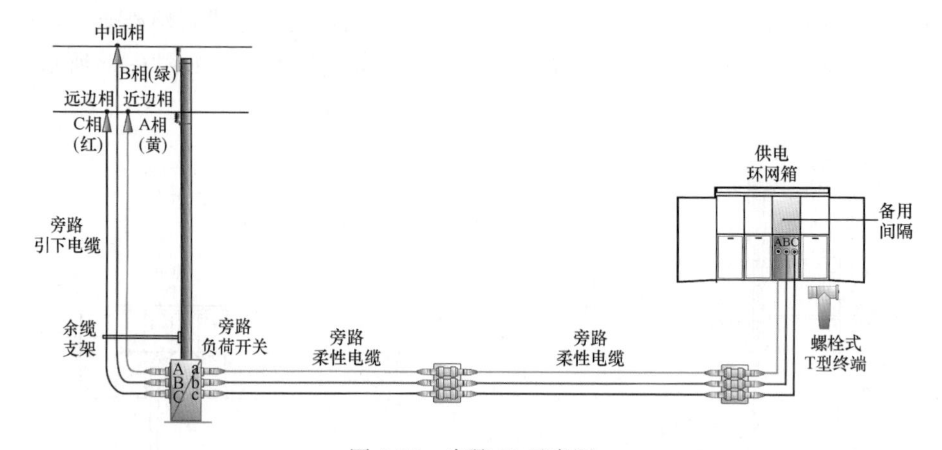

图 6-27 步骤 10 示意图

4. 供电环网箱退出运行，执行《配电倒闸操作票》

步骤 11：运行操作人员断开供电环网箱备用间隔开关，合上供电环网箱备用间隔接地开关，供电环网箱退出运行，如图 6-28 所示。

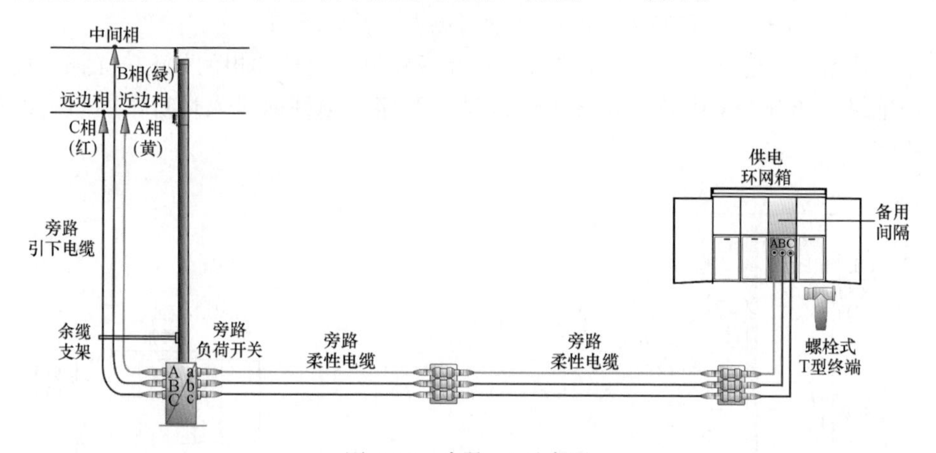

图 6-28 步骤 11 示意图

5. 旁路电缆回路退出运行，执行《配电倒闸操作票》

步骤 12：运行操作人员断开旁路负荷开关+闭锁，旁路电缆回路退出运行，如图 6-29 所示。

6. 拆除旁路电缆回路，执行《配电带电作业工作票》

步骤 13：带电作业人员按照“近边相、中间相、远边相”的顺序，拆除三相旁路引下电缆，地面运行操作人员使用放电棒对三相旁路电缆回路充分放电，带电作业人员按照“远边相、中间相、近边相”的顺序，拆除三相导线上的绝缘遮蔽，如图 6-30 所示。

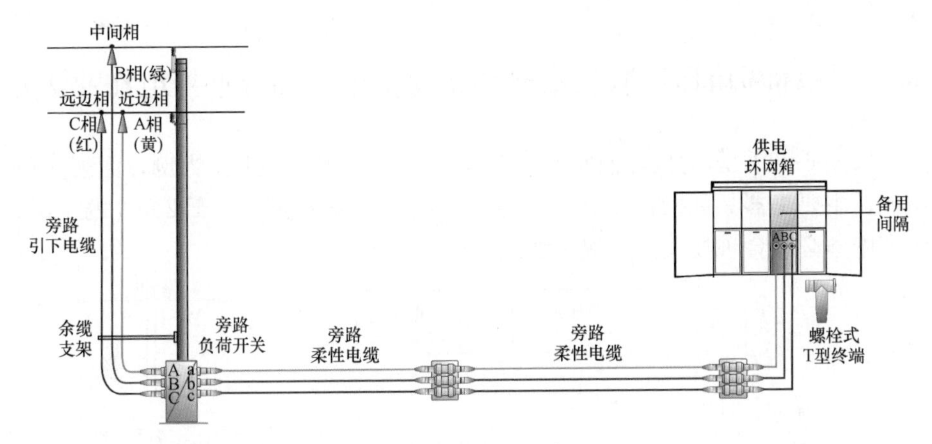

图 6-29　步骤 12 示意图

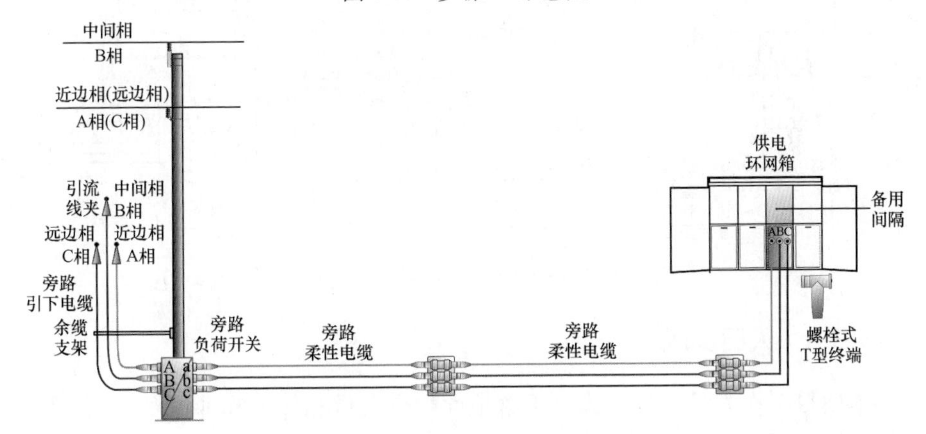

图 6-30　步骤 13 示意图

步骤 14：旁路作业人员在地面辅助电工的配合下，拆除旁路电缆回路并收回，从架空线路临时取电给环网箱供电工作结束，如图 6-31 所示。

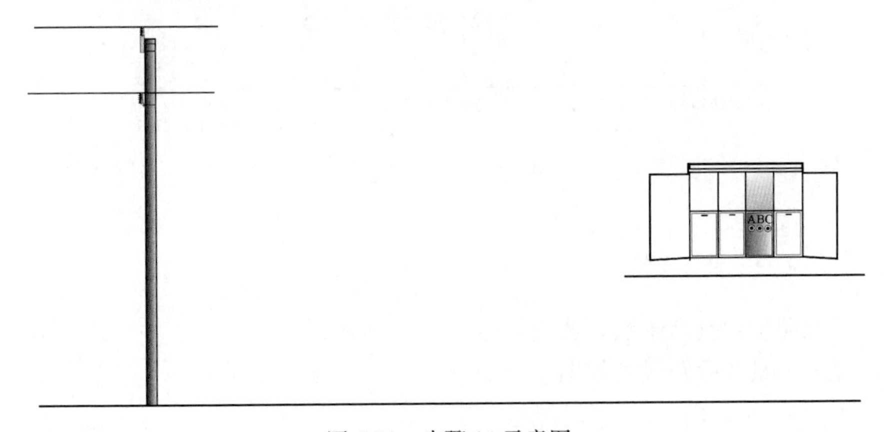

图 6-31　步骤 14 示意图

6.3 从环网箱临时取电给移动箱变供电（综合不停电作业法）

以图 6-32 所示的从环网箱临时取电给移动箱变供电工作为例，图解人员组成、主要工器具和操作步骤等，适用于线路负荷电流不大于 200A 的工况，生产中务必结合现场实际工况参照适用。

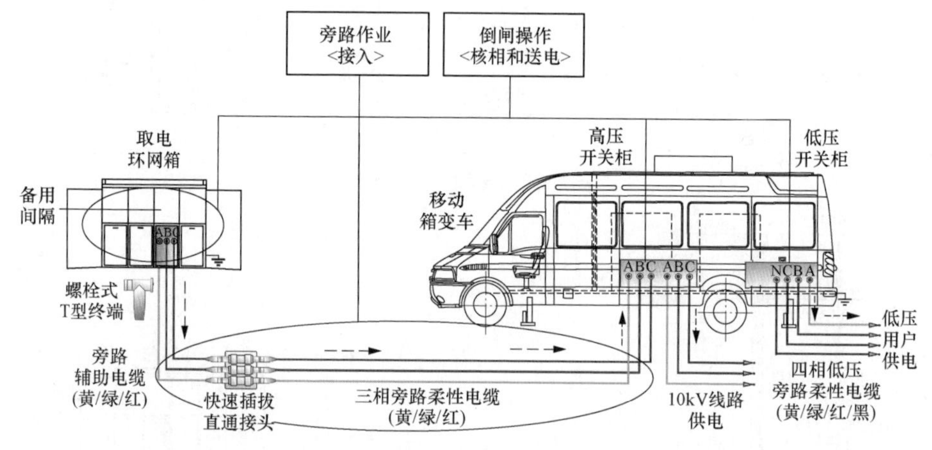

图 6-32 从环网箱临时取电给移动箱变供电（综合不停电作业法）

6.3.1 人员组成

本项目工作人员共计 6 人（不含地面配合人员和停电作业人员），如图 6-33 所示，人员分工为：项目总协调人 1 人、电缆工作负责人（兼工作监护人）1 人、地面电工 2 人（兼旁路作业人员），倒闸（运行）操作人员（含专责监护人）2 人，地面配合人员和停电作业人员根据现场情况确定。

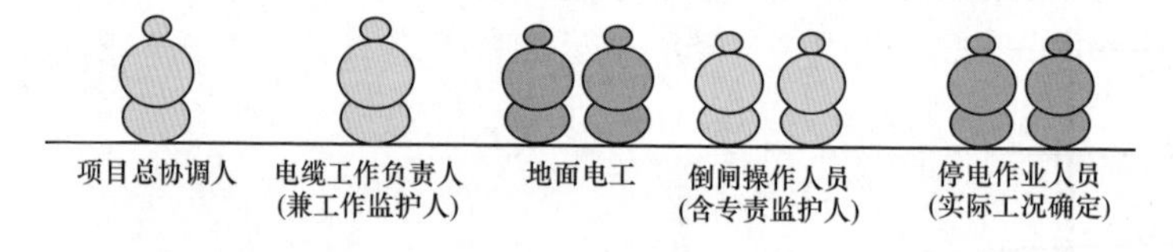

图 6-33 人员组成

6.3.2 主要工器具

绝缘防护用具和绝缘遮蔽用具如图 6-34 所示。

绝缘工具和旁路设备如图 6-35 所示。

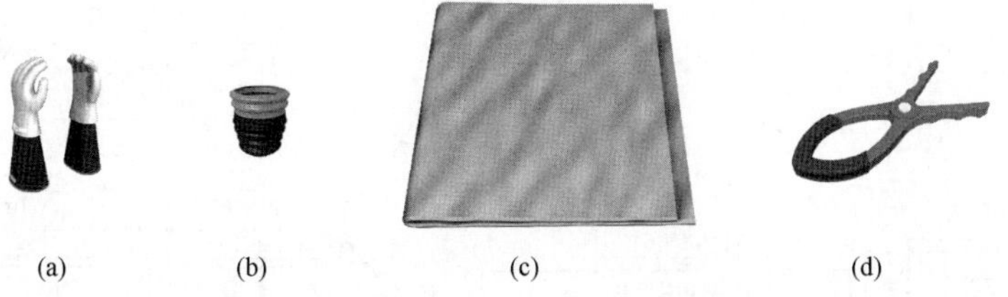

图6-34　绝缘防护用具和绝缘防护用具（根据实际工况选择）
（a）绝缘手套＋羊皮或仿羊皮保护手套；（b）绝缘手套充压气检测器；
（c）绝缘毯；（d）绝缘毯夹

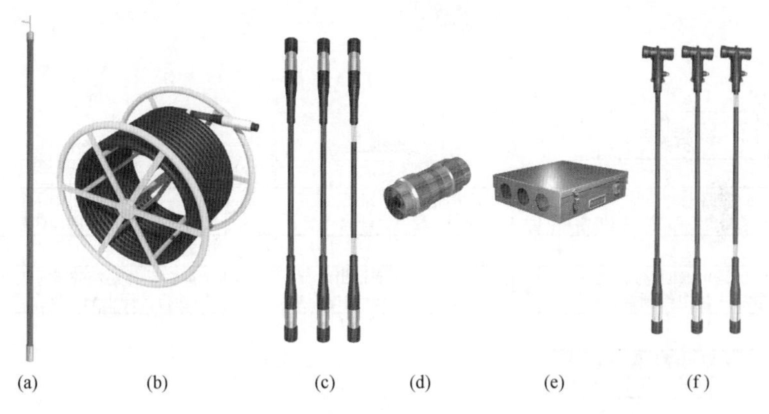

图6-35　绝缘工具和旁路设备（根据实际工况选择）
（a）绝缘操作杆；（b）高压旁路柔性电缆盘；（c）三相高压旁路柔性电缆；（d）高压旁路电缆快速插拔直通接头；（e）接头保护架；（f）带螺栓式（T型）接头的旁路辅助电缆

6.3.3　操作步骤

本项目操作前的准备工作已完成，工作负责人已检查确认线路负荷电流不大于200A，作业装置和现场环境符合旁路作业条件。

如图6-36所示，从环网箱临时取电给移动箱变供电（综合不停电作业法）工作，可分为以下分项作业步骤进行。

1. 旁路电缆回路接入，执行《配电线路第一种工作票》

步骤1：旁路作业人员按照“黄、绿、红”的顺序，分段将三相旁路电缆展放在防潮布上或保护盒内（根据实际情况选用），如图6-37所示。

步骤2：旁路作业人员使用快速插拔中间接头，将同相色（黄、绿、红）旁路电缆的快速插拔终端可靠连接，接续好的终端接头放置专用铠装接头保护盒内，与取电环网箱备用间隔连接的螺栓式（T型）终端接头和与移动箱变车连接的插拔终端规范地放置在绝缘毯上，如图6-38所示。

步骤3：运行操作人员检测旁路电缆回路绝缘电阻不小于500MΩ，使用

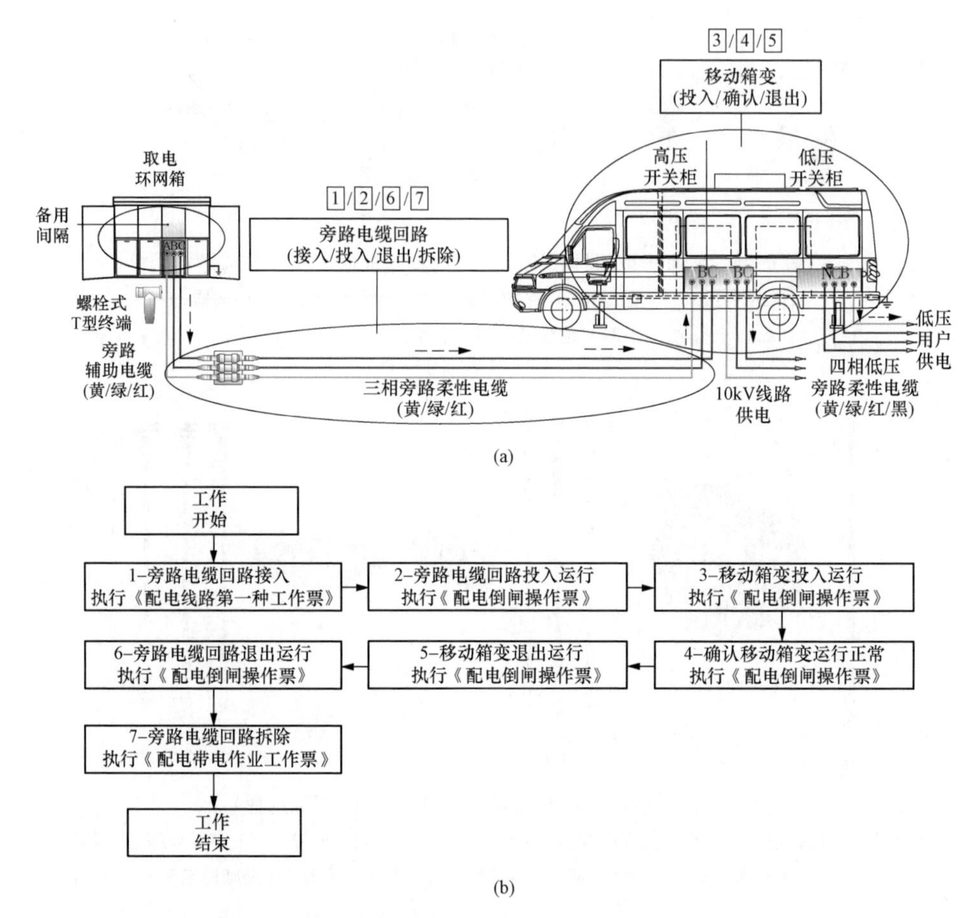

图 6-36 从环网箱临时取电给移动箱变供电（综合不停电作业法）工作示意图（推荐）

（a）分项作业示意图；（b）分项作业流程图

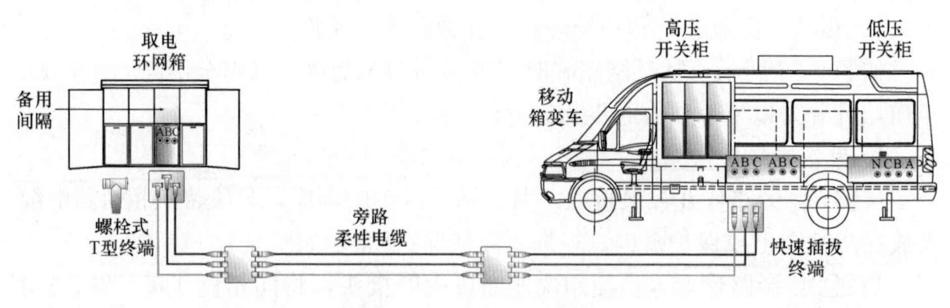

图 6-37 步骤 1 示意图

放电棒对三相旁路电缆充分放电，如图 6-38 所示。

步骤 4：运行操作人员检查确认移动箱变车车体接地和工作接地、低压柜

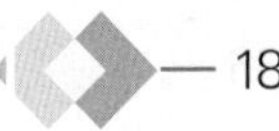

开关处于断开位置、高压柜的进线间隔开关、出线间隔开关以及变压器间隔开关处于断开位置，如图 6-38 所示。

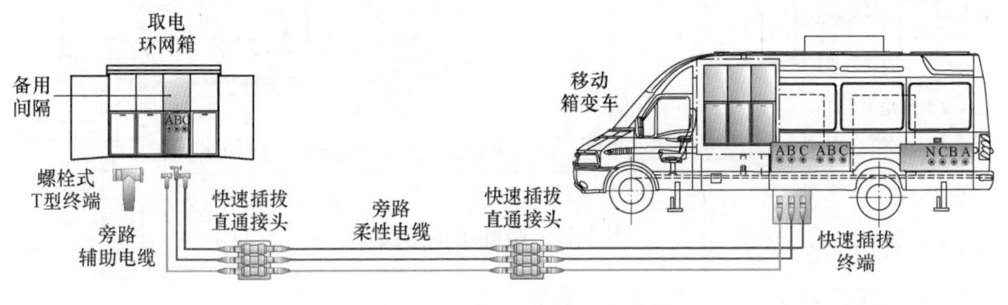

图 6-38 步骤 2～步骤 4 示意图

步骤 5：旁路作业人员将三相旁路电缆快速插拔接头与移动箱变车的同相位高压输入端快速插拔接口 A（黄）、B（绿）、C（红）可靠连接，如图 6-39 所示。

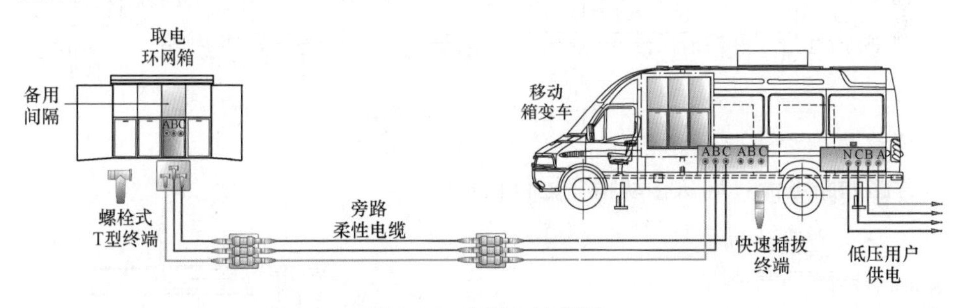

图 6-39 步骤 5 示意图

步骤 6：旁路作业人员将三相四线低压旁路电缆专用接头与移动箱变车的同相位低压输入端接头“（黄）A、B（绿）、C（红）、N（黑）”可靠连接。

步骤 7：运行操作人员断开取电环网箱的备用间隔开关、合上接地开关，打开柜门，使用验电器验电确认无电后，将螺栓式（T 型）终端接头与取电环网箱备用间隔上的同相位高压输入端螺栓接头 A（黄）、B（绿）、C（红）可靠连接，三相旁路电缆屏蔽层可靠接地，合上柜门，断开接地开关，如图 6-40 所示。

2. 旁路电缆回路投入运行，执行《配电倒闸操作票》

步骤 8：运行操作人员断开取电环网箱备用间隔接地开关，合上取电环网箱备用间隔开关，旁路电缆回路投入运行，如图 6-41 所示。

3. 移动箱变投入运行，执行《配电倒闸操作票》

步骤 9：运行操作人员合上移动箱变车的高压进线间隔开关、变压器间隔开关、低压开关，移动箱变车投入运行，如图 6-42 所示。每隔半小时检测 1

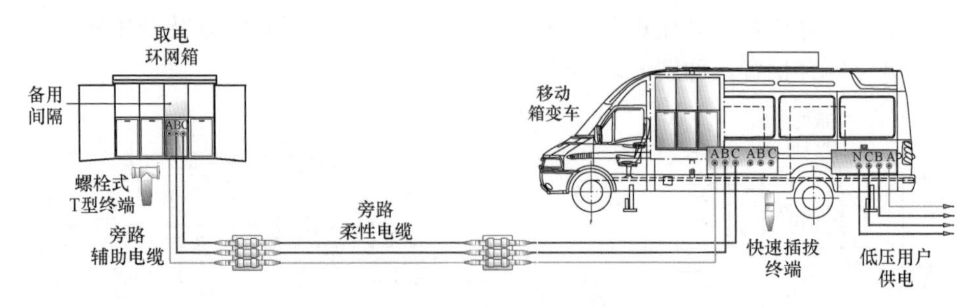

图 6-40　步骤 7 示意图

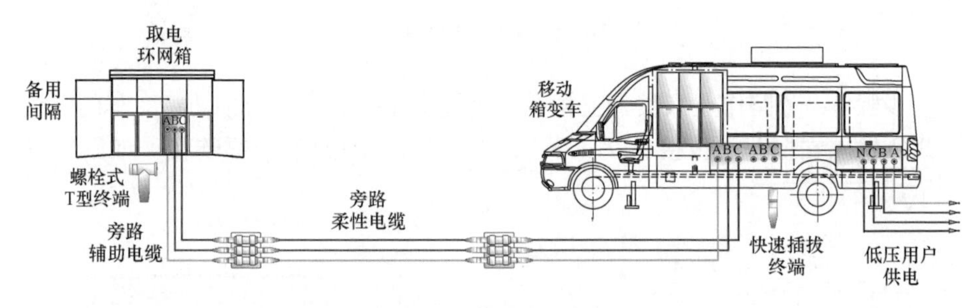

图 6-41　步骤 8 示意图

次旁路回路电流，确认移动箱变运行正常。

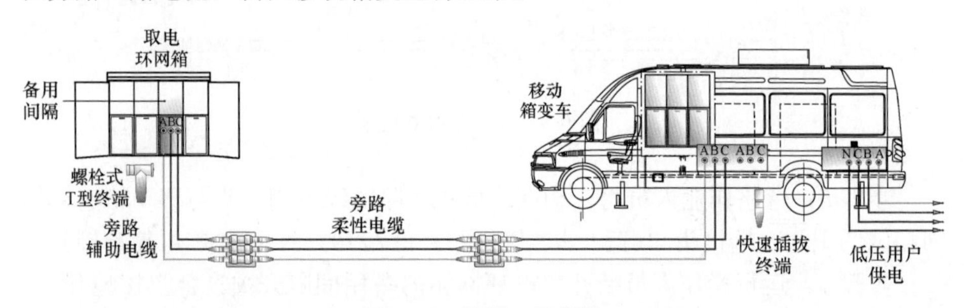

图 6-42　步骤 9 示意图

4. 移动箱变退出运行，执行《配电倒闸操作票》

步骤 10：运行操作人员断开移动箱变车的低压开关、变压器间隔开关、高压间隔开关，移动箱变车退出运行，如图 6-43 所示。

5. 旁路电缆回路退出运行，执行《配电倒闸操作票》

步骤 11：运行操作人员断开取电环网箱备用间隔开关、合上取电环网箱备用间隔接地开关，旁路电缆回路退出运行，移动箱变供电工作结束，如图 6-44 所示。

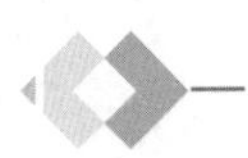

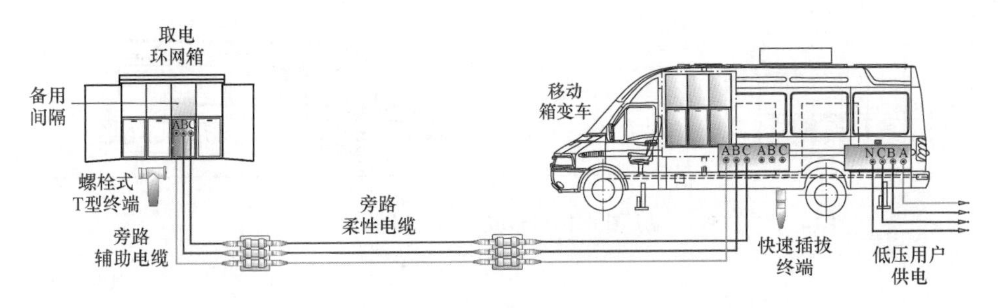

图 6-43　步骤 10 示意图

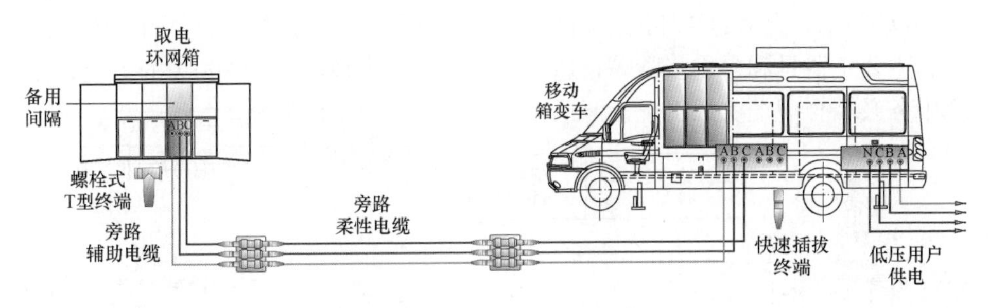

图 6-44　步骤 11 示意图

6. 拆除旁路电缆回路，执行《配电线路第一种工作票》

步骤 12：旁路作业人员按照“（黄）A、B（绿）、C（红）”的顺序，拆除三相旁路电缆回路，如图 6-45 所示。

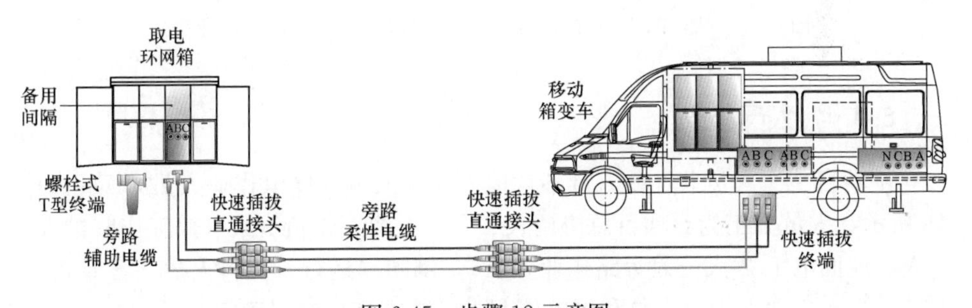

图 6-45　步骤 12 示意图

步骤 13：旁路作业人员使用放电棒对三相旁路电缆回路充分放电后收回（包括低压旁路电缆），从环网箱临时取电给移动箱变供电工作结束，如图 6-46 所示。

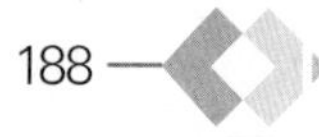

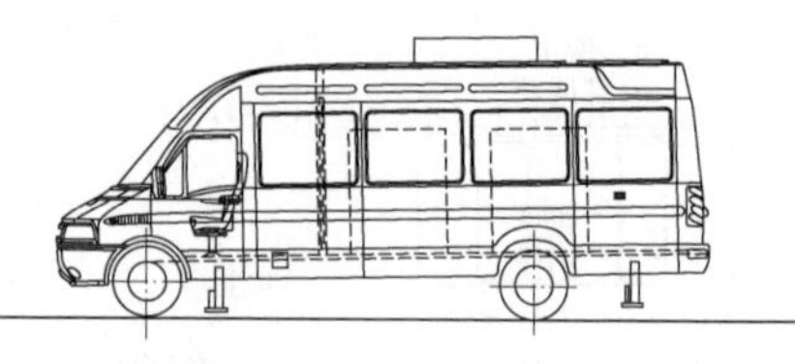

图 6-46 步骤 13 示意图

6.4 从环网箱临时取电给环网箱供电（综合不停电作业法）

以图 6-47 所示的从环网箱临时取电给环网箱供电工作为例，图解人员组成、主要工器具和操作步骤等，适用于线路负荷电流不大于 200A 的工况，生产中务必结合现场实际工况参照适用。

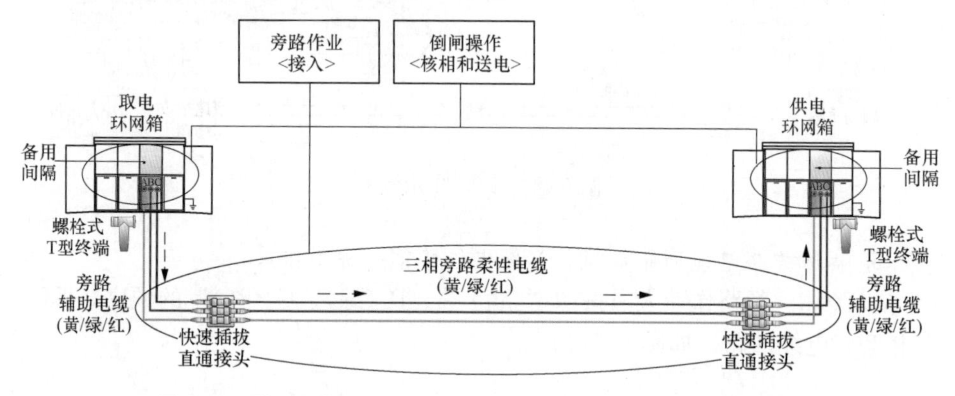

图 6-47 从环网箱临时取电给环网箱供电（综合不停电作业法）

6.4.1 人员组成

本项目工作人员共计 6 人（不含地面配合人员和停电作业人员），如图 6-48 所示，人员分工为：项目总协调人 1 人、电缆工作负责人（兼工作监护人）1 人、地面电工 2 人（兼旁路作业人员），倒闸（运行）操作人员（含专责监护人）2 人，地面配合人员和停电作业人员根据现场情况确定。

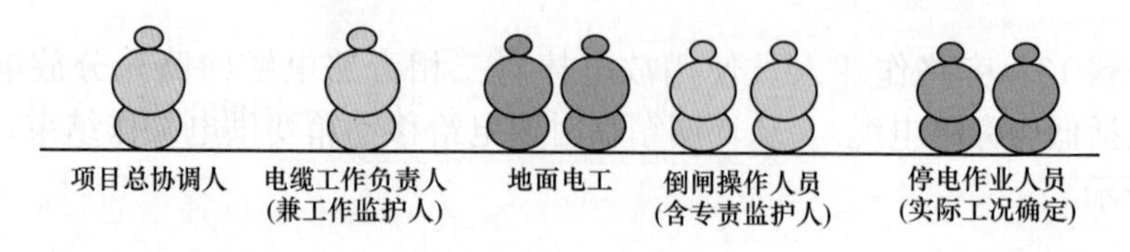

图 6-48 人员组成

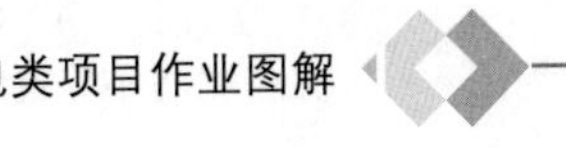

6.4.2 主要工器具

绝缘防护用具和绝缘遮蔽用具如图6-49所示。

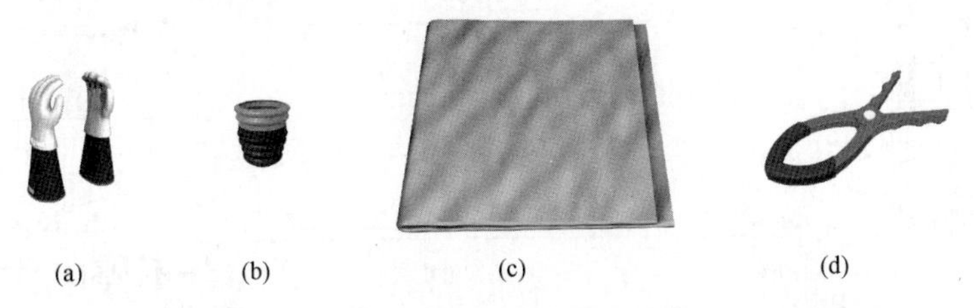

(a) (b) (c) (d)

图6-49 绝缘防护用具和绝缘防护用具（根据实际工况选择）
(a) 绝缘手套+羊皮或仿羊皮保护手套；(b) 绝缘手套充压气检测器；
(c) 绝缘毯；(d) 绝缘毯夹

绝缘工具和旁路设备如图6-50所示。

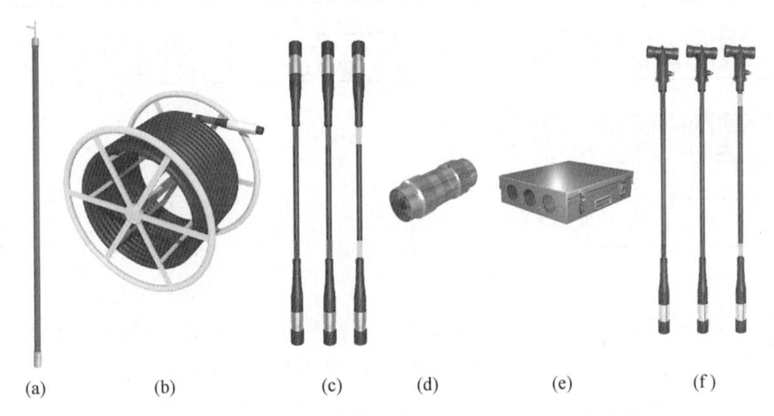

(a) (b) (c) (d) (e) (f)

图6-50 绝缘工具和旁路设备（根据实际工况选择）
(a) 绝缘操作杆；(b) 高压旁路柔性电缆盘；(c) 三相高压旁路柔性电缆；
(d) 高压旁路电缆快速插拔直通接头；(e) 接头保护架；
(f) 带螺栓式（T型）接头的旁路辅助电缆

6.4.3 操作步骤

本项目操作前的准备工作已完成，工作负责人已检查确认线路负荷电流不大于200A，作业装置和现场环境符合旁路作业条件。

如图6-51所示，从环网箱临时取电给环网箱供电（综合不停电作业法）工作，可分为以下分项作业步骤进行。

1. 旁路电缆回路接入，执行《配电线路第一种工作票》

步骤1：旁路作业人员按照“黄、绿、红”的顺序，分段将三相旁路电缆

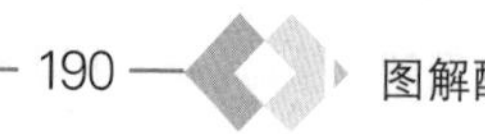

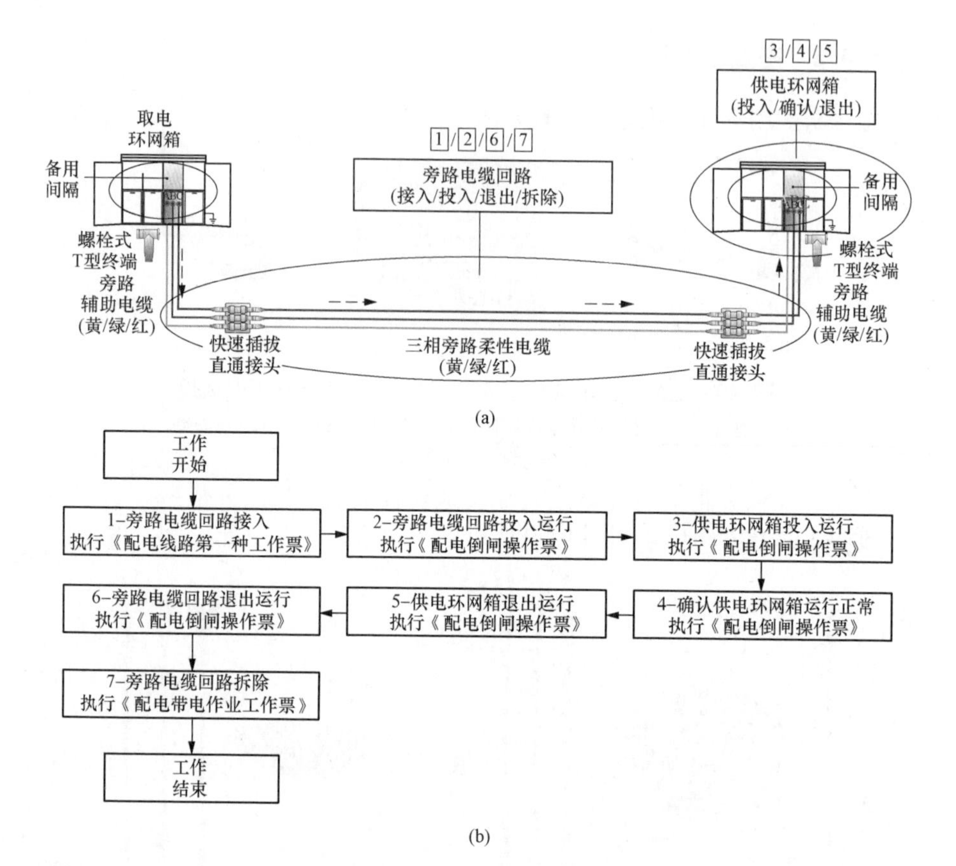

图 6-51 从环网箱临时取电给环网箱供电（综合不停电作业法）工作示意图（推荐）
（a）分项作业示意图；（b）分项作业流程图

展放在防潮布上或保护盒内（根据实际情况选用），如图 6-52 所示。

步骤 2：旁路作业人员使用快速插拔中间接头，将同相色（黄、绿、红）旁路柔性电缆的快速插拔终端可靠连接，接续好的终端接头放置专用铠装接头保护盒内，与取（供）电环网箱备用间隔连接的螺栓式（T 型）终端接头规范地放置在绝缘毯上，如图 6-52 所示。

步骤 3：运行操作人员检测旁路电缆回路绝缘电阻不小于 500MΩ，使用放电棒对三相旁路电缆充分放电，如图 6-52 所示。

步骤 4：运行操作人员断开取电环网箱的备用间隔开关、合上接地开关，打开柜门，使用验电器验电确认无电后，将螺栓式（T 型）终端接头与取电环网箱备用间隔上的同相位高压输入端螺栓接头 A（黄）、B（绿）、C（红）可靠连接，三相旁路电缆屏蔽层可靠接地，合上柜门，断开接地开关，如图 6-53 所示。

步骤 5：运行操作人员断开供电环网箱的备用间隔开关、合上接地开关，

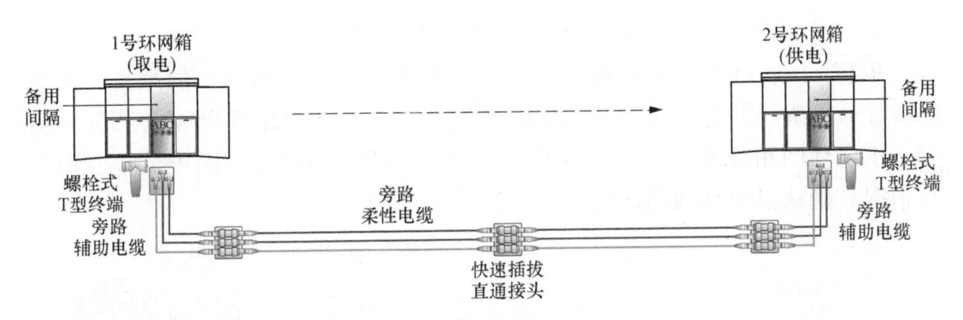

图 6-52　步骤 1～步骤 3 示意图

打开柜门，使用验电器验电确认无电后，将螺栓式（T 型）终端接头与供电环网箱备用间隔上的同相位高压输入端螺栓接头 A（黄）、B（绿）、C（红）可靠连接，三相旁路电缆屏蔽层可靠接地，合上柜门，断开接地开关，如图 6-53 所示。

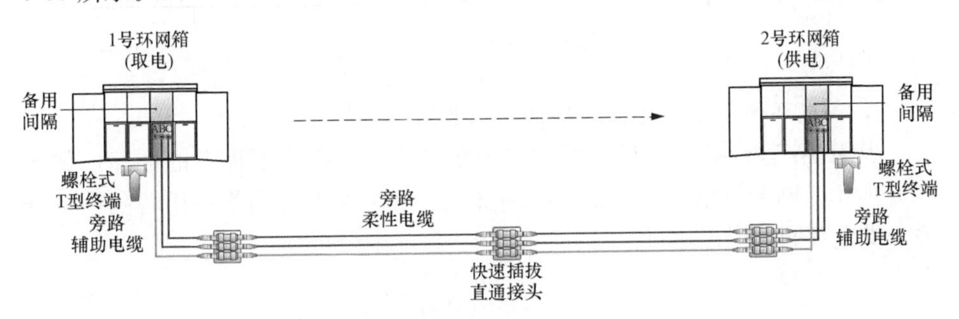

图 6-53　步骤 4、步骤 5 示意图

2. 旁路电缆回路投入运行，执行《配电倒闸操作票》

步骤 6：运行操作人员按照“先送电源侧，后送负荷侧”的顺序，如图 6-54 所示。断开取电环网箱备用间隔接地开关、合上取电环网箱备用间隔开关，旁路电缆回路投入运行。

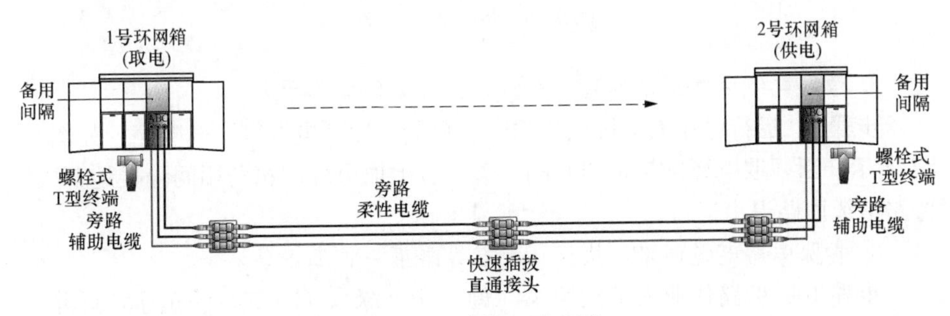

图 6-54　步骤 6 示意图

3. 供电环网箱投入运行，执行《配电倒闸操作票》

步骤 7：运行操作人员按照“先送电源侧，后送负荷侧”的顺序，如图 6-55所示。断开供电环网箱备用间隔接地开关、合上供电环网箱备用间隔开关，供电环网箱投入运行，每隔半小时检测 1 次旁路电缆回路电流监视其运行情况，确认供电环网箱运行正常。

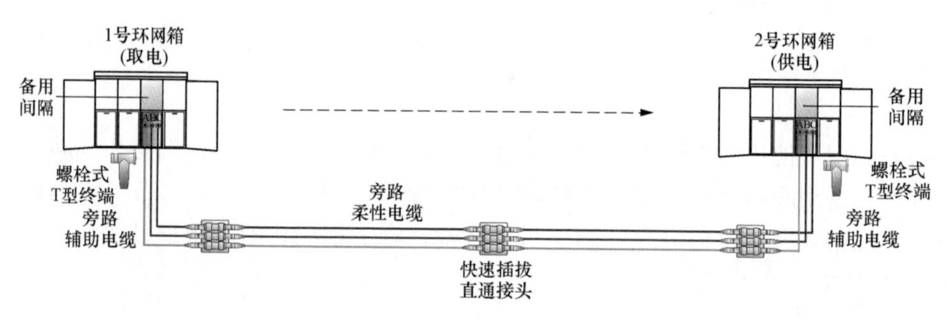

图 6-55 步骤 7 示意图

4. 供电环网箱退出运行，执行《配电倒闸操作票》

步骤 8：运行操作人员按照“先断负荷侧，后断电源侧”的顺序，如图 6-56 所示。断开供电环网箱备用间隔开关、合上供电环网箱备用间隔接地开关，供电环网箱退出运行。

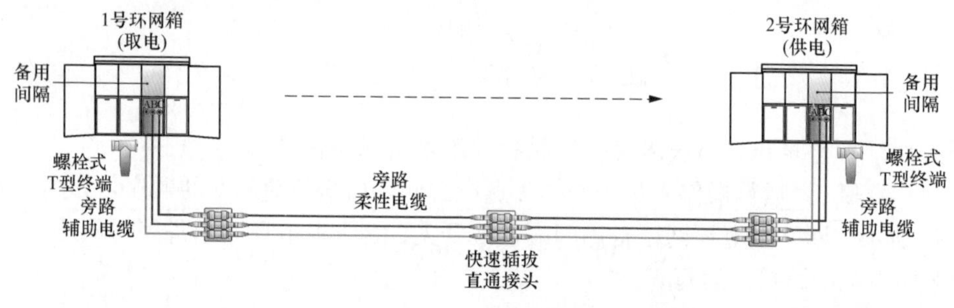

图 6-56 步骤 8 示意图

5. 旁路电缆回路退出运行，执行《配电倒闸操作票》

步骤 9：运行操作人员按照“先断负荷侧，后断电源侧”的顺序，如图 6-57 所示。断开取电环网箱备用间隔开关、合上取电环网箱备用间隔接地开关，旁路电缆回路退出运行。

6. 拆除旁路电缆回路，执行《配电线路第一种工作票》

步骤 10：旁路作业人员按照 A（黄）、B（绿）、C（红）的顺序，拆除三相旁路电缆回路，如图 6-58 所示。

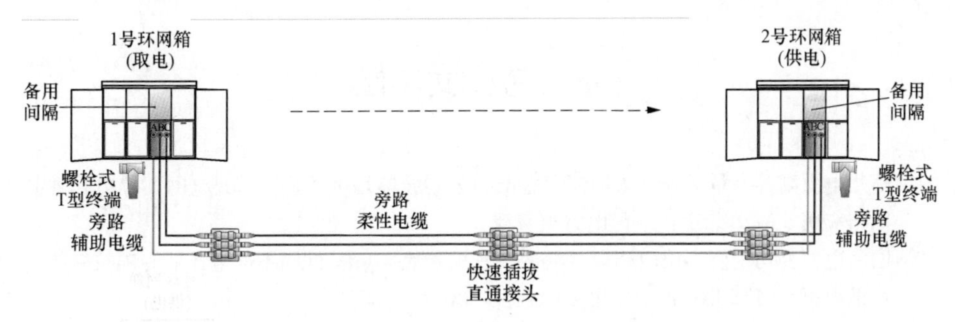

图 6-57 步骤 9 示意图

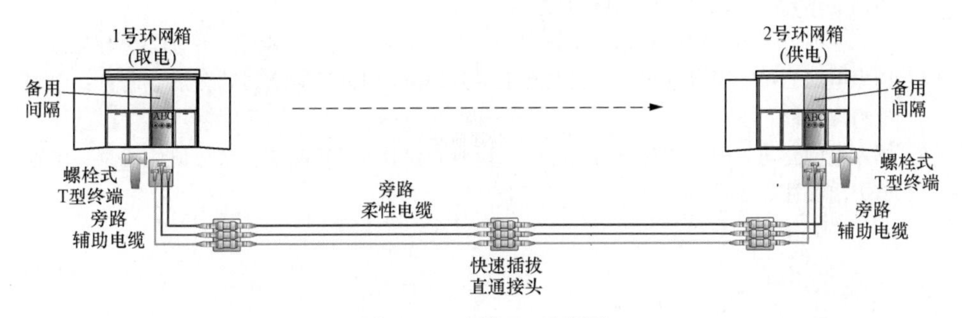

图 6-58 步骤 10 示意图

步骤 11：旁路作业人员使用放电棒对三相旁路电缆回路充分放电后收回，从环网箱临时取电给环网箱供电工作结束，如图 6-59 所示。

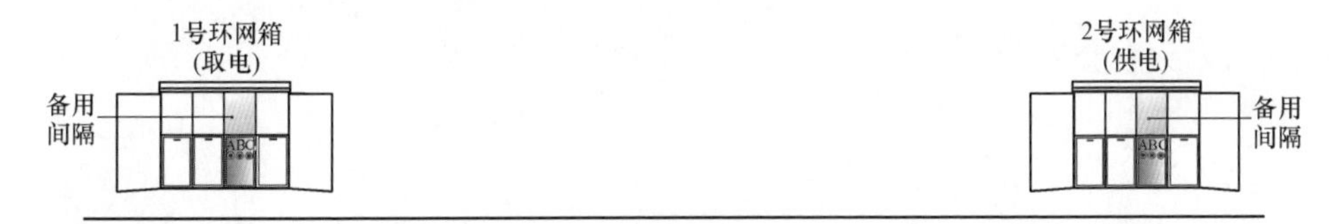

图 6-59 步骤 11 示意图

参 考 文 献

[1] 郑州电力高等专科学校（国网河南省电力公司技能培训中心）．配电网不停电作业技术与应用［M］．北京：中国电力出版社．

[2] 国家电网公司配网不停电作业（河南）实训基地．10kV配网不停电作业专项技能提升培训教材［M］．北京：中国电力出版社，2018.

[3] 国家电网公司配网不停电作业（河南）实训基地．10kV配网不停电作业专项技能提升培训题库［M］．北京：中国电力出版社，2018.

[4] 国家电网公司运维检修部．10kV配网不停电作业规范［M］．北京：中国电力出版社．

[5] 国家电网公司．国家电网公司配电网工程典型设计10kV架空线路分册．北京：中国电力出版社．

[6] 国家电网公司．国家电网公司配电网工程典型设计10kV配电变台分册．北京：中国电力出版社．